Christina Grätz und Manuela Kupfer

Die fabelhafte Welt der Ameisen

Eine Ameisenumsiedlerin erzählt

PENGUIN VERLAG

Sollte diese Publikation Links auf Webseiten Dritter enthalten, so übernehmen wir für deren Inhalte keine Haftung, da wir uns diese nicht zu eigen machen, sondern lediglich auf deren Stand zum Zeitpunkt der Erstveröffentlichung verweisen.

MIX
Papier aus verantwortungsvollen Quellen
FSC® C014496

Klimaneutral
ClimatePartner.com/14044-1912-1001
Druckprodukt

Penguin Random House Verlagsgruppe FSC® N001967

1. Auflage 2021

Covergestaltung: Hafen Werbeagentur nach einem Entwurf von Christina Grätz: Andreas Grasser, © Gütersloher Verlagshaus / Ameisen: © Antrey – Fotolia.com / Blätter: © Joachim – Fotolia.com
Grafiken: © Meiko Tautz
Druck und Bindung: GGP Media GmbH, Pößneck
Printed in Germany
ISBN 978-3-328-10593-0
www.penguin-verlag.de

Dieses Buch ist auch als E-Book erhältlich.

Dieses Buch ist der Totalität des LEBENS gewidmet. Mein Dank gilt ALLEN, die an diesem Buch mitgewirkt haben. Mein innigster Wunsch ist, dass dieses Buch die Herzen der Leser berührt und für die Wunder des LEBENS öffnet.

Christina Grätz

Allen, die sich für den Schutz der Ameisen einsetzen. Mit besonderem Dank an unsere Agentin Swantje Steinbrink für die Buchidee, die mich tiefer in die faszinierende Welt der Ameisen eintauchen ließ.

Manuela Kupfer

INHALT

VORWORT

Liebe Leserin, lieber Leser,

etwa sieben Milliarden Menschen leben gegenwärtig auf unserem Planeten. Wenn wir annehmen, dass diese Menschen durchschnittlich etwa 50 Kilogramm auf die Waage bringen, entspricht das einem Gewicht von 350 Millionen Tonnen. Alle Ameisen, die in unzähligen verschiedenen Arten auf fast allen Kontinenten vorkommen, wiegen vermutlich etwa genauso viel! Die kleinen Krabblerinnen, die Ihnen auf Terrasse oder Balkon im Sommer gelegentlich vielleicht etwas auf die Nerven gehen, sind also Teil einer Gemeinschaft, die es, was ihre Biomasse angeht, durchaus mit uns aufnehmen kann.

Es gibt aber noch viel mehr Erstaunliches aus der faszinierenden Welt der Ameisen zu berichten – und das wollen wir Ihnen hier gerne zeigen. Wir möchten Sie mitnehmen auf eine Reise in diese fremde Welt, die sich am und im Boden unseres Waldes, unter geheimnisvollen Kuppeln am Rande von Lichtungen, aber auch in Urwäldern und Wüsten auftut.

Wir werden Ihnen dabei zunächst von ganz praktischem Naturschutz berichten, von der Umsiedlung von Kolonien der Waldameisen nämlich. Von den körperlichen Anstrengungen, der Säure auf der Haut, den skurrilen Erlebnissen und den wunderbaren Begegnungen bei den Umsiedlungsaktionen erzählt jedes Kapitel des Buches.

Doch dabei belassen wir es nicht: Wir werden das, was es bei Umsiedlungen von Waldameisen zu entdecken gibt, um unterhaltsame Aspekte aus der ganzen Welt der Ameisen vertiefen und erweitern, sowie um einige Dinge, die Wissenschaft und Forschung dazu wissen. Sie werden einen Eindruck davon bekommen, wie entscheidend wichtig Ameisen im Netzwerk der Natur sind.

Wir hoffen, dass wir Sie damit nicht nur informieren und unterhalten, sondern Ihnen auch zeigen können, wie besonders diese kleinen Wesen sind.

Die kleinen Krabbeltiere versetzen uns nicht nur immer wieder in Erstaunen, sondern haben auch unsere Herzen ganz und gar erobert. Wenn es Ihnen nach der Lektüre dieses Buches ebenso erginge und Sie beim Anblick eines Ameisenhügels Freude sowie Ehrfurcht empfänden, dann hätten wir unser Ziel erreicht.

Kommen Sie also mit in die fabelhafte Welt der Ameisen und lassen Sie sich begeistern!

Christina Grätz und Manuela Kupfer

GELEITWORT

Schon eine einzelne Ameise ist – ganz aus der Nähe betrachtet – irgendwie ein Wunder. Wenn man dann noch interessiert eintaucht in das Funktionieren des Zusammenhalts von bis zu Millionen dieser staatenbildenden Insekten, bleibt eigentlich vor allem Begeisterung und ein bisschen Ehrfurcht. Wer Waldameisenvölker umsiedelt, buddelt tief, schleppt schwer, sortiert schon mal eine mumifizierte Ratte aus und behält eventuell während der Fahrt zum neuen Standort ausgebüxte, das Lenkrad erobernde Ameisen kritisch im Blick. Die Umsiedlung von Waldameisen ist gelebter, ganz praktischer Naturschutz und wurde in den letzten Jahren immer wichtiger. Unzählige Bauprojekte wie Autobahnerweiterungen oder Trassenausbauten betreffen häufig auch kilometerlang Waldränder und damit viele Völker Roter Waldameisen.

Wie verliert man sich in so einer Passion? Dass Insekten Berufsleben und Freizeit bestimmen, hat wohl auch viel mit Zufällen im Leben zu tun. Ich habe als Zwölfjährige einer Mosaikjungfer am Mikroskop »zu tief in die Augen geguckt« und dann wegen der anhaltenden Faszination für Insekten Biologie studiert. Um sich bei Rettungsaktionen auf hunderttausende Waldameisen einzulassen, reichen Neugier und Begeisterungsfähigkeit aber nicht aus – eine Portion Mut und eine gewisse Stresstoleranz braucht es außerdem. Ich wünsche, die Leser werden sich mit Vergnügen anstecken lassen von Christina Grätz' Enthusiasmus, aber auch Respekt entwickeln – sowohl gegenüber den kleinen, starken Sechsbeinern selbst als auch deren Retterin.

Dr. Katrin Möller
(Vorsitzende der Brandenburgischen Ameisenschutzwarte)

AUF DIE AMEISE GEKOMMEN

Ich stehe an den Lakomaer Teichen bei Cottbus vor einem geöffneten Waldameisennest, im Hintergrund die Silhouette der Erlenbrüche. Es ist September, morgens gegen acht Uhr, die Sonne scheint mir ins Gesicht. Es wird gewiss ein warmer Tag. Zehntausende Ameisen sind in heller Aufregung und wuseln umher. Ein leicht stechender Geruch von Ameisensäure liegt in der Luft, in der Ferne kann ich das Quietschen der Bagger des Tagebaus hören. Der Ameisenheger Bernhard Helbig erklärt gerade, worauf man bei einer Umsiedlung achten muss und greift mit bloßen Händen ganz tief in das Nest hinein, um dessen Inhalt in einen großen braunen Papiersack zu befördern. Unzählige Tiere krabbeln an seinen Armen hoch und über den ganzen Körper hinweg. Fasziniert beobachte ich eine Ameise, die am Hals des tatkräftigen Mannes emporklettert und über sein Ohrläppchen bis ins Ohr vordringt. Da gruselt es mich ein bisschen. Es kribbelt und juckt vom bloßen Zusehen. Wie muss das erst sein, wenn die eifrigen Krabbeltiere zubeißen und Ameisensäure in die Wunden spritzen? Oh Gott, das soll ich auch bald machen, schießt es mir durch den Kopf. Ob ich das aushalte? Ich bin hier doch nur gelandet, weil mein Chef jemanden braucht, der Ameisennester versetzt! Da wusste ich noch nicht, dass ich noch am selben Tag meine Hände tief in das Gewimmel eines Ameisennestes graben, die Wärme darin spüren und eine erste Verbindung zu den Tieren aufbauen würde.

Damals arbeitete ich als Botanikerin in einem Ingenieurbüro, das Bauvorhaben naturwissenschaftlich begleitete. Einer der Kunden, das Lausitzer Bergbauunternehmen, fragte an, ob wir Erfahrungen mit der Umsiedlung von Waldameisen haben bzw. diese durchführen können.

Denn auf einer der Flächen, die in Kürze dem Tagebau Cottbus-Nord weichen sollte, waren überraschenderweise 20 Ameisennester entdeckt worden. Unser Büro recherchierte, und schließlich wandten wir uns an die Ameisenschutzwarte. Dort hieß es, dass Bernhard Helbig als Ameisenheger für die Lausitz zuständig sei; den sollten wir mal anrufen. Herr Helbig sagte auch zu, die Umsiedlungen zu übernehmen, aber er stellte eine Bedingung: Jemand aus dem Ingenieurbüro müsse sich bereit erklären, die Ameisenhegeausbildung zu machen und danach selber ehrenamtlich Umsiedlungen durchführen. Freundlich, aber nachdrücklich fügte er hinzu: »Solch eine Umsiedlung ist schwere körperliche Arbeit! Ich aber hab' schon ein paar Jährchen auf dem Buckel, und nicht nur dort zwickt und zwackt es.« Daher brauche er jemanden, der ihn bei dieser Arbeit unterstütze. Überhaupt fehle es dringend an Nachwuchs (siehe auch Kapitel »Traumjob Ameisenhegerin«).

Nach dem Telefonat mit dem Ameisenheger kam mein Chef auf mich zu: »Christina, für diese Aufgabe bist du als Biologin doch genau die Richtige! Oder etwa nicht?« Das war als rhetorische Frage gemeint. Er ging fest davon aus, dass ich zustimmen würde, ich musste jedoch erst einmal eine Nacht darüber schlafen. Denn Zoologie war nicht unbedingt mein Ding. Schließlich hatte ich mich ja ganz bewusst für die Botanik entschieden. Aber andererseits wurde mir klar: Ameisen umzusiedeln bedeutet, ihre Kolonien zu erhalten. Das ist aktiver Naturschutz. Ich entschied mich also für die Ameisen und ging bei Bernhard Helbig in die Lehre.

Autobahn trifft Ameisenstraße

Das Bergbauunternehmen hatte die Ameisenumsiedlungen in Auftrag gegeben und bezahlte sie auch. Meist machen

Bauherren das aber nicht freiwillig, sondern weil sie dazu verpflichtet sind. Denn wird bei einer Baumaßnahme ein Waldameisenvolk gefunden, besteht die gesetzliche Pflicht, das Volk mitsamt seinem Nest an einem neuen, für die Ansprüche der Art angemessenen Standort umzusiedeln. Typische Baumaßnahmen, bei denen das vorkommt, sind Wohngebiete, Pipelines, Solarparks, Tagebaue oder Straßen. Man kann sagen: Immer, wenn eine Autobahn einer Ameisenstraße in die Quere kommt, müssen Ameisennester in Sicherheit gebracht und umgesiedelt werden. Hierfür gibt es fachkundige Personen, die sogenannten Ameisenhegerinnen und -heger. Sie kümmern sich um den passenden Standort und um den »Umzug« der Nester.

Die rechtliche Grundlage für den Schutz einzelner Tier- und Pflanzenarten bildet in Deutschland das Gesetz über Naturschutz und Landespflege, kurz Bundesnaturschutzgesetz (BNatSchG). Darauf aufbauend wurde die Verordnung zum Schutz wild lebender Tier- und Pflanzenarten (Bundesartenschutzverordnung, BArtSchV) erlassen, wonach Tier- und Pflanzenarten entweder als besonders geschützte oder als streng geschützte Art kategorisiert werden. Alle streng geschützten Arten sind automatisch auch besonders geschützt, der Umfang ihres Schutzes ist jedoch noch umfassender. Anhang 1 der Bundesartenschutzverordnung listet sämtliche Arten auf, die in eine der beiden Kategorien fallen. In Deutschland sind mit Ausnahme der Blutroten Raubameise alle hier heimischen Spezies der Waldameisen besonders geschützt, insgesamt sind es zwölf Arten der Gattung *Formica*.

Der breiten Öffentlichkeit geläufiger dürften die Roten Listen gefährdeter Arten sein. Sie beschreiben die Gefährdungssituation der Tier-, Pflanzen- und Pilzarten. Die Roten Listen werden von der Weltnaturschutzunion, den einzelnen Staaten oder den Bundesländern herausgegeben und existieren dementsprechend auf internationaler, auf nationaler sowie auf regionaler Ebene. Spezialisten für die einzelnen Artengruppen erstellen dabei Fachgutachten zur jeweiligen Gefährdung aller in dem Gebiet vorkommenden Arten und ordnen sie in verschiedene Gefährdungskategorien ein. Im Vergleich zum Schutzstatus ergibt sich ein ganz anderes, weniger positives Bild: In Deutschland stehen von 108 berücksichtigten Ameisenarten 77 auf der Roten Liste, darunter sind elf Spezies vom Aussterben bedroht und 17 stark gefährdet. Die Gefährdungssituation sagt allerdings nichts über den gesetzlichen Schutz der Art aus. Das ist ein weit verbreitetes Missverständnis. Für die sogenannte Eingriffs-Ausgleichs-Regelung sind nicht die Roten Listen relevant, sondern ausschließlich die Bundesartenschutzverordnung. Man kann sich denken, dass dieser Umstand den einen oder anderen Interessenskonflikt heraufbeschwört. Und genau in diesem Spannungsfeld bewege ich mich beruflich …

Meine große Liebe

Die Natur hat schon immer eine große Rolle in meinem Leben gespielt. Aufgewachsen in einem kleinen Dorf in der Lausitz, in einem Haus mit großem Grundstück samt Teichen, verbrachten meine Geschwister und ich die meiste Zeit an der frischen Luft. Unsere Spielplätze waren der Garten und der nahe gelegene Wald sowie ein Fischteich und ein Bach, die zu unserem Grundstück gehörten. Mein Vater, ein selbstständiger Zimmermann, war sehr naturverbunden. Er nahm uns Kinder häufig mit auf seine Streifzüge durch die Natur und vermittelte uns früh, Achtung und Respekt vor den Tieren und den Pflanzen zu haben: Jedes Lebewesen, egal ob groß oder klein, grazil oder unförmig, niedlich oder lästig, sei wertvoll, denn jedes erfülle eine bestimmte Funktion im Netzwerk der Natur. Manchmal waren seine »Vorschriften« aber auch etwas kleinlich und bremsten, zumindest aus Kindersicht, den Spaß ganz gewaltig. So durften wir nicht mal giftige Pilze umtreten oder einfach so Zweige von den Bäumen abreißen. Und auf keinen Fall sollten wir die Enten auf den Teichen aufscheuchen. Mit der Zeit jedoch verinnerlichten wir seine Regeln, wurden uns die zugrunde liegenden ökologischen Zusammenhänge bewusst.

Meine Mutter wiederum hat einen ausgesprochen grünen Daumen – nein, es müssen tatsächlich zwei sein, denn unter ihren Händen sprießen und gedeihen die Pflanzen wie bei keinem anderen Menschen, den ich kenne: Die Blumen in ihrem Garten entwickeln sich in ihrer Obhut prächtig, und das Obst und Gemüse darin wächst reichlich und schmeckt, was nicht ganz unwichtig ist, sehr gut. Immer mal wieder standen auch Nachbarinnen vor unserer Tür, in der Hand eine kümmerliche Blume oder Staude, die sie eigentlich schon aufgegeben hatten. Meine Mutter nahm diese jämmerlich anzusehenden Pflanzen in ihre Obhut – und wie von Zauberhand entwickelten sie sich vortrefflich und wuchsen bald üppig. Noch heute denke ich gerne an unseren schönen, in allen Farben blühenden Garten zurück.

Das Idyll fand jedoch ein jähes Ende – unser Dorf wurde abgebaggert, als ich zwölf war. Unter unserem Grundstück lag ein Braunkohleflöz, das zum Abbau freigegeben worden war. Bald schon fraßen sich Schaufelradbagger tiefer und tiefer in meine Wiesen hinein, zerstörten die Teiche und vernichteten das Paradies meiner Kindheit. Sämtliche Dorfbewohner sollten in einen eigens dafür errichteten Neubaublock umgesiedelt werden. Um dieser Tristesse zu entgehen, schauten sich meine Eltern nach einem Baugrundstück um und wurden am Rande eines Naturschutzgebiets fündig. Die Gegend und das neue Haus waren wunderschön, dennoch vermisste ich mein altes Zuhause sehr. Ich fühlte mich buchstäblich entwurzelt. Fast jeden Abend vor dem Einschlafen rief ich mir den alten Garten, unsere Teiche, die Blumen auf der Wiese in Erinnerung ... und wurde ganz wehmütig. Die Heimat meiner Kindertage ist noch immer meine große Sehnsucht.

Stellte ich mir damals meine Zukunft vor, sah ich mich immer als Ärztin. Ich war fest entschlossen, Medizin zu studieren. Die Sache hatte allerdings einen Haken. In der DDR hing die Studienplatzvergabe nicht unbedingt von Eignung und Neigung einer Schülerin oder eines Schülers ab, sondern eher davon, ob das Elternhaus der durch den Staat vorgegebenen Linie treu genug folgte. Da meine Familie – wie man im Osten sagt – »kirchlich« ist, stand für meine Mutter fest: Das Mädchen geht nicht zur Jugendweihe, sondern wird konfirmiert. Als ich 14 Jahre alt war, zitierte mich der Direktor meiner Schule zu sich und redete mir ins Gewissen: »Christina, du bist zwar die Schlaueste in der Klasse, aber ohne Jugendweihe gibt's kein Abitur und damit auch kein Studium.« Bestürzt ging ich nach Hause und berichtete meiner Mutter, was der Schulleiter gesagt hatte. Nach längerem Hin und Her und vielen Tränen änderten meine Eltern ihren Beschluss. Ich nahm an der Jugendweihe teil – ironischerweise war es 1989 die letzte in der DDR.

Für mich persönlich war der Fall der Mauer ein Glück. Niemals hätte ich mit meinem familiären Hintergrund und meiner Weltanschauung in der DDR Medizin oder Biologie studieren dürfen, und auch Naturschutz war tabu. Mit der Wende aber bekam ich dann Zugang zu Zeitschriften und Magazinen, die sich dem Thema ausführlich und kritisch widmeten. Eifrig blätterte ich in den Publikationen des NABU (Naturschutzbund Deutschland), in der GEO und in anderen Wissenschaftsmagazinen. Aktionen von Umweltschützern und die Themen Regenwald und Artenschutz beeindruckten mich besonders. Meine Motivation, selber aktiv zu werden, nahm stetig zu. Jetzt wollte ich also unbedingt die Natur retten. Damit war das Medizinstudium vom Tisch, stattdessen stand »die Biologie« nun hoch im Kurs.

Und ehe ich's mich versah, war ich als Umweltaktivistin mittendrin im Geschehen: Zusammen mit Gleichgesinnten besetzte ich Lakoma, ein Dorf nur wenige Kilometer nordöstlich von Cottbus. Die Häuser standen leer; die Bewohner waren bereits Jahre zuvor unter Protest umgesiedelt worden. Den Gebäuden drohte der Abriss, um dort – wieder einmal – Platz für den Braunkohletagebau zu schaffen. Dagegen wollten wir Widerstand leisten. Immerhin war das Gebiet auch ökologisch von herausragender Bedeutung: Es bot mehr als 170 bedrohten Tier- und Pflanzenarten einen Lebensraum. Zwischenzeitlich war es sogar als Flora-Fauna-Habitat an die EU gemeldet worden, hatte also den Status eines europäischen Schutzgebietes.

Letztlich kämpften wir jedoch auf verlorenem Posten: Gut zehn Jahre später, ich wohnte schon längst nicht mehr dort, wurde mit der Abholzung und der Abbaggerung der Fläche begonnen ...

Trotz meines Engagements in der Aktivistenszene schaffte ich ein gutes Abitur. Danach wollte ich eigentlich erst einmal meine Freiheit genießen und plante eine größere Tour durch Skandinavien. Deshalb bewarb ich mich mehr oder weniger halbherzig für ein Biologiestudium an der Humboldt-Universität zu Berlin. Doch prompt bekam ich gleich im ersten Anlauf einen Studienplatz. Wenn ich gefragt wurde, was ich mit diesem Studium anfangen wolle, antwortete ich immer: »Den Regenwald retten oder die Bergbaufolgeflächen in der Lausitz zum Blühen bringen.«

Die Ärmel hochgekrempelt

Die erste Zeit meines Studiums pendelte ich von Lakoma aus nach Berlin, was von Tür zu Tür ziemlich genau zwei Stunden Zeit in Anspruch nahm. Ich war also jeden Tag vier Stunden unterwegs. Das zermürbte mich irgendwann. Außerdem wollte ich mir mit meinem damaligen Partner, Michael, der ebenfalls in Lakoma lebte, ein eigenes Leben aufbauen, einen Hof haben, auf dem ich Gemüse anbauen, Blumen pflanzen und eine Familie gründen konnte. »Unsere Sturm-und-Drang-Phase wich dem Realismus«, sagen Micha und ich heute rückblickend. Und so zogen wir erst einmal auf den Hof meiner Eltern und bauten später unser eigenes Haus. Unser erstes Kind kam auf die Welt. Ich setzte mein Studium fort und hatte eigentlich vor, die Daten für meine Diplomarbeit in Kuba zu erheben. Doch als sich das zweite Kind ankündigte, musste ich auf ein näher liegendes Thema umschwenken. Und das fand ich buchstäblich vor der Haustür: Bergbaufolgelandschaften. Solche Landschaften entstehen, wenn die Grube ausgekohlt und der Abbau beendet wird. Greift der Mensch nicht oder kaum ein, besiedeln bestimmte Pflanzen, Pilze und Tiere wieder solche Flächen; es bilden sich zunächst junge oder primäre Sukzessionsstadien. Ich kam also erneut mit dem Bergbau in Kontakt. Zunächst war ich voreingenommen und ablehnend. Immerhin ähneln die Bergbaufolgelandschaften in den ersten Jahren einer Sandwüste. Sie kamen mir fremd und reizlos vor. Ständig musste ich an die alte Heimat mit ihren Blumenwiesen, Wäldern und Feldern denken, die ich so liebte und vermisste. Im Laufe der Arbeit aber habe ich diese Flächen allmählich zu schätzen gelernt und ihre ganz eigene Schönheit erkannt. Heute schlägt mein Herz für Bergbaufolgelandschaften, ich sehe in ihnen eine Chance für die Natur. Die nährstoffarmen Flächen bieten vielen Tieren und Pflanzen Lebensbedingungen, die sie in unserer übernutzten Kulturlandschaft so nicht mehr vorfinden. Und natürlich habe ich auch schon etliche Ameisennester auf Tagebaukippen angesiedelt.

Nachdem ich mein Diplom in der Tasche hatte und die Erziehungszeit für mein zweites Kind beendet war, begann ich bei einem Ingenieurbüro zu arbeiten, das im Bereich Monitoring für Tagebaue in der Lausitz tätig war. Das war wohl Schicksal. Kümmerte ich mich anfangs vor allem um die Überwachung der Pflanzenbestände in den von der bergbaulichen Grundwasserabsenkung erfassten Feuchtgebieten, traten einige Jahre später Herr Helbig und die Waldameisen in mein Leben ...

Inzwischen habe ich weit mehr als tausend Völker umgesiedelt. Die anfängliche Skepsis wich rasch großer Begeisterung: Je länger ich mit diesen quirligen Tierchen zu tun habe und je mehr ich über ihr oft im Verborgenen stattfindendes Leben lerne, umso mehr faszinieren sie mich. Im Jahr 2011 gründete ich eine eigene Firma. Neben anderen Bereichen des praktischen Naturschutzes sind die Ameisenumsiedlungen ein fester Bestandteil unserer Arbeit.

Oft spüre ich die tieferen Verbindungen zwischen meiner eigenen Geschichte und meiner jetzigen Tätigkeit. Meine ganze Familie, unsere Freunde und Nachbarn mussten umsiedeln, um den Raumansprüchen unserer Gesellschaft Platz zu machen. Heute siedeln meine Mitarbeiter und Mitarbeiterinnen mit mir gemeinsam Lebewesen um, damit diese vor dem sicheren Tod durch Baumaßnahmen verschont bleiben. Die Umgesiedelte ist zur Umsiedlerin geworden.

Inzwischen bin ich ein echter Ameisenfan und bei jeder Umsiedlung mit Leib und Seele dabei. Obgleich so ein Umzugstag – wie wir gleich lesen werden – nicht gerade ohne ist …

EIN UMZUGSTAG

Es piept. Ich habe mich mitten im Wald auf diesem verflixten Waldweg festgefahren, der Hänger liegt praktisch auf, es geht nicht vor und nicht zurück. Und jetzt piept es auch noch aus dem bunt blinkenden Armaturenbrett. Herrgott, was denn noch! Ich höre Jasmins Stimme: »Nu ma domma den verdammten Wecker aus!« Im Bett in der anderen Ecke des Zimmers rührt sich etwas. Erleichtert werde ich wach. Kein festgefahrenes Gespann, kein piependes Armaturenbrett. Es ist nur mein Telefon. 4:00 Uhr zeigt das Display. Wir müssen raus.

Wer Ameisen umsiedelt, muss früh aufstehen. Am Morgen, wenn es noch kühl ist, sind die kleinen Krabbler noch nicht so aktiv. Von den bis zu einer Million Tieren, die ein Waldameisennest beherbergen kann, sind die meisten Außendienstlerinnen noch zu Hause und nicht im Wald unterwegs. Ist man zeitig am Nest und schnell genug, dann bekommt man den größten Teil der Tiere in die Tüten und die Nachsorge wird nicht so stressig. Wenn es gut läuft.

Gestern lief es definitiv nicht gut. Das eine Nest war riesig. Dreimal mussten wir fahren, bis wir alles Nestmaterial einigermaßen und im wahrsten Sinne des Wortes im Sack hatten. Und der Nestkern, der zwar alte, aber riesige Stubben einer Kiefer, hatte sich entschieden geweigert, an einen neuen Standort verfrachtet zu werden, so sehr wir ihm auch mit Spaten, Axt, Kettensäge und der Seilwinde zu Leibe gerückt waren. Wir hatten ihn am Ende zwar bezwungen, alles hatte aber so lange gedauert, dass wir erst um elf mit den Vorbereitungen für den nächsten Tag und einem erschöpft hinuntergeschlungenen Abendessen fertig geworden waren.

Jetzt steht Benjamin schon wieder in der Küche. Er hat Kaffee gemacht. »Morgään!«, strahlt er mich an. Fürchterlich gut gelaunt schon am Morgen, und auch ansonsten: unkaputtbar dieser Bursche. Was ich von mir gerade nicht sagen kann. Vor vierzehn Tagen haben wir mit der neuen Kampagne angefangen. Es ist Ende April. Wenn alles läuft wie geplant, sind wir hoffentlich Ende Mai fertig. Ungefähr 30 Nester haben wir bisher umgesiedelt und jetzt, noch steif von der Nacht, tut mir so ziemlich alles weh. Lena, Noah und Julian schlurfen in die Küche. Na, dann haben wir wieder alle beisammen. Kurz stimmen wir ab, wer heute mit wem zusammen arbeiten wird, packen etwas Proviant ein und um 20 vor fünf sitzen alle in einem der beiden Autos.

Leben in der Wüste

Mein Auto ist ein zweieinhalb Tonnen schwerer Geländewagen. Papiertüten, Spaten, Abdeckplanen, Axt, Motorsäge und allerlei Kisten und Kästen mit Kleinkram liegen auf dem vier Meter langen vollgepackten Tandemanhänger mit Plane. Mit diesem Gespann geht es zur Autobahnbaustelle an der A24 bei Berlin, oder besser: zu dem, was bald Baustelle werden soll.

Denn bevor hier die Bagger anrücken und die dritte Fahrspur gebaut werden kann, gilt es, den Gesetzen und den Regeln des Naturschutzes Genüge zu tun. Im letzten Herbst sind meine Mitarbeiter und ich darum durch den Wald am Rand der Autobahn gestolpert. Bewaffnet mit Klemmbrett, digitalem Kartenmaterial und Tablet haben wir alle Waldameisennester, die sich noch im sogenannten »Baufeld« befanden, also in dem Bereich, in dem gebaut werden soll, kartiert und mit Pfosten und Flatterband markiert. Zu dem Zeitpunkt hatten wir bereits mehr als 230

Nester auf eben dieser Baustelle an der A10 und der A24 umgesiedelt. Aber der Herbst rückte näher und an weitere Umsiedlungen war nicht mehr zu denken. Mehr als 60 Nester verblieben im Baufeld und mussten gesichert werden. Im Winter sind dann die Fälltrupps angerückt und haben den Wald gerodet, während die Ameisen tief im Nest in Winterruhe waren. Das Baufeld ist jetzt im Frühjahr eine wüste, baumlose Schneise entlang der Autobahn, auf der hier und da Flatterbandrechtecke zu sehen sind. Man könnte meinen, die Polizei habe hier Tatorte markiert …

Wir rumpeln auf einem provisorischen Weg durchs Gelände entlang der Autobahn. Der Lärm, der uns den Tag lang wieder begleiten wird, nimmt zu: LKWs und die ersten Pendler auf dem Weg in die Metropole. Was wohl die Fahrer denken, wenn wir später buddelnd und schleppend in der Sonne schuften? Den Blick abwechselnd aufs Tablet, die Piste und die Umgebung gerichtet, versuche ich die Nester in der Morgendämmerung ausfindig zu machen. Nur keines übersehen! Nicht immer haben unsere Markierungen die Fällarbeiten heil überlebt. Und die meisten Waldameisennester haben nur einen kleinen Hügel aus Kiefernnadeln, kleinen Stöckchen und anderem Nistmaterial. Denn die Gleichung: Großer Hügel = großes Nest stimmt so nicht. Zwar kann ein kleines Völkchen in der Regel keinen großen Hügel zusammenschleppen, aber ein kleiner Hügel bedeutet nicht, dass das Volk, das darunter wohnt, winzig wäre. Denn der Hügel ist gar nicht die eigentliche Wohnung der Ameisen. Er dient vor allem dazu, die Wärme im Nest zu halten, das darunter liegt. Waldameisen leben darum gerne am Rand von Wald oder Waldwegen und auf der Sonnenseite. Ist der Wohnort etwas beschatteter, dann wird in der Regel der Hügel auch etwas größer. Hier sind fast alle Hügel kaum mehr als flache Erhebungen in einer ohnehin sehr buckligen Landschaft.

Schließlich haben wir die ersten drei Nester, die heute umziehen sollen, gefunden. Wenn ich mich umschaue, wird mir mulmig. Hier war im Herbst noch ein breiter Gehölzstreifen, der den Ameisen genug Nahrung bot. Jetzt sehe ich weit und breit keinen Baum und keinen Strauch mehr, dafür aber in der Ferne die ersten Baumaschinen, die den Oberboden abtragen. Wenn wir heute auch nur drei Nester schaffen, wird es eng. Nicht weil dann irgendwann die Bagger kommen und die Nester einfach plattmachen. Das ist unzulässig und passiert auch nicht. Aber die Tiere haben hier nichts mehr zu fressen. Die Sonnungsphase (siehe auch Kapitel »Das Ameisenjahr«) ist fast abgeschlossen, in den letzten Tagen haben wir beim Umsiedeln schon Geschlechtstierpuppen gefunden. Die Völker stehen also schon in der Frühjahrsentwicklung und brauchen jetzt unbedingt viel kohlenhydratreiche Nahrung. Aber Futterbäume, auf denen die Läuse leben und denen die Ameisen süße Ausscheidungen abmelken können, gibt es hier nicht mehr. Ich mache mir Sorgen. Wir müssen uns beeilen und teilen uns auf: Je zwei kümmern sich um ein Nest.

Jetzt geht's los

Ich arbeite heute mit meiner ältesten Tochter Jasmin zusammen. Wir schauen uns kurz »unser« Nest an und stellen Mutmaßungen über dessen Größe an, während wir unser Werkzeug auspacken und griffbereit in Nestnähe legen. Ich schätze, dass wir ungefähr 30 Säcke brauchen werden, um alles einzupacken. Ein 08/15-Nest. Jasmin hält dagegen: »Der Sandauswurfring ist groß. Wirst schon sehen: Ein richtig tiefes und breites Monster.« Ich grinse und freue mich riesig darüber, wie sehr sie bei der Sache ist. Noch vor einem Jahr hätte ich meinen linken Fuß darauf verwettet, dass Jasmin niemals eine Ameisenumsiedlerin wird. Wir sind jetzt so weit, es kann losgehen. Zuvor prüfe ich aber noch einmal, ob es wirklich Kahlrückige Waldameisen sind, mit denen wir es hier zu tun haben. Ja, super, also können wir mit mehreren Königinnen rechnen (siehe dazu Kapitel »Von Punks und Blondinen«).

Jetzt kribbelt es mich in den Fingern, Adrenalin. Es muss schnell gehen. Ich greife mit beiden Händen in die trockene, lockere Neststreu. Die Wächterinnen sind überrascht, greifen aber prompt an. Sofort riecht es scharf und stechend. Eine Wolke aus Ameisensäure. Früher fand ich diesen Geruch eher abstoßend, heute fehlt er mir im Herbst und Winter, wenn wir keine Nester umsiedeln. Das ist der Duft dieser fleißigen, sehr intelligenten und unglaublich außergewöhnlichen Tierchen, die einem den Atem rauben – manchmal auch buchstäblich. Bei großen Völkern kann es passieren, dass sehr viel Säuredämpfe in der Luft sind. Ein tiefer Atemzug im falschen Augenblick, und man bekommt erstmal keine Luft mehr.

Jasmin und ich sind ein eingespieltes Team. Sie weiß, wie sie den Sack halten muss, damit ich Hand um Hand des losen Nistmaterials hineinschaufeln kann. Jetzt stoße ich auf etwas Festes. Mist, auch hier ein Stubben, typisch Kahlrückige Waldameise. Ich packe ihn und rüttle vorsichtig. Gott sei Dank: Der Stubben sitzt locker, wir werden ihn null Komma nichts rauskriegen. Aber erst einmal müssen wir alle Neststreu um den Stubben herum bergen. Der erste Sack ist voll, es folgt ein zweiter.

Ich spüre, dass das Nestmaterial wärmer wird. Gleich werde ich auf Puppenkammern stoßen, und tatsächlich, da liegen sie schon: die wunderbar gleichmäßig ovalen, eng aneinander gepackten, hellbeigen Puppen der Geschlechtstiere. Eine wunderschöne, sorgfältig gepflegte Ordnung. In jeder Puppe steckt eine fast voll entwickelte junge Königin oder ein Männchen. Wenn sie geschlüpft sind, werden sie die zarten, durchsichtigen Flügel ausbreiten und zum Hochzeitsflug aufbrechen (siehe auch Kapitel »Das Ameisenjahr«). Was für ein Wunder!

Jetzt aber herrschen Chaos und Entsetzen. Die Brutpflegerinnen packen die Puppen ihrer künftigen jungfräulichen Regentinnen und versuchen, sie tiefer ins Nest zu verfrachten. Ein mich rührender Einsatz, tollkühn und entschlossen. Da versucht doch tatsächlich eine wackere Arbeiterin, zwei Puppen auf einmal in Sicherheit zu bringen. Ich packe zu und befördere ganz behutsam Hand um Hand die mit Puppen und aufgeregten Tieren durchsetzte Neststreu in die Säcke. Jasmin achtet darauf, dass diese nicht zu schwer werden. Schließlich müssen wir sie nachher auf den Hänger wuchten, am Ansiedlungsort wieder abladen und dann vielleicht sogar einige Meter durch den Wald schleppen. Und auch die Tiere sollen nicht zerdrückt werden.

Jetzt ist die Neststreu fast vollständig verpackt, »4 Sack Neststreu« notiert Jasmin im Protokoll. Die Säcke hat sie mit einem Edding fortlaufend nummeriert und außerdem mit der Nummer des Nestes versehen. Am Ansiedlungsort werden wir sie in umgekehrter Reihenfolge wieder entleeren.

Wir haben damit aber noch lange nicht alles eingepackt. Ich schaue mir den Rand der Grube an, die wir bisher ausgehoben haben. Aus den Seiten stürzen noch massenhaft Tiere hervor. Ich muss das Loch noch etwas verbreitern, was an sich gar nicht so schlecht ist. Wenn es dann noch tiefer wird und ich später drin stehen muss, passe ich besser rein – so kräftig gebaut und muskelbepackt, wie ich nun einmal bin.

Jetzt ist die Grube fast einen Meter breit. Zwar kommen immer noch einzelne empörte Tiere aus Gängen an den Seitenwänden gekrabbelt, aber aus der Flut ist ein Tröpfeln geworden. Jetzt kann es also in die Tiefe gehen.

Ich greife nach dem Spaten und befördere die ersten Schichten des Sandbodens, der nur so von Ameisen wimmelt, in den nächsten Sack. Wir müssen jetzt auf das Gewicht der Säcke achten. Ein paar Schaufeln passen hinein, nicht mehr als fünf bis sechs Kilo sollten es sein, sonst wird die dauernde Schlepperei zur Qual.

Schaufel um Schaufel von ameisenwimmelndem Sand wandert in die Papiersäcke. Der Stubben ist jetzt schon gut freigelegt, ich schiebe den Spaten seitlich darunter und heble leicht. Hurra, er ist locker, die morschen Seitenwurzeln brechen. Jasmin greift nach einer schmuddeligen, sandstarrenden Decke und breitet sie aus. Ganz vorsichtig heben wir beide den Stubben aus der Grube, wissen wir doch, dass sich im Inneren ein wertvoller Inhalt befindet: weitere Puppen, aber auch Larven, Eier und sicher auch einige Königinnen. Entsprechend tapfer verteidigen die Tiere ihre Festung. Alle Ameisen, die sich außen am Stubben befinden, stellen sich in »Spritzposition« auf. Ameisen können ihre Gaster, so heißt der hinterste Abschnitt ihres Köpers, nämlich zwischen die Hinterbeine knicken. So können sie ihr Gift, die Ameisensäure, dahin spritzen, wo sie auch etwas sehen können. Nun stellen Sie sich eine sechsbeinige aufrecht stehende, pinkelnde Hündin vor, die ihr Hinterteil zwischen ihren Hinterpfoten hervorschiebt. So stehen sie da: Hunderte von diesen kleinen Verteidigerinnen. Wir schauen uns an und grinsen. Die geben nicht auf!

Aber auch die Riesen lassen sich nicht aufhalten. Schnell schlagen wir die Decke um den Stubben zusammen und hüllen damit den Nestkern sicher und weich ein.

Der Hauptteil ist jetzt geschafft. Kurz mache ich den Rücken gerade und beginne dann, die tiefen Nestschichten auszuheben. Nun kommt Jasmin ins Schwitzen: Sack um Sack muss sie holen, hinhalten, schließen, beschriften, holen .... Und ihre Mutter ist nicht langsam, wenn sie einen Spaten in der Hand hat.

Ich stehe jetzt in einer etwa 60 Zentimeter tiefen Grube und die Wimmelei am Boden wird weniger. Jetzt kann ich anfangen, einzelne Gänge selektiv auszugraben. Gerade habe ich wieder einen Gang entdeckt. Vorsichtig hebe ich ihn mit einer kleinen Schippe aus. Einige Tiere purzeln in die Grube. Und plötzlich sehe ich etwas Glänzendes. Eine Königin, dann noch eine und hier noch eine dritte. Der Hinterleib der Regentinnen ist deutlich größer als der der Arbeiterinnen, zudem glänzt er. Auch im Bereich des vorderen Rückens (Pronotum) sind die Königinnen kräftiger, weil sie dort Flügel getragen und eine kräftige Flugmuskulatur ausgebildet haben. Für verwöhnte dicke Hoheiten sind diese drei aber schnell! Flink versuchen sie, sich wieder in die Erde zu graben. Ich fasse rasch, aber sanft zu und erwische alle. Jasmin hält mir schnell das »Königinnenglas« hin. Ich packe die Chefinnen hinein und setze gleich noch ein paar Arbeiterinnen dazu, damit sie sich nicht einsam fühlen und umsorgt werden. Ein bisschen Neststreu zum Verstecken darf im Glas auch nicht fehlen. Ich freue mich. Wir wissen, dass wir wenigstens einige Königinnen haben. Damit ist das Weiterbestehen des Volks gesichert. Ich vermute zwar, dass sich im Stubben noch zahlreiche Herrscherinnen in Sicherheit gebracht haben, aber genau weiß ich das nie. 45 Minuten, 16 Säcke und weitere zwölf Königinnen später bin ich eigentlich ganz zufrieden und hieve mich aus der inzwischen 1,10 Meter tiefen Grube. Ich habe ein gutes Gefühl. Es wuseln nur noch wenige beunruhigte Arbeiterinnen umher, ganz anders als bei dem »Gründonnerstagsnest«, das wir gestern hatten. Da war die Nestgrube auch nach 160 Säcken noch schwarz vor Tieren (zum »Gründonnerstagsnest« siehe Kapitel »Nur die Spitze des Eisberges«).

Mein Handy piept. Team »Benny und Noah« sind auch fertig und sie fragen, wie es weitergeht, oder ob sie jetzt mal frühstücken können. Von Lena und Julian gibt es noch keine Nachricht. Ich sehe beide aber in einiger Entfernung noch konzentriert herumfuhrwerken. Also sollen die Jungs mal frühstücken, und wir laden schon mal auf. Mit 32 Säcken war unser Nest doch kein Monster. Noch bin ich fit und so sind die Säcke in wenigen Minuten auf dem Hänger verstaut. Die Decke mit dem Stubben darin wird obenauf gepackt. Schnell schreibe ich noch das Protokoll und dann fahren wir weiter zu Benny und Noah. Auch die hatten Glück, 19 Säcke, kleiner morscher Stubben, alles easy, bis auf die Tatsache, dass Benny ein Kraftprotz ist und die Säcke so schwer macht, dass ich sie kaum hochbekomme. Ich maule rum. Das veranlasst den extrem relaxten Noah, der seit dem letzten Sommer sein Abi in der Tasche hat, aber noch »am Orientieren« ist, zu einem: »Tina, ruhig bleiben, alles cool.« Recht hat er eigentlich und trotzdem macht er mich jetzt verrückt. Ich habe derzeit ständig Hummeln im Hintern und will los. Noch mindestens 30 Nester liegen vor uns und auch andere Ameisenumsiedlungen stehen an. Er soll jetzt mal 'nen Zacken zulegen und uns beim Aufladen helfen.

Benny ist zwischenzeitlich zum anderen Team rüber und hilft dort mit. Um 8:30 Uhr haben wir zwei Nester verladen und mit vereinten Kräften bekommen wir dann auch Lenas und Julians Nest in die Säcke und auf den Hänger: 54 Säcke, 28 Königinnen und ein verrottetes und durchlöchertes Stammstück in einer Decke.

Um 9:15 Uhr sind die ersten drei Nester des Tages eingepackt und leider ist es jetzt mit 20 Grad schon ziemlich warm. Was ist das nur für ein Jahr? Erst lange kalt und plötzlich ist über Nacht der Sommer da. Normalerweise funktionieren Umsiedlungen im März und April am besten. Die Tiere befinden sich in dieser Zeit überwiegend in den oberen Nestteilen. Sie lassen sich am Tag von den ersten warmen Frühlingsstrahlen nicht den Pelz, aber den Panzer wärmen. Man kann auf den Hügeln dann die Sonnungstrauben sehen. Nachts fallen die Temperaturen so tief, dass sich so gut wie alle Tiere im Nest befinden. Manchmal haben wir früh sogar Raureif auf den Nestern. Aber nicht in diesem Jahr, von minus zehn Grad ging die Temperatur in wenigen Tagen auf plus 20 Grad. Wenn wir früh zu den Nestern kommen, ist schon Bewegung an den Nesteingängen.

Ich entscheide, dass die beiden anderen Teams jeweils noch ein Nest einpacken und schaue auf mein Tablet. Jetzt zwei Nester der Wiesen-Waldameise wären toll. Die haben so gut wie nie einen Stubben. Leider sind Nester dieser Art aber zu weit entfernt. Also müssen die vier nochmal an die Kahlrücken ran. Schnell mache ich ein Vorher-Bild der beiden Nester für den Auftraggeber – mit gut sichtbarer Nestnummer, die wir im Herbst zuvor auf einen Pfahl geschrieben hatten, den wir am Nest in den Boden einrammten.

Ein Neuanfang

Jasmin und ich machen uns jetzt auf den Weg. Ich quäle den Wagen über den Behelfsweg. Fast 100 Säcke sind auf dem Hänger, mal fünf Kilo macht das gut eine halbe Tonne. Auf der Hauptstraße angekommen, fahren wir in Richtung der Rüthniker Heide. Julian und Noah sind der Überzeugung, dass wir dieses Areal für die Ansiedlung ausgewählt haben, damit ich mich während der 30-minütigen Fahrt dahin ausruhen kann. Und ja, es stimmt:

Nach dem anstrengenden Bergen der Nester ist die Fahrt eine Wohltat. Die Stullen schmecken, ein bisschen Musik und die Nachrichten hören ist auch nicht schlecht. Aber einmal abgesehen davon, dass die beiden sich vermutlich auch schon ein schattiges Plätzchen für eine Pause gesucht haben: Mir gibt die Fahrt auch die Gelegenheit, einige Telefonate zu führen und dafür zu sorgen, dass es während meiner Abwesenheit in unserer Firma daheim nicht drunter und drüber geht.

Wenn ich ein Ameisennest ansiedeln will, benötige ich für die Neuansiedlung das Einverständnis des Waldeigentümers. Für ein, zwei Nester nehme ich die Recherche nach dem Eigentümer eines dem Nest nahegelegenen Waldstücks gerne auf mich, und auch die oft recht mühsamen Gespräche darüber, warum man das Nest umsiedeln muss, und warum es toll ist, ein Ameisennest in seinem Wald zu haben. Und es gibt Waldeigentümer und sogar Förster, die keine Nester haben wollen. Ich verstehe das nicht. Es gibt kaum ein nützlicheres Waldinsekt als die Ameise (siehe Kapitel »Traumjob Ameisenumsiedler«).

Bei großen Kampagnen ist es für mich aber einfacher, ein großes Waldstück, das in einer Hand ist, zu finden und sich mit dem Eigentümer einig zu werden. Bei der Rüthniker Heide ist das so. Der Deutschen Bundesstiftung Umwelt gehören hier große Waldflächen, die in der DDR als Truppenübungspatz genutzt wurden.

Der Kiefernwald sieht jetzt im Frühling sehr freundlich aus. Die vielen Blaubeeren in der Feldschicht beginnen gerade, in sattem Hellgrün zu treiben. Die überall eingesprenkelten Birken schieben auch gerade erste zarte Blätter, die schon wärmende Sonne taucht alles in ein helles warmes Licht. Hier ist es ruhig. Ich habe ein kleines bisschen ein schlechtes Gewissen. Die anderen rackern sich an der Autobahn bei mittlerweile ohrenbetäubendem Lärm ab. Ich weiß, dass besonders Benny unter diesem Krach leidet. Aber die beiden Teams brauchen seine Kraft, wenn wieder einmal ein Stubben in einem der Nester partout nicht herauszubekommen ist. Er muss einfach im Bergungstrupp bleiben.

Für Jasmin und mich gilt es nun, einen geeigneten Ansiedlungsstandort zu finden. Also Tablet raus. In diesem Bereich der Rüthniker Heide haben wir schon fast 100 Nester angesiedelt. Ich kann mir nicht mehr merken, an welchem Weg ich schon wie viele Nester wo genau eingebracht habe, und die digitale Karte hilft mir. Aha, hier müssen wir nach Norden, und da waren wir noch nicht. Schon von Weitem sehe ich einen passenden Ort. Genau dort vorn, wo eine Birke und eine Eiche am lichten Waldweg stehen, da ist er, der perfekte Platz. Als wir aus dem Auto springen, ist der Elan aber schnell verflogen. Auch andere haben dieses Areal schon entdeckt: 20 Meter weiter, etwas abseits, aber gut besonnt, ist ein schöner Nesthügel zu sehen. Hier können wir kein neues Nest ansiedeln, denn auch für Ameisen gilt: Das Beste für eine gute Nachbarschaft ist Abstand. Mindestens 50 Meter sollten es schon sein. Also wieder rein ins Auto und noch ein Stück weiter in den Wald hinein. Bald haben wir wieder einen passenden Platz gefunden: sonnig, trocken, mit Futterbäumen in der Nähe, aber ohne Nachbarschaft. Jedenfalls entdecken wir keine Ameisen, als wir das Areal abgehen. Es kann also losgehen.

Wieder beginne ich zu graben. Als Erstes brauchen wir Platz für den Stubben. Er muss wieder in die Erde und wird den Nestkern bilden. Ich buddele ein nicht allzu tiefes Loch, dann holen Jasmin und ich das wimmelige Totholz aus der Decke und positionieren es etwa so, wie wir es am Ursprungsort vorgefunden haben in der Grube. Nun sind die Säcke mit dem losen Nestmaterial dran. Wir suchen etwas Reisig zusammen und packen es um den Stubben herum, dann schütten wir die Neststreu aus den Säcken über diese Konstruktion. Der Stubben, das Reisig und das lose Nistmaterial bilden jetzt den komplett unsortierten, aber immerhin luftigen neuen Nesthügel. Und es ist, als hätten die Ameisen unmittelbar kapiert, worum es jetzt geht. Kein Angreifen mehr, kein konfuses Herumgewusel. Die Zehntausende Tiere, die gerade noch im Sack zusammengepfercht waren, fangen sofort an, das Chaos zu ordnen. Praktisch unmittelbar entsteht eine Sogbewegung auf das Nest hin. Ich stehe, wie jedes Mal, da und staune. Wie machen die das? Warum wissen diese kleinen Biester, was jetzt dran ist, und warum wissen es offenbar alle gleichzeitig? Und es kommt noch besser!

Wir haben ja noch die ganzen Säcke auf dem Hänger. Haufenweise Sand mit Ameisen. Das ganze Material kann man nicht wieder zu einem Nest formen. Vor allem weil sich die Tiere in den losen Sand keine Gänge mehr graben können. Deshalb gehen wir robust zur Sache und verlassen uns darauf, dass die Tiere wissen, was zu tun ist. In Reihenfolge der Nummerierung entleeren wir Sack um Sack rund um den neuen Hügel und harken das Material mit den Händen breit auseinander. Die ersten Säcke, mit den Ameisen aus den Bereichen nahe des Nestkernes, am dichtesten am Hügel, dann in konzentrischen Kreisen das restliche Material. Schließlich haben wir einen Nesthügel und darum herum eine vor Ameisen wimmelnde Sandfläche.

Schaut man sich diese genauer an, dann kann einen das zu Tränen rühren: Fünf Meter vom Nest entfernt hat eine große Außendienstlerin eine der kleineren Innendienstlerinnen mit den Kiefern gepackt. Die Innendienstlerin rollt sich zusammen, nicht aus Angst, sondern weil sie weiß: Jetzt geht's nach Hause. Denn die Schwester wird sie ins Nest tragen. Überall sieht man jetzt dieses Bild. Und überall Ameisen, die Eier und Puppen Richtung Hügel schleppen. Und dann die Rettungstrupps: Natürlich sind viele Ameisen im Sand verschüttet. Aber diese gehen nicht unter. Die Schwestern finden sie und graben sie frei.

All diese Arbeit kostet Energie. Energie, die die Ameisen noch nicht haben, denn noch haben sie keine Futterbäume ausgekundschaftet und die Reserven, die die Tiere bei sich haben, sind endlich. Jasmin und ich haben hier darum nur noch eines zu tun. Aus dem Auto holen wir einige Pakete mit Zucker. Wir legen einen süßen Ring rund um den neuen Nesthügel. Gierig stürzen sich die Tiere darauf und fangen an, auch diesen Schatz in das Innere von dem zu tragen, was ihr neues Zuhause werden soll. Ich bin stolz auf uns, denn das meiste ist jetzt geschafft. Noch dreimal werden wir in den nächsten zwei Wochen herkommen und die Restbevölkerung bringen, die wir am alten Standort nach und nach noch einsammeln können. Ich freue mich auf diesen ganz ergreifenden Moment, in dem wir die Zurückgebliebenen in der Nähe des neuen Nestes aus den Säcken entlassen. Sofort strömen ganze Heerscharen aus dem neuen Zuhause auf die Neuankömmlinge zu. Ich würde gern wissen, ob den Tieren in dem Augenblick schon klar ist, dass wir ihre verlorenen Schwestern bringen? Oder fürchten sie einen feindlichen Angriff? Sobald sich die Fronten begegnen, gibt es einen Zeitpunkt, in dem sich die Tiere ganz sachte mit den Fühlern berühren. Ein Willkommensgruß, ähnlich einer menschlichen Umarmung? Was dann geschieht, nenne ich »die große Wiedersehensfreude«. Innendienstlerinnen, die sich zusammenrollen und abtransportiert werden. Das gemeinsame Ausbuddeln von Verschütteten und dann der gemeinsame Marsch in das neue Nest. Ich kann es oft gar nicht fassen, wie weit der Neubau dann bereits fortgeschritten ist.

Die Erfahrungen bei der Nachsorge sind etwas ganz Besonderes für mich. Vor allem, weil die Tiere zu wissen scheinen, dass wir kommen. Gerade bin ich aus dem Auto ausgestiegen und gehe auf das Nest zu, schon gehen alle Ameisen auf der Nestkuppel in Position und strecken mir ihre giftspritzenden Hinterteile entgegen. Jeder andere, der nicht an der Umsetzung des Nestes beteiligt war, kann sich direkt vor das Nest stellen. Mir hingegen weht sofort eine Wolke Ameisensäure entgegen. Die Tierchen erinnern sich offenbar und erkennen mich schon von Weitem.

Meine Arbeit als Ameisenumsiedlerin hat mich überzeugt, dass Waldameisen zu den stärksten, hilfsbereitesten, intelligentesten, fleißigsten und sozialsten Tieren überhaupt gehören. Zu sehen, wie sie sich innerhalb von Sekunden untereinander abzusprechen scheinen, wie sie zielsicher genau die Stelle im Sand finden, in der eine Kollegin verschüttet liegt, wie sie schon in den Säcken neue Strukturen bilden, um den Nachwuchs zu schützen, wie sie anderen kleinen, schutzbedürftigen Waldbewohnen Asyl in ihrem Nest gewähren und wie sie ihr Leben opfern würden, um ihr Volk zu schützen, beeindruckt mich jedes Mal aufs Neue. Deshalb lohnen sich die Strapazen einer Umsetzung für mich, weil ich damit diesen außergewöhnlichen Tieren ein sicheres Zuhause schaffen kann. Die Ameisen tun so viel für uns und unsere Umwelt und es ist das Mindeste, dass wir sie schützen, wenn sie es einmal nicht können.

Jasmin und ich fahren jetzt aber erstmal weiter. Um zwölf Uhr haben wir auch die anderen beiden Nester auf dem Hänger an einen neuen Ort gebracht und gerade treffen die anderen Teams mit Nest vier und fünf dieses Tages im Wald ein. Heute haben wir Glück. Um 16 Uhr sind wir wieder in der Ferienwohnung, die uns als Basislager dient. Erledigt, aber glücklich beschließen wir: Jetzt duschen wir und dann geht's Pizza essen! Und dort, in einer winzigen Pizzeria, schaue ich mir die prächtigen jungen Leute an, die neben mir rumalbern und lachen. Lena hat bei uns ein freiwilliges ökologisches Jahr absolviert und studiert jetzt Geoökologie und berichtet davon. Noah überlegt gerade laut, ob die Biologie das Richtige für ihn ist und er sich um einen Studienplatz bewerben sollte. Ja, und Jasmin wird auch Ameisenumsiedlerin. Es ist schön zu wissen, dass ich etwas von meiner Zuneigung zu diesen ungewöhnlichen Tieren weitergeben konnte und eine neue Generation heranwächst, die der Natur mit Achtung, Respekt und Liebe begegnet.

Die Ameise und wie sie die Welt sieht

Jedes Kind erkennt eine Ameise. Doch was zeichnet sie gegenüber anderen Insekten aus und wie nimmt sie ihre Welt wahr? Die sogenannte »Klasse« der Insekten wird in mehrere »Ordnungen« aus näher miteinander verwandten Tiergruppen unterteilt. Zu den Insekten gehören in ihrem äußeren Erscheinungsbild ganz unterschiedliche Ordnungen, etwa Käfer, Libellen, Schmetterlinge, Fangschrecken, Flöhe, Schaben oder auch Hautflügler. Zur Ordnung der Hautflügler zählen grob gesagt Bienen, Wespen und Ameisen. Ameisen sind dabei nichts anderes als flügellose Wespen. Ameisen, die allesamt staatenbildend sind, haben sich vor mehr als 100 Millionen Jahren aus vermutlich solitär lebenden Wespen entwickelt und demensprechend viele Kennzeichen mit ihnen gemeinsam. (Übrigens stammen die Bienen wohl von

Grabwespen ab und die auf den ersten Blick ähnlich wirkenden Termiten sind viel näher mit den Schaben verwandt als mit den Ameisen.)

Eine schlanke Taille und schön beweglich in der »Hüfte«

Der Grundbauplan eines Insektenkörpers besteht aus den drei Abschnitten Kopf, Brust und Hinterleib. Diese Gliederung ist äußerlich meist deutlich zu erkennen, der Körper ist eingekerbt. Deshalb werden Insekten auch Kerbtiere oder Kerfe genannt. Anders als Wirbeltiere, wozu ja auch der Mensch gehört, haben Insekten kein inneres Skelett aus einer Wirbelsäule und zahlreichen Knochen. Als wirbellose Tiere besitzen sie vielmehr ein Außen- oder Exoskelett. Dieses besteht aus einer Kutikula genannten, stabilen äußeren Hülle. Neben Chitin, das ähnlich wie Zellulose aufgebaut ist, enthält die Kutikula vor allem verschiedene Proteine. Wie eine Ritterrüstung verleiht sie dem Tier Festigkeit und bietet ihm Schutz. Daher spricht man auch von einem Chitinpanzer. Abhängig davon, welche Proteine in welcher Menge eingelagert werden, ist die Kutikula an manchen Stellen etwas weicher und biegsamer, je nachdem, welche Funktion sie gerade zu erfüllen hat. Zusätzlich überzieht eine extrem dünne Wachsschicht die Kutikula; sie schützt die Insekten vor dem Austrocknen. Die Körperabschnitte sind aus Segmenten zusammengesetzt, das sind durch biegsame Gelenkhäute verbundene Platten. Bestimmte Segmente können auch verschmolzen sein und sind dann starr, was etwa bei der Kopfkapsel der Insekten der Fall ist. Bei Ameisen (und den anderen Taillenwespen) ist das erste Segment des Hinterleibs mit dem letzten Segment des Brustabschnitts verwachsen; die so verlängerte Brust wird als Mittelleib oder Mesosoma bezeichnet. Das Mesosoma verjüngt sich am Ende und bildet die sogenannte Wespentaille. Zudem haben Ameisen eine Besonderheit, die bei keiner anderen Insektengruppe vorkommt. Sie ist somit ein untrügliches Zeichen dafür, dass man es mit einer Ameise zu tun hat: Das zweite oder aber das zweite und dritte Hinterleibssegment formen ein Stielchen, das knotig oder schuppenartig aussehen kann. Da der hintere Abschnitt des Körpers (hinter dem Stielchen) einer Ameise nur aus einem Teil des tatsächlichen Hinterleibs besteht, spricht man hier von einer Gaster. Das Hinterleibsstielchen ist enorm praktisch, denn Ameisen sind dadurch extrem gelenkig (in unserem Fall würde man wohl von Schlangenmenschen sprechen): Sie können die Gaster nach unten abbiegen, um beispielsweise ihr Gift ganz gezielt zu verspritzen, aber auch nahezu senkrecht nach oben richten, um einen Duftstoff aus einer ihrer zahlreichen Drüsen abzugeben. Zudem kommen sie viel leichter mit ihren Mundwerkzeugen an die Gaster, um sie zu putzen. Und Ameisen sind sehr reinliche Tiere. Anhand des Hinterleibsstielchens lässt sich auch erkennen, zu welcher Untergruppe eine Ameisenspezies gehört (siehe Kapitel »Von Punks und Blondinen«).

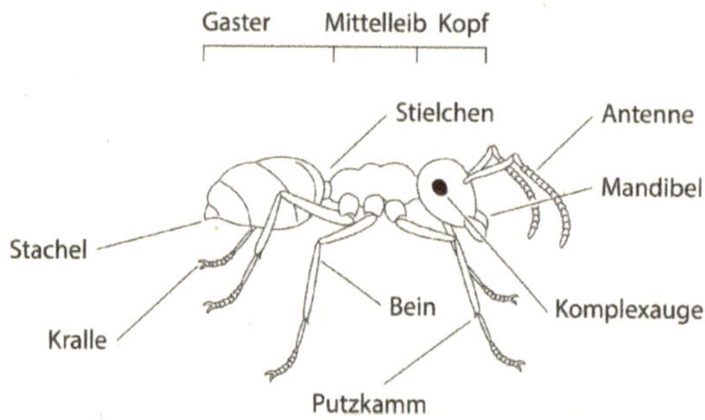

***Abb. 1:** Körperbau einer Ameise (Arbeiterin)*

Ein vielteiliges Organ und zwei Vielzweckorgane

Der Kopf ist bei den Insekten für die Nahrungsaufnahme »zuständig« und für die wichtigsten Sinneswahrnehmungen. Das ist bei uns Menschen zwar nicht viel anders, die zugrundeliegenden Strukturen sind allerdings völlig verschieden. Insekten besitzen eine Mundöffnung sowie verschiedene Mundwerkzeuge: die Oberlippe, ein Paar Oberkiefer (Mandibeln), ein Paar Unterkiefer und die Unterlippe. Bei Ameisen sind die Mandibeln abhängig von ihrer Lebensweise unterschiedlich geformt, doch meist schaufelartig verbreitert und mit Zähnchen besetzt. Sie sind ganz vielseitig einsetzbar und übernehmen sogar die Funktion unserer Hände. Mit ihrer Hilfe können die Ameisen z.B. Blätter und andere Pflanzenteile schneiden, Beutetiere zerbeißen, Feinde packen und verletzen, Nahrung, Beute, Nestmaterial und sogar die empfindlichen Eier und Larven transportieren sowie Gänge und Nestkammern graben. Und wenn sie unsere Haut in die Zange nehmen, können sie ihr durchaus kleine Verletzungen zufügen – was sicherlich einige Leserinnen und Leser schon leidvoll erfahren mussten ...

Für das Sehen stehen Insekten in der Regel zwei Komplexaugen, auch Facettenaugen genannt, und drei Punktaugen oder Ocellen zur Verfügung. Die Facettenaugen setzen sich aus einer Vielzahl von Einzelaugen, den Sehkeilen oder Ommatidien, zusammen. Jedes Ommatidium bildet dabei einen kleinen Teil der Umgebung des Tieres als einzelnen Bildpunkt ab. Die Gesamtheit der Bildpunkte aus den Sehkeilen erzeugt ein mosaikartiges Rasterbild, das, abhängig von der Ommatidienzahl, die wiederum je nach Art verschieden ist, mehr oder weniger pixelig ist. Der Seheindruck einer Ameise dürfte in etwa so sein, wie wenn wir starr durch ein Fliegengitter blicken, ohne die Augen bzw. den Kopf zu bewegen. Ameisen erkennen wohl bewegte Objekte ganz gut, große Teile ihrer Umgebung nehmen sie dagegen nur schemenhaft und verschwommen wahr. Wie so oft im Leben sagt also die Quantität (Anzahl der Augen) hier nicht unbedingt etwas über die Qualität (Sehleistung) aus. Zumindest von einigen Arten weiß man, dass sie in der Lage sind, Farben zu unterscheiden.

Rottöne können sie nicht erkennen, dafür jedoch Ultraviolett, das wiederum wir Menschen nicht wahrnehmen können. Zusätzlich sind sie in der Lage, die Schwingungsrichtung des polarisierten Himmelslichts zu analysieren. So können sie den Sonnenstand selbst bei bedecktem Himmel bestimmen, was eine wichtige Orientierungshilfe ist. Die Ocellen liegen als Dreiergruppe in der Stirnregion des Kopfes. Ihre genaue Funktion ist wissenschaftlich nicht gesichert. Sie können Helligkeitsunterschiede, ultraviolettes und polarisiertes Licht wahrnehmen, scheinen aber für die Orientierung nicht unbedingt notwendig zu sein, wie man aus Versuchen mit Wüstenameisen weiß, deren Stirnaugen abgedeckt worden sind.

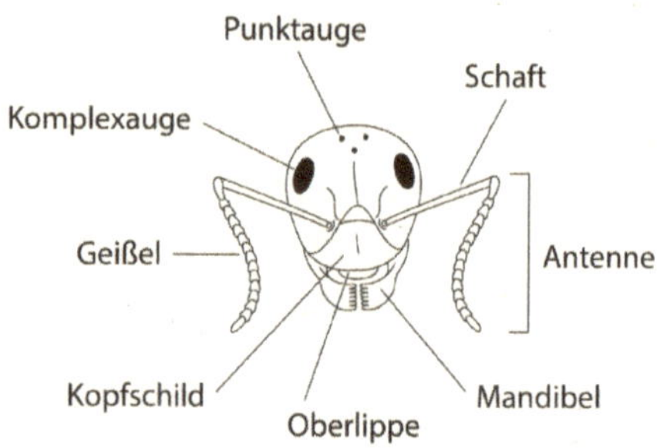

Abb. 2: *Der Kopf einer Ameise von vorn gesehen*

Alles in allem können Ameisen nicht besonders gut sehen, manche Arten sind sogar blind. Die Lebenswelt dieser kleinen Krabbeltiere ist aber auch ganz verschieden von der unsrigen. Sie müssen sich im stockdunklen Nest zurechtfinden oder auf dem Boden einer Wiese oder eines Waldes, wo sie aufgrund ihrer geringen Größe ein nur sehr eingeschränktes Sichtfeld haben. Da helfen auch die besten Augen nicht unbedingt weiter.

In solchen Situationen spielen die Geruchs- und Tastwahrnehmung eine herausragende Rolle. Die Antennen (Fühler), die bei Ameisen einen charakteristischen Knick aufweisen, sind mit Abstand die wichtigsten und vielfältigsten Sinnesorgane der emsigen Tierchen. Sie dienen nicht nur der Kommunikation mit Nestgenossinnen, sondern tragen auch den Tast-, Geruchs- und Geschmackssinn, das feine Näschen der Ameisen sitzt also auf deren Fühlern. Im Erbgut der Ameisen gibt es etwa 400 Gene für Geruchsrezeptoren, mehr als bei allen anderen Insektengruppen. Das lässt ein viel ausgefeilteres Kommunikationssystem mittels chemischer Signale vermuten, als es beispielsweise die Bienen haben (siehe Kapitel »Frauenpower!«). Mit ihren Antennen können Ameisen nicht nur Duftstoffe wahrnehmen, sondern auch die Windrichtung, aus der sie kommen, sowie den Kohlendioxidgehalt der Luft. Außerdem sind höchstwahrscheinlich auch der Feuchtigkeits- und der Temperatursinn auf den Antennen lokalisiert. Ohne ihre Fühler ist eine Ameise völlig hilflos. Das zeigte sich auch, als ein Team um Daniel Kronauer von der Rockefeller Universität in New York bei Tieren eines Ameisenvolks ein Gen ausschaltete, das für die Ausbildung der Geruchsrezeptoren in den Antennen verantwortlich ist. Die Mutation hatte unübersehbare Auswirkungen: Frisch geschlüpfte Jungameisen, die normalerweise die ersten Wochen mehr oder weniger »faul« im Nest verbringen, rannten hektisch im Nest umher. Die Tiere konnten weder Duftpfade ihrer Nestgenossinnen, noch Männchen als solche erkennen (siehe auch Kapitel »Frauenpower!«). Die Mutanten verhielten sich wie Einzelgängerinnen und die Kooperation im Staat brach zusammen. Die Genveränderung hatte auch gesundheitliche Auswirkungen: Die Tiere starben bereits nach etwa der Hälfte der Lebenszeit der nicht mutierten Artgenossinnen.

Ganz im Zeichen der Fortbewegung

Der Brustabschnitt trägt drei gegliederte Beinpaare und gegebenenfalls zwei Paar Flügel. Bei Ameisen sind nur die Geschlechtstiere geflügelt, d.h. die Männchen und die noch unbegatteten Königinnen. An der Fußspitze befinden sich zwei Krallen und dazwischen ein Haftapparat. Mit den Krallen können sich die Tiere gut auf rauem Untergrund festhalten, beispielsweise wenn sie einen Baum erklimmen. Der Haftapparat verhindert, dass sie an glatten Flächen abrutschen. Ameisen können dadurch ohne Probleme auf der Unterseite von Blättern oder auf einer senkrecht stehenden Glasscheibe laufen. An den Vorderbeinen besitzen sie zudem einen Putzkamm, mit dem sie ihre Antennen sauber halten, was sie aufgrund der hervorragenden Bedeutung der Fühler keinesfalls vernachlässigen dürfen.

Flexibles Organdepot

Im Hinterleib der Ameise liegen alle lebenswichtigen inneren Organe. Die Gaster ist aufgrund ihrer sehr elastischen Häutchen zwischen den Segmentplatten extrem dehnbar und kann so ihr Volumen um ein Mehrfaches vergrößern. Das ist speziell dann recht nützlich, wenn der Platzbedarf im Körper steigt, z.B. bei der Eiproduktion der Königin (die Eierstöcke und die Samentasche oder Spermatheka befinden sich ebenfalls im Hinterleib) oder wenn Nahrung gespeichert werden muss. Als Besonderheit verfügen Ameisen nämlich über einen Kropf. Darin können sie, wenn sie auf Futtersuche sind, Nahrung unverdaut aufbewahren und später wieder hervorwürgen, um beispielsweise hungrige Nestgenossinnen auf dem Wege der sogenannten »Trophallaxis« zu versorgen (siehe Kapitel »Das Ameisenjahr«). Deshalb bezeichnet man den Kropf der Ameisen auch als Sozialmagen. Auch die Giftblase und der Stachel sind bei den Arten, die solche Waffen besitzen, im Gaster lokalisiert.

Im Grunde ist jede Ameise eine winzige wandelnde Chemiefabrik. Unter ihrem Panzer produziert sie in Dutzenden von Drüsen an unterschiedlichsten Stellen des Körpers, vom Kopf bis in die Fußspitzen, eine Vielzahl an Botenstoffen und Sekreten, aber auch Gifte zur Verteidigung, Futtersaft für die Königin und Abwehrmittel gegen Bakterien und Pilze.

Trotz der zahlreichen Gemeinsamkeiten unterscheiden sich die einzelnen Ameisenarten auch in spezifischen Merkmalen – die ihnen bei uns bestimmte Spitznamen eingebracht haben ...

Als ich mit Herrn Helbig bei meiner ersten Umsiedlung im Morgengrauen vor dem Ameisennest stand, staunte ich nicht schlecht, als er sich zum Nest hinunterbeugte und sich ganz vorsichtig, aber entschlossen eine Wächterin von einem der Nesteingänge schnappte. Nachdem er das kleine Tierchen gefangen hatte, packte er es behutsam nur mit den Fingerspitzen des Daumens und des Zeigefingers an den drei Beinchen einer Körperseite. Dann zog er eine Lupe aus seiner Jackentasche, hielt sie direkt über die kleine Krabblerin und schaute sie sich von allen Seiten genau an. Als Botanikerin war mir klar, was hier vor sich ging. Genauso verhalte ich mich, wenn ich nach winzigen, mit bloßem Auge nicht erkennbaren Unterscheidungsmerkmalen von Pflanzenarten einer Gattung schaue. Manche Arten sind nur im Hinblick auf ganz geringfügige Merkmale voneinander verschieden. Die eine hat z.B. einen kaum sichtbaren Haarkranz am Grunde der Blattansätze, den die andere nicht hat. Bei mir ratterte es und ich war überrascht. Es gibt doch nur die Rote Waldameise? So hatte ich das jedenfalls in der Schule gelernt und bisher auch felsenfest angenommen. Warum also hier so genau hingucken?

Da legte Herr Helbig schon los und verkündete, dass es sich hier um eine Kahlrückige Waldameisen handelte. »Ah, also keine geschützte Rote Waldameise?«, fragte ich prompt. »Doch«, sagte Herr Helbig, »in Brandenburg gibt es mehrere Arten von Waldameisen, die alle geschützt sind.« Nun war mein Interesse geweckt und ich wollte auch schauen. Herr Helbig reichte mir die Lupe und wir beförderten irgendwie auch die Ameise in meine andere Hand. Es ist gar nicht so einfach, die zarten und doch so starken Beinchen eines so kleinen Tierchens zwischen zwei Fingern so einzuklemmen, dass die Ameise nicht entkommt. Und gleichzeitig so sanft zuzufassen, dass man sie nicht verletzt. Herr Helbig sagte, ich solle mal auf den Rücken (das Pronotum) des Tieres schauen. »Da sind weniger als 15 Borsten.« Ich guckte und guckte und guckte und sah gar nichts, obwohl ich eigentlich ein Meister im Umgang mit der Lupe bin, so oft wie ich sie im Feld bei meinen Pflanzenkartierungen benötige. Heute weiß ich, dass man gegen das Licht schauen muss, um die feinen Härchen oder Borsten und andere winzige Merkmale auf verschiedenen Teilen des Körpers einer Waldameise zu erkennen. Nur mit genügend seitlichem Licht kann ich die Art richtig bestimmen.

Wenn ich heute an ein Ameisennest komme, weiß ich mit etwa 80-prozentiger Sicherheit sofort, um welche Art es sich handelt. Es sind natürlich die verschiedenartigen Lebensräume, die schon Rückschlüsse auf die dort vorkommenden Arten zulassen. Auch die Form der Nestkuppel und das zum Nestbau genutzte Material geben Hinweise. Inzwischen erkenne ich sogar die feinen Nuancen in der Färbung einzelner Arten oder die kleinen Unterschiede in der Art und Weise, wie sie sich bewegen. Und so ergibt sich aus der Gesamtsituation, wie ich sie antreffe, ein Gesamtbild. Ganz sicher bestimmen kann ich die Arten letztlich aber nur mit der Lupe.

Die Räuber und Teufelchen unter den Waldameisen

Ein wichtiges Unterscheidungsmerkmal ist die Oberlippe der Tiere. Natürlich hat eine Ameise keine Oberlippe. Es handelt sich eigentlich um den Vorderrand des Kopfschildes, den man oberhalb der Mundwerkzeuge sehen kann (siehe Abb. 2). Ist dieser eingekerbt, handelt es sich um eine Blutrote Raubameise (*Formica* bzw. *Raptoformica sanguinea*). Keine andere Art trägt dieses Merkmal, die Bestimmung ist daher eindeutig. Damit man diese Kerbe sehen kann, muss die Ameise aber ihre Mundwerkzeuge öffnen. D.h.: Wenn ich ein gefangenes Tier richtig bestimmen will, dann muss ich mich von ihr beißen lassen. Meist macht es das freiwillig. Manchmal muss man es aber auch ein bisschen provozieren. Besonders in den ersten Wochen der Umsiedlungssaison spüre ich diese Bisse noch, denn die Hornhaut, die sich irgendwann auf der Fingerkuppe des Zeigefingers bildet, ist im Winter wieder verschwunden.

Die Nester der Blutroten Raubameise erkenne ich mit sehr hoher Sicherheit aber auch ohne Lupe. Das erste Indiz für diese Art ist der Standort. Raubameisen bauen sich zumindest in Brandenburg besonders gern am Rand von sehr trockenen Kiefernwäldern ihr Nest. Es befindet sich fast immer Totholz im Nestkern. Aber nicht ein mächtiger Stubben wie bei den anderen Arten, sondern meist ein liegendes kleines Stammstück oder Stubbenteil, das oft schon von Flechten überwachsen ist. Raubameisen bauen kleine Nester. Deshalb gibt es nur wenig Neststreu um das Totholz, das darum so gut wie überhaupt nicht eingebaut und auch ohne im Nest zu graben gut zu erkennen ist. Die Nester kann man daher auch leicht übersehen, weil sie oftmals eher unscheinbar und klein sind und gar nicht aussehen wie die Hügel, die wir sonst so im Kopf haben.

Auch an der Art der Bewegung identifiziere ich die Vertreter dieser Art sofort. Sie bewegen sich schneller als die anderen Arten und ihr »Gang« ist zackiger, abgehackter und somit weniger geschmeidig. Außerdem haben Raubameisen keinen schwarzen Fleck auf dem Pronotum. Deshalb leuchten sie deutlich rot. Und beißen können die! Ein

Raubameisennest umzusetzen ist eine sehr schmerzhafte Angelegenheit. Es ist aber schon einige Jahre her, seit ich zuletzt eins umgesiedelt habe, denn diese Art ist nicht mehr geschützt. Das hat nicht zuletzt mit ihrer Lebensweise zu tun, auf deren Besonderheit bereits der Name hinweist. Über den gesamten Lebenszyklus des Raubameisennestes – von der Neubegründung bis ins hohe Alter des Nestes bzw. der Kolonie – hinweg versklaven die Raubameisen Arbeiterinnen anderer Ameisenarten. Ihre Methode ist dabei der Puppenraub. Die Raubameisen greifen schwächere Nester oder Kolonien anderer Arten an und rauben die Brut, die dann im Raubameisennest schlüpft und zu Arbeiterinnen herangezogen oder auch gefressen wird. Das ist natürlich nicht nett, und die ganze Angelegenheit wird auch nicht netter, wenn man sich den Grund vor Augen führt, der die Raubameisen zu solchem Verhalten bewegt. Die Blutroten Raubameisen haben nämlich einen »Feind«, der ihnen zu schaffen macht. Unterschiedliche Büschelkäfer leben in den Raubameisennestern, rauben ihrerseits die Brut der Raubameisen und ernähren sich davon (siehe Kapitel »Untermieter im Frauenstaat«). Die Büschelkäfer werden jedoch im Nest geduldet, weil sie gezielt eine alkoholähnliche Droge ausscheiden, nach der die Raubameisen ziemlich gierig sind. Um der Drogen willen nehmen sie in Kauf, dass ein Teil ihrer Brut den Büschelkäfern zum Opfer fällt. Unvorstellbar, aber wahr: Wenn ein Raubameisennest in Gefahr gerät oder zu wenig Futter vorhanden ist, wird immer zuerst der Büschelkäfer gerettet, dann erst die eigene Brut. Die Raubameisen sind also in der Familie der Waldameisen so etwas wie die missratenen Cousinen. Junkies, die ihre Familie vernachlässigen und den Laden mit Beschaffungskriminalität irgendwie am Laufen halten. Ihre Nester sind allerdings meist mickrig und darum lassen sie sich recht einfach umsiedeln.

Auf den ersten Blick netter sind die Kerbameisen der Untergattung *Coptoformica*. Ich kenne nur die Große Kerbameise (*Formica exsecta*). Die drei sehr seltenen weiteren Arten habe ich noch nie gesehen. Kerbameisen haben ihren Namen von der deutlich sichtbaren Kerbe bzw. Einbuchtung im hinteren Bereich ihres Köpfchens. Wenn ich jemandem die Art zeige bzw. einen neuen Umsiedler ausbilde, erkläre ich immer: »Die sieht aus wie ein kleines Teufelchen mit zwei Hörnern.« Normalerweise ist der Kopf einer Waldameise, wenn man von vorne drauf schaut, oben rund. Der Kopf der Kerbameisen aber hat eine deutlich sichtbare Delle. Deshalb sieht man zwei Wülste links und rechts, eben zwei Hörner. Die Großen Kerbameisen sind im Widerspruch zu ihrem Namen deutlich kleiner und zierlicher als die anderen Waldameisen. Die Königinnen dieser Art sind besonders schön anzuschauen, viel graziler als die der anderen Arten und leuchtend gefärbt. Es ist für mich immer etwas ganz Besonderes auf die Königinnenkammern eines Kerbameisennestes zu stoßen. Dort leben tatsächlich echte Schönheitsköniginnen.

In der Regel erkenne ich die Nester schon an ihrer Lage, Form und Beschaffenheit. Kerbameisen siedeln meist in vergrasten Bereichen in Waldnähe, also in Trockenrasen, Ruderalfluren und auf Waldlichtungen. In Brandenburg scheint die Art liebend gern in Landreitgrasfluren zu leben. Dort finde ich sie besonders häufig. Das ist vor allem meiner Tochter nicht so lieb, weil sich die Ammen-Dornfingerspinne ebenfalls am liebsten im Landreitgras aufhält. Und die ist nicht nur die giftigste Spinne in unseren Breiten, sondern besonders im Hochsommer, wenn die Weibchen ihre Eier bewachen, auch noch sehr angriffslustig. Ich kann die Furcht meiner Tochter darum verstehen, zumal ich selbst, obwohl ich Biologin bin und sonst keine Angst vor Krabbelzeug habe, Spinnen nicht gerade in mein Herz geschlossen habe. Trotzdem braucht es schon mehr als eine mickrige Spinne, um uns vom Ameisenumsetzen abzuhalten!

Kerbameisen findet man aber auch weit entfernt von Gehölzbeständen. Vor zwei Jahren haben wir eine Kolonie der Art mit 20 Nestern mitten in einer Siedlung umgesetzt. Lediglich einen kleinen Bestand schöner Stieleichen schien die große Kolonie als Futterbäume zu nutzen. Dass Kerbameisen nicht unbedingt einen dichten Wald in ihrer Nähe brauchen, ist auch der Grund dafür, dass die Art so oft bei Erfassungen von Ameisennestern übersehen wird. Planungsbüros nehmen die Nester von Waldameisen in der Regel in den Planungsprozess auf. Aber die Mitarbeiter und Mitarbeiterinnen dieser Büros sind oft keine Ameisenexperten. Wenn wir dann mit der Umsiedlung beauftragt werden, wundere ich mich immer, dass alle kartierten Nester ausschließlich im Wald liegen. Wenn ich dann frage, wo nach Nestern gesucht wurde, kommt die Antwort: »Waldameisen kommen doch nur im Wald vor, also haben wir auch nur dort gesucht.« Das ist natürlich Quatsch und weil ich es nicht übers Herz bringe zuzulassen, dass übersehene Nester der Großen Kerbameise später einfach zerstört werden, machen wir uns oft noch einmal auf den Weg und suchen die Bauflächen ein zweites Mal ab. Das Ergebnis ist meistens, dass zu den Nestern, über deren Umsetzung wir bereits einen Vertrag haben, noch etliche hinzukommen, die wir zusätzlich umsetzen müssen.

Kerbameisen nutzen für den Nestbau viel feineres Material als ihre größeren Verwandten. Sie verbauen kleine Teile von Grasstengeln, Blattteile und auch sehr viel abgetrocknetes Moos. Man sieht kaum Nesteingänge, was die Nester zusätzlich schwer identifizierbar macht. Ein Kartierer kann ohne weiteres fast auf ein Nest der Kerbameise treten, ohne es zu erkennen, weil es so vollständig anders aussieht als die Nesthügel der anderen Waldameisen. Bisher habe ich nur ein einziges Mal ein Kerbameisennest gesehen, dessen Bewohnerinnen zum Nestbau auch Kiefernnadeln genutzt hatten. Da war ich dann im Zweifel, wen ich da vor mir hatte, und musste drei Mal hinschauen, um mir ganz sicher zu sein, dass das wirklich ein Kerbameisennest ist.

Andere Nester verblüfften uns durch die Wahl außergewöhnlicher Baumaterialien. Einmal fanden wir ein Kerbameisennest, das fast komplett aus Eicheln bestand. Ein anderes Mal hatten die Ameisen ihre Nestkuppel aus tiefroten Grashalmen konstruiert, weshalb die Kuppel blutrot aus der Wiese herausstach. Einmal besuchten Jasmin und ich eine umgesetzte Kolonie kurz vor Sonnenuntergang, um den Umsiedlungserfolg zu überprüfen. Das goldene Licht der untergehenden Sonne brach sich an dem Größten der Nester, das aus ebenfalls goldenen Halmen bestand. Dieses Nest sah aus wie die kleine, goldene Kuppel eines Königspalastes oder die goldene Kuppel einer orthodoxen Kirche.

Kerbameisennester erscheinen von oben oft sehr klein, können aber sehr tief ins Erdreich reichen. Bei der Umsiedlung problematisch ist dabei, dass die Nester oft sehr schmal sind. Der Umsiedler muss idealerweise ein kleines, aber sehr tiefes Loch ausheben. Wer das schon einmal versucht hat, weiß: Mit Spaten und Schaufel geht das nicht. Irgendwann muss man, um tiefer zu kommen, den Durchmesser des Loches vergrößern. Am Ende können dann richtig tiefe Gruben entstehen.

Besonders gern erinnere ich mich in diesem Zusammenhang an die Umsiedlung einer Kolonie, die aus sechs Nestern bestand, wobei zwei große direkt nebeneinander lagen. Diese beiden waren eindeutig die Mutternester und der Abstand zwischen ihnen betrug nur etwa vier Meter. Also machten sich Jasmin und ich mit jeweils einem Helfer an die Arbeit, und es war sehr schön, sich dabei von Nest zu Nest unterhalten zu können. »Jasmin, hier in 20 Zentimeter Tiefe habe ich die ersten Brutkammern!« Von nebenan kam die Frage: »Wie viele Säcke habt ihr schon?« Das ging so hin und her und wuchs sich schließlich ein bisschen in einen Wettkampf zwischen Mutter und Tochter aus. Zum Schluss waren unsere Nestgruben fast 1,60 Meter tief und von uns beiden schauten nur noch die Köpfe aus den sehr schmalen Löchern heraus. Beide hatten wir Probleme, das Material von ganz unten nach oben zu befördern. Jasmin ist aber um einiges schmaler als ich und nutzte diesen Vorteil: Sie und ihr Helfer waren als Erste fertig. Weit über 100 Säcke hatte jede von uns früh am Morgen mit Erde befüllt, hochgehievt und zum Hänger geschleppt. An diesem Tag waren wir beide fix und alle. Aber wir fanden für die Kolonie einen sehr schönen neuen Standort auf einer sonnenüberfluteten Waldlichtung mit vielen wunderbaren Wildblumen. An diesem Platz fühlten sich die Tiere wohl und es hat mich mit tiefem Glück erfüllt, als wir bei der Nachkontrolle die goldene Kuppel entdeckten, von der ich Ihnen eben erzählt habe.

Friedliche Punks und rötlich schillernde Blondinen

Sie wissen jetzt schon, wie man zwei Ameisenarten ganz eindeutig erkennen und unterscheiden kann: Oberlippe eingebuchtet: Raubameise. Kopfoberseite eingedellt und wie ein kleines Teufelchen aussehend und dabei ganz zierlich: Kerbameise. Die Welt der Ameisen ist aber viel kniffliger: Wenn weder die Oberlippe eingedellt, noch die Kopfoberseite eingekerbt ist, dann muss ich mir die Behaarung und Färbung der Tiere anschauen. Dabei gucke ich zuallererst auf den Hinterkopf. Finde ich dort einen Kranz abstehender Haare, weiß ich: Hier haben wir es mit Punks zu tun.

Diese Bezeichnung verdanke ich meinem ehemaligen Chef aus dem Ingenieurbüro, in dem ich beruflich angefangen habe. Er kam einmal bei einer Umsiedlung vorbei. Natürlich wollte er erklärt haben, woran ich nun erkenne, dass wir am Nest von Wiesen-Waldameisen arbeiteten. Ich erklärte ihm, dass nur zwei der bei uns verbreiteten Arten von Waldameisen Haare am Hinterhaupt haben und dass man mit der Lupe den Haarkranz ganz deutlich sieht. Ich gab ihm eine Lupe, hielt ihm eine Ameise hin und wie zu erwarten war, sah Manfred erstmal gar nichts. Aber er gab sich Mühe und irgendwann erspähte er den feinen Haarkranz und meinte fröhlich: »Wie ein kleiner Punk!« Seitdem heißen Wiesen-Waldameisen (*Formica pratensis*) bei uns Punks.

Meist erkenne ich aber auch ohne den Blick durch die Lupe, dass ich vor einem Nest dieser Art stehe. Wie es der Name schon sagt, Wiesen-Waldameisen leben meist eher auf Waldlichtungen und am Rand von Gehölzen. Und auch in Wiesen findet man sie häufig. Die Nestkuppel ist oftmals sehr flach, in einigen Fällen sogar eingedellt, liegt also unter dem Oberflächenniveau, was sicher mit der Lage der Nester zu tun hat: Sie befinden sich oft in der prallen Sonne. Ich mag die Wiesen-Waldameise besonders gern umsiedeln, weil in ihren Nestern fast nie ein Stubben vorhanden ist. Die Art mag anscheinend kein Totholz. Dafür finden wir oft Kiesel und Steinchen im Nest und einmal hatte eine Kolonie sogar massenhaft Roggenkörner eingetragen. Ich habe auch den Eindruck, dass sie freundlicher, ruhiger und weniger aggressiv sind, wenn wir ihre Nester umsiedeln. Wiesen-Waldameisen tun niemandem etwas zuleide – wie Punks eben.

Einen Haarkranz am Hinterhaupt findet man auch bei der Strunkameise (*Formica truncorum*). Diese ist aber von den Punks, also den Wiesen-Waldameisen, leicht zu unterscheiden, weil ihr Pronotum, der vordere Teil ihrer Brust, ganz anders aussieht als bei der Wiesen-Waldameise. Während diese einen deutlichen schwarzen Fleck auf dem Rücken hat, fehlt der Fleck bei den Strunkameisen völlig. Deshalb sieht die Strunkameise deutlich heller aus, ja, sie erscheint einem komplett rötlich.

Die Strunkameise ist bei uns verhältnismäßig selten, und so kann ich mich an das erste Nest dieser Art, das ich umzusiedeln hatte, noch sehr gut erinnern. Es lag an der Bahnstrecke bei Hohenleipisch am Rand des Gleisbettes. Ich schnappte mir also ein Tierchen, um es zu bestimmen, und hatte sofort den behaarten Hinterkopf entdeckt. »Klar«, dachte ich, »eine Wiesen-Waldameise.« Mein Helfer bei der Aktion damals war Mathias, den ich zum Umsiedler ausgebildet habe und der inzwischen zahllose eigene Erfahrungen und Geschichten hat. Nachdem wir die ersten Händevoll Neststreu in die Säcke gepackt hatten, bemerkten wir einen kleinen Stubben im Nest. Das machte uns beide stutzig! »Eine *Pratensis* mit Stubben? Komisch.« Dann quollen an einer Stelle des Nestrandes plötzlich ganz viele kleine, gelbliche Ameisen hervor. Mathias meinte: »Ich habe gelesen, dass bei der Strunkameise schon öfter Gastameisen gefunden wurden.« Gastameisen leben am Rand von Waldameisennestern und betteln die Waldameisen um Nahrung an. »Stubben im Nest, Gastameisen, lass uns schauen, ob das nicht eine Strunkameise ist«, schlug Mathias vor. Wir verstauten die Gastameisen in einem separaten Sack und machten erstmal weiter, unterhielten uns aber darüber, dass wir es hier bestimmt mit einer Strunkameise zu tun hatten. Dann schauten wir genauer und tatsächlich, diese Tiere hatten keinen schwarzen Fleck auf dem Pronotum und sie sahen auch viel heller und rötlicher aus als Wiesen-Waldameisen. Uff, bloß gut, dass wir das bemerkt hatten! Ein Strunkameisenvolk bevorzugt nämlich ganz andere Habitate als eine Wiesen-Waldameise: Sie braucht einen Stubben oder Strunk und mag ganz stark besonnte Bereiche gar nicht. Wir mussten also nach einem anderen als dem ursprünglich vorgesehenen Ort für die Neuansiedlung Ausschau halten. Und wir hatten ein weiteres Problem: Was machen wir mit den Gastameisen?

Der neue Ort war schnell gefunden, aber es macht mich heute noch traurig, wenn ich daran denke, was mit den Gastameisen geschah. Wir hatten ihnen am Rand des frisch angesiedelten Strunkameisennestes eine kleine Vertiefung gemacht und sie dort hineingesetzt. Wir dachten, dass das so klappen müsste, denn Gastameisen, die in Nestern der Strunkameise beobachtet werden, leben immer an der Peripherie des Waldameisennestes in kleinen Hohlräumen. Und so hatten wir sie auch vorgefunden. Aber was wir uns als eine harmonische Wiedervereinigung vorgestellt hatten, entwickelte sich zur Katastrophe. Die Strunkameisen erkannten ihre alten Nachbarn offenbar nicht und griffen die kleinen gelben, so wunderschön glänzenden Gastameisen an. Sie machten sie im wahrsten Sinne des Wortes platt. Nur noch ein weiteres Mal probierte ich später, Gastameisen, die ich bisher nur bei Strunkameisen und sonst nie an Nestern anderer Waldameisenarten gefunden habe, direkt an einem umgesiedelten Nest neu anzusiedeln, auch dort mit herzzerreißenden Auswirkungen. Seitdem nehme ich die Gastameisen zwar mit, baue ihnen aber etwas weiter entfernt in einer kleinen Kuhle ein eigenes klitzekleines Nest. Ich hoffe, dass sie von dort aus den Weg zum Nest der Strunkameisen finden und sich sozusagen neu anschleichen. Ich vermute nämlich, dass die Strunkameisen die Gastameisen nach einer Umsiedlung so heftig attackierten, weil ihnen diese erst in der Umsiedlungssituation als fremde Eindringlinge auffallen. In einem Nest, das »normal« funktioniert, treten die Gastameisen nur einzeln als Bettlerinnen in Erscheinung. Sie stören nicht. Im Chaos der Umsiedlung aber können sie sich nicht vereinzeln und so verstecken – und dann kommt es zum Krieg.

Zurück im Büro rief ich nach unserer Aktion Katrin Möller an, die Vorsitzende unserer Brandenburgischen Ameisenschutzwarte. Ich war mir immer noch unsicher, ob ich es wirklich mit der so seltenen Strunkameise zu tun gehabt hatte. Katrin sagte: »Du brauchst dir doch nur die Haare auf dem Pronotum anschauen, die sind doch total hell. Die Strunkameise ist unsere einzige Blondine unter den Waldameisen. Die anderen haben dunkle Haare, ihre sind blond.« Und tatsächlich konnte ich das ganz deutlich erkennen, als ich mir die Tiere bei der Umsiedlung der Restbevölkerung ein, zwei Tage später noch einmal anschaute. Und so hat sich bei uns der Spitzname »Blondine« für die Strunkameise etabliert.

Die Kahlrücken und die Roten

Neben Nestern der bisher erwähnten Ameisenarten habe ich nur noch zwei weitere Ameisenarten umgesetzt. Die Kahlrückige Waldameise (*Formica polyctena*) und die »echte« Rote Waldameise (*Formica rufa*). Beide Arten unterscheiden sich von den schon beschriebenen darin, dass sie weder an der Oberlippe noch am Hinterkopf eingekerbt sind und auch keinen Haarkranz am Hinterhaupt haben. Dafür ist die Rote Waldameise am Pronotum deutlich behaart. Sie hat dort mindestens 30 Borsten. An der Kopfunterseite findet man bei ihr mindestens zehn deutlich erkennbare lange Haare. Die Rote Waldameise hat also einen beeindruckenden »Damenbart«. Sie ist auch die einzige Waldameisenart, die fast immer monogyn ist, also nur eine Königin hat. Monogyne Nester zeichnen sich dadurch aus, dass die Tiere an sich sehr groß sind. Es ist daher immer mit Herzklopfen und besonderer Anspannung verbunden, ein Nest der Roten Waldameise umzusiedeln. Verletzt man die Königin, dann ist das Volk dem Untergang geweiht. Aber wie kann man sicher sein, die Königin heil und gesund umzusiedeln, wenn man sie nicht findet? Ich habe erst drei Mal eine Königin der Roten Waldameise gesehen. Das ist also an sich schon etwas ganz Besonderes und sehr Seltenes. Als ich das erste Mal eine sah, war ich sehr beeindruckt. Denn wie auch die Arbeiterinnen sind die Königinnen der Roten Waldameise deutlich größer als die der anderen Arten. Solch ein Kleinod behutsam in den Fingern zu halten und vorsichtig ins Transportglas zu legen, ist ein Moment, in dem man spürt, dass die Welt um einen stehen bleibt und ganz still wird.

Dass ich erst drei Mal dieses besondere Erlebnis hatte, hängt damit zusammen, dass in jedem Nest der Art, das ich bisher umgesiedelt habe, ein Stubben vorhanden war, und zwar meistens ein Monsterstubben. In diesem bringen die schlauen Tiere ihre Königin unter und hier schützen sie sie, wenn sich das Nest im Verteidigungsmodus befindet. Darum entdeckt man die Königin der Roten Waldameise so selten und deshalb muss der Stubben immer mit besonderer Vorsicht geborgen werden. Und das ist meistens nicht einfach. Oftmals sind die Seitenwurzeln des Stubbens stark und können nicht komplett nachgegraben werden. Dann kommt irgendwann doch die Kettensäge zum Einsatz. Und mit so schwerem Gerät an einem Nestteil zu arbeiten, der eine so kostbare Bewohnerin beherbergt, das macht schon ein mulmiges Gefühl.

Was passiert, wenn die Königin fehlt, konnte ich einmal an einem Nest der Kahlrückigen Waldameise beobachten. Obwohl wir das Nest sehr gut ausgehoben hatten, hatten wir keine Königin entdecken können. Ich tröstete mich mit der Hoffnung, dass zumindest eine Regentin im geborgenen Stubben sein würde, zumal wir auch bei den drei Besuchen, bei denen wir die Restbevölkerung bargen, keine Königinnen entdecken konnten. Allerdings fiel mir auf, dass die Tiere am neuen Nest nicht so emsig bei der Sache waren wie sonst. Sie bauten zwar das Nest etwas aus, wirkten aber irgendwie träge und wenig motiviert. Als ich im Frühling zur Nachkontrolle kam, war ich aber zunächst beruhigt: Eine fette Sonnungstraube lag auf der Nestkuppel (siehe Kapitel »Das Ameisenjahr«). Drei Wochen später aber zeigte das Nest wieder das gleiche Bild wie im Herbst: Nest nicht richtig in Ordnung, Ameisen lethargisch. Jetzt wollte ich es wissen! Ich fuhr zur Baustelle an der A24, dorthin, wo sich das alte Nest befunden hatte. Die Rodung war bereits abgeschlossen und die Bauarbeiten hatten begonnen. Aber die Grube vom alten Nest war noch intakt und da entdeckte ich am Rand des Loches eine kleine Schar emsiger Tiere, die fleißig und betriebsam ihrer Arbeit nachgingen. Schnell holte ich Spaten und Säcke aus dem Auto und machte mich an die Arbeit. In dem winzigen Nest, das zurückgeblieben war, fand ich sage und schreibe 17 Königinnen! Offenbar hatten diese im Vorjahr während der Umsiedlung am Rand des Nestes Schutz gesucht und wir hatten sie trotz aller Sorgfalt einfach nicht mitgenommen. Stolz wie Bolle fuhr ich mit meiner kostbaren Fracht zum neuen Nest, machte, um ganz sicherzugehen, einen Freundschaftstest (siehe Kapitel »Olympiaverdächtig«) und konnte feststellen: Ja, diese Tiere gehörten alle zusammen. Als ich die Königinnen auf die Nestkuppel setzte, brach helle Aufregung aus! Plötzlich lungerten die Ameisen nicht mehr lustlos herum, sondern gerieten komplett in Verzückung, schnappten sich die Königinnen, die nicht schon von allein in die Tiefe gekrabbelt waren, und schleppten sie ins Nestinnere.

Fünf Wochen später hatte ich in der Prignitz Wiederansiedlungen seltener und vom Aussterben bedrohter Pflanzenarten kontrolliert, die wir in den letzten Jahren durchgeführt hatten. Ich war so mittlerer Laune, weil nicht alle Pflanzungen erfolgreich waren. Als ich mich auf der A24 Berlin näherte, konnte ich es mir nicht verkneifen und machte einen ziemlichen Umweg, um mir das Nest noch einmal anzusehen. Wie staunte ich über die Veränderung! Ich fand eine große, wohl gepflegte Nestkuppel voller emsiger Ameisen vor, die keinerlei Lethargie mehr zeigten. Ihre Königinnen waren wieder da! Das Leben ging weiter und es hatte einen Sinn, sich zu mühen – für die Ameisen und auch für mich!

Die Kahlrückigen Waldameisen sind wie die Roten Waldameisen ebenfalls behaart, haben aber nur maximal 15 Borsten auf dem Pronotum und nur maximal sieben lange »Barthaare«. Man unterscheidet die Rote und die Kahlrückige Waldameise also nur an der Anzahl der Borsten und der Dichte des »Damenbartes«. Kahlrückige Waldameisen sind fast immer polygyn, haben also mehrere Königinnen. Interessant ist dabei, dass die Größe der Ameisen eines Staates der Kahlrückigen von der Anzahl der legenden Königinnen abhängt. Je mehr Königinnen ein Nest hat, desto kleiner sind die Tiere selbst. Ursache für dieses Phänomen ist vermutlich das Verhältnis von Nachkommen und Futterangebot: Viele Königinnen bedeuten viele Eier und Larven. Da das Futterangebot im Umfeld eines Nestes aber stets begrenzt ist, bekommen die Larven weniger Futter, wenn es sehr viele von ihnen gibt. Entsprechend kleiner werden die adulten Tiere. Hat man also ein Nest vor sich, in dem die Tiere sehr klein sind, weiß man schon, dass man sicher sehr viele Königinnen im Nest finden wird.

Auch Kahlrückige Waldameisen bauen ihr Nest meist um einen großen Stubben. Weil sie oft viele Königinnen haben, entpuppen sich ihre Nester oft als »Gründonnerstagsnester«. Und es ist auch meist diese Art, die große Kolonien bildet. Wir haben schon Monsternestverbände gefunden, die mehrere Dutzend »Gründonnerstagsnester« umfassten. Fast 70 Prozent der Nester, die wir umsiedeln, sind Nester der Kahlrückigen Waldameise. Sie ist die Art, die bei uns in Brandenburg am häufigsten zu finden ist und hat, wie alle Mitglieder der Gattung, eine lange Geschichte …

Die Ur-Ameisen

DNA-Analysen zufolge wuselten Ameisen bereits vor 140 bis 168 Millionen Jahren auf der Erde herum. Eine andere Studie vermutet, dass es sie »erst« seit 115 bis 135 Millionen Jahren gibt. Die ältesten bekannten Ameisenfossilien sind etwa 110 Millionen Jahre alt. Gefunden hat man vor allem in Bernstein eingeschlossene Tiere, es gibt aber auch Versteinerungen. Eine fast 50 Millionen Jahre alte wurde beispielsweise in der Grube Messel gefunden.

Ameisen tauchten vor so langer Zeit jedoch nicht urplötzlich auf der Bildfläche auf, sondern entwickelten sich in einem Millionen Jahre dauernden Evolutionsprozess aus einem gemeinsamen Vorfahren mit den Dolchwespen. Die ursprünglichen Ameisen zeigten eine Kombination von Merkmalen heute lebender Ameisen und Wespen. Sie hatten z.B. einen stark entwickelten Stachel, mit dem die kleinen Krabbler gelegentlich den ein oder anderen Dinosaurier gestochen haben dürften, der ihrem Nest zu nah kam. Denn damals, in der Kreidezeit, wurde das Leben auf dem Land von gewaltigen Dinosauriern beherrscht – und inmitten dieser Giganten eroberten sich die ersten Ameisen ihren Platz. Sie lebten wahrscheinlich in der Laub- bzw. Streuschicht im und am Waldboden und ernährten sich räuberisch. Innerhalb der seinerzeit schon enormen Vielfalt der Insekten machten sie allerdings nur eine kleine Gruppe aus. Ameisen waren anfangs eher selten und unbedeutend.

Das große Krabbeln beginnt

Das änderte sich jedoch vor rund 100 Millionen Jahren, als sich ihr Lebensraum, der Wald, tiefgreifend wandelte. Bis dahin bestanden die Wälder überwiegend aus Nacktsamern, vor allem Palmfarnen, Ginkgos und Nadelbäumen. Diese Bäume und Sträucher wurden nun von den Bedecktsamern, oft auch als Blütenpflanzen bezeichnet, weitgehend verdrängt. Mammutbäume und ihre Verwandten wichen den Laubbäumen, Palmfarme und Farne gaben den Weg frei für Gräser und Kräuter. Heute gibt es auf der Erde mehr als 250.000 verschiedene Arten von Blütenpflanzen. Ohne sie wäre Landwirtschaft undenkbar. Außerdem bilden Blütenpflanzen das bei Weitem vielfältigste Ökosystem auf der Erde, den tropischen Regenwald.

Mit der Ausbreitung der Bedecktsamer fiel auch der Startschuss für den unaufhaltsamen Aufstieg der Ameisen. Es setzte eine sogenannte Diversifikation ein, d.h., es entwickelten sich mehr und mehr verschiedene Ameisenarten, die die sich neu bietenden ökologischen Möglichkeiten optimal nutzten. Einerseits stellten die Bedecktsamer den Ameisen neue Lebensräume zur Verfügung, sowohl in den Baumkronen als auch im Unterholz und in der Streuschicht auf dem Waldboden. Letztere war vielgestaltiger und strukturierter als die in Nadelwäldern und bot ein Mosaik unterschiedlicher Habitate, in denen sich alles mögliche Kleingetier tummelte. Andererseits dienten die an den Pflanzen fressenden Insekten und andere Gliederfüßer nun als Beute oder als Symbiosepartner. So konnten sich die Ameisen mit dem Honigtau, den Pflanzenläuse und Zikaden ausscheiden, eine neuartige und in höchstem Maße bedeutende Futterquelle erschließen (siehe auch Kapitel »Das Ameisenjahr«). In der Folge entstand eine Vielzahl neuer Ameisenarten, die sich, was den Neststandort und die Nahrung angeht, zunehmend spezialisierten. Vor ungefähr 50 Millionen Jahren haben Ameisen dann die ökologische Position erreicht, wie wir sie heute kennen. Sie haben sich von einer Rarität zum Erfolgsmodell der Evolution entwickelt, das beinahe sämtliche Regionen auf unserem Planeten erobert hat und diese zum Teil auch beherrscht.

Die Vielfalt der Winzlinge

Über 13.000 Ameisenarten haben Biologen und Biologinnen bisher beschrieben, und regelmäßig kommen neue hinzu. Auf der Website antcat.org findet sich ein Online-Katalog für Ameisen, der alle validen, also durch Fachleute bestätigten, Ameisenarten der Welt auflistet. 13.841 waren es Mitte Oktober 2020. Die tatsächliche Zahl der Spezies schätzen die Expertinnen und Experten jedoch viel höher. So geht etwa Bernhard Seifert vom Senckenberg Museum für Naturkunde Görlitz wie andere Myrmekologen, wie Ameisenkundler fachsprachlich genannt werden, sogar von ungefähr 30.000 Ameisenarten aus. Denn vor allem in den längst nicht vollständig erforschten tropischen Wäldern, die einen Verbreitungsschwerpunkt der Ameisen bilden, harren wohl noch etliche Arten der Entdeckung.

Viele Ameisenspezies sind stark auf einen bestimmten Lebensraum spezialisiert. Sie leben und jagen z.B. unterirdisch, verbringen ihr gesamtes Leben in einem Bambushalm oder halten sich ausschließlich in den Baumkronen von Urwaldriesen auf. Diese Vielfalt der Spezialisierungen stellt selbst die motiviertesten Forscherinnen und Forscher vor gravierende Probleme. Bereits das Auffinden und Aufsammeln dieser verborgen lebenden Tierchen ist eine Herkulesaufgabe. Es ist ja schier unmöglich, in den riesigen und in weiten Bereichen unzugänglichen Wäldern den Boden zu durchkämmen, in das Kronendach unzähliger Bäume zu steigen oder alle sonst infrage kommenden Nisthöhlen zu erkunden. Daher werden nur ausgewählte Probeflächen untersucht. Hierbei stehen eingeführte und erprobte Methoden und Hilfsmittel zur Verfügung. Das reicht von bestimmten (Köder-)Fallen und Sieben (für die Bodenproben) bis hin zu so brachialen Methoden wie der Einnebelung von Baumkronen mit Insektiziden. Dabei werden einzelne Baumwipfel mit einem Insektizid besprüht und die herabfallenden Insekten in Fangtrichtern gesammelt. Das ist nicht schön, aber wenn man bedenkt, dass in tropischen Wäldern Bäume gerne mal 50 Meter oder sogar noch höher werden können, oft die einzige Möglichkeit, um wenigstens einen Eindruck von den Bewohnern dieses Lebensraums zu bekommen. Um diesen zu präzisieren, beklettern Profis die Bäume auch, kommen spezielle Kräne mit über 50 Meter langen, mit einer Krangondel befahrbaren Auslegern zur Anwendung oder Heliumballons sowie sogenannte Baumkronenflöße, das sind mit Netzen verbundene, heliumgefüllte Schläuche, die gewissermaßen auf den Bäumen »landen«.

Im Jahr 2008 entdeckte Christian Rabeling vom Naturkundemuseum Karlsruhe nach mehrjähriger Suche eine außergewöhnliche Ameisenart in der Laubstreu des brasilianischen Amazonasgebietes: ein völlig farbloses, blindes Tier mit auffallend langen Vorderbeinen und sehr langen pinzettenförmigen Mandibeln. Aufgrund ihres kuriosen Aussehens erhielt sie den illustren Namen *Martialis heureka*, zu

Deutsch etwa »Ameise vom Mars«, weil sie verglichen mit ihren Verwandten wie eine Außerirdische wirkt. Es handelt sich um eine besonders urtümliche Nachfahrin der ersten Ameise, die in keine der bisher bekannten Gruppierungen passte. Deshalb wurde sie sogar einer ganz neuen Unterfamilie (siehe unten) zugeordnet.

Einen eher ungewöhnlichen Weg auf der Suche nach Ameisen gingen Forscher der Universität Rochester: Sie analysierten den Mageninhalt von Giftfröschen. Und tatsächlich spürten sie dabei eine neue Ameisenart auf, die sie nach dem renommierten Ameisenforscher Bert Hölldobler benannten: *Lenomyrmex hoelldobleri*.

Die gesammelten Ameisen werden zunächst in 80-prozentigem Alkohol aufbewahrt und später im Labor präpariert und sortiert. Ist bereits die Sammelei eine Herausforderung, so gestaltet sich die spätere Auswertung des Sammelguts als wahre Sisyphosarbeit. Ameisen sind bekanntlich nicht gerade große Tiere, eine Königin der Treiberameisenart *Dorylus wilverthi* erreicht zwar immerhin 52 Millimeter Körperlänge, die kleinsten Spezies, etwa die Pharaoameise (*Monomorium pharaonis*), sind hingegen unter zwei Millimeter lang. Viele Arten sind dazu nur schwer von anderen zu unterscheiden. Da geht es etwa um Unterschiede in der Anzahl und Größe der Antennenglieder sowie der Haare auf bestimmten Körperabschnitten, um Abweichungen in der Pigmentierung, der Anzahl und Form von Zähnen oder Mandibeln, darum ob Stirnleisten, Runzeln oder Dornen vorhanden sind oder eben nicht. Man muss die gefundenen Exemplare also schon genauestens unter die Lupe nehmen. Und selbst dann noch sehen sich manche Spezies zum Verwechseln ähnlich, die sogenannten Zwillingsarten nämlich. Selbst Fachleute können sie nicht sicher mit ihrem korrekten Namen ansprechen. Zwillingsarten, die auch als kryptische Arten bezeichnet werden, unterscheiden sich unter Umständen nur in bestimmten Aspekten ihres Verhaltens. Das ist auch der wesentliche Grund, weshalb immer wieder neue Arten in Mitteleuropa beschrieben werden. Bernhard Seifert meint, dass fast zwei Drittel der noch nicht erfassten Spezies kryptische Arten sind und rund 80 Prozent der in Deutschland lebenden Ameisenarten regelmäßig verwechselt werden.

Und obendrein haben die Ameisen einen weiteren Trick, um den Biologen und Biologinnen die Bestimmung schwer zu machen. Einige Arten neigen nämlich dazu zu hybridisieren, d.h.: Zwei verschiedene Spezies verpaaren sich und erzeugen Nachkommen, die Merkmale beider Elternarten aufweisen. In Deutschland sind Hybridisierungen von mindestens 14 Ameisenarten bekannt, beispielsweise zwischen der Roten Waldameise (*Formica rufa*) und der Kahlrückigen Waldameise (*Formica polyctena*), wobei die Hybride sogar fortpflanzungsfähig (fertil) sind. Solche Mischlinge findet man dabei nicht gerade selten. In bestimmten Regionen wie der östlichen Oberlausitz oder auf den (Halb-)Inseln Darß, Hiddensee und Rügen stellen sie überdies ein Viertel aller Kolonien. Das führt dann schon mal zu Verwirrungen. Aber natürlich gibt es auch in dieser verwirrenden Vielfalt eine Ordnung, an der man sich orientieren kann.

Die »Big Four«

Die Vielfalt der bekannten Ameisenspezies wird in Gruppen aus näher miteinander verwandten Arten eingeteilt. Diese Gruppen werden Unterfamilien genannt. Nach einer gängigen Systematik untergliedert sich die Familie der Ameisen in 21 lebende oder rezente Unterfamilien (neben einigen bereits ausgestorbenen), die Website antcat.org listet dagegen nur 17 rezente Unterfamilien auf. Aber unabhängig davon, welcher Systematik man anhängt, sind vier Unterfamilien besonders artenreich, vielfältig und verbreitet: die Knotenameisen (Myrmicinae), die Ur- oder Stechameisen (Ponerinae), die Drüsenameisen (Dolichoderinae) und die Schuppenameisen (Formicinae). Fachleute nennen diese Familien deshalb auch die »Big Four«. Auch die allermeisten der in Deutschland vorkommenden gut 110 Arten gehören zu den »Big Four«. Ein wichtiges Unterscheidungsmerkmal dieser Unterfamilien ist die Form des Stielchens, also des Körperabschnitts der Ameise, der ihre Wespentaille bildet.

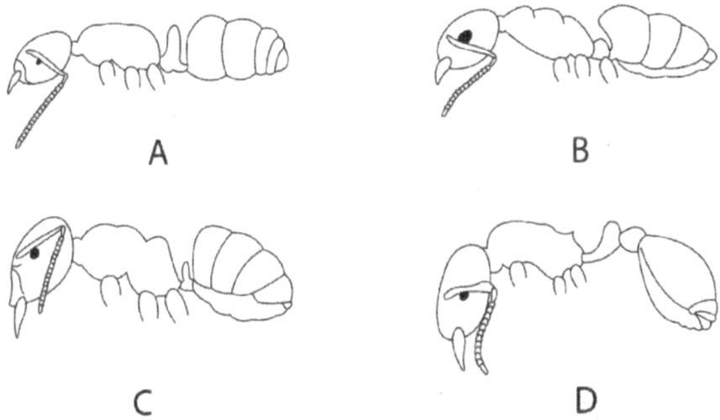

Abb. 3: *Unterscheidung der »Big Four« anhand ihres Stielchens. Die Tiere sind in der Seitenansicht dargestellt (ohne Beine). A: Stechameise, B: Drüsenameise, C: Schuppenameise, D: Knotenameise*

Ein Stielchen mit zwei knotenförmigen Gliedern (fachsprachlich Petiolus und Postpetiolus genannt) besitzen ausschließlich die Knotenameisen (die anderen Unterfamilien haben mit dem Petiolus nur eingliedrige Stielchen). Zudem sind diese Segmente deutlich von der Gaster abgetrennt. Die weiblichen Tiere verfügen über einen Giftstachel, mit dem sie teilweise schmerzhafte Stiche verursachen können, wie das etwa bei der Großen Knotenameise der Fall ist. Zu den Myrmicinae gehört ungefähr die Hälfte aller bekannten Ameisenspezies weltweit, etwa die bekannten Gruppen der Blattschneiderameisen aus den Tropen und Subtropen Nord- und Südamerikas. Bei uns heimisch sind beispielsweise Rasenameise (*Tetramorium caespitum*), Große Knotenameise (*Manica rubida*), Rote Gartenameise (*Myrmica rubra*), Trockenrasen-Knotenameise (*Myrmica scabrinodis*) und Gelbe Diebsameise (*Solenopsis fugax*). Auch die im 19. Jahrhundert nach Europa eingeschleppte Pharaoameise und die invasive Rote Feuerameise (*Solenopsis invicta*) gehören zu den Knotenameisen.

Das Stielchen der Ur- oder Stechameisen besteht aus einem knoten- oder schuppenförmigen Glied, das erste Segment der Gaster ist vom zweiten durch eine Einschnürung abgesetzt. Die Königinnen und Arbeiterinnen der Ameisenarten, die dieser Familien angehören, besitzen einen Giftstachel. Der Stich der Riesenameise *Paraponera clavata* aus dem tropischen Regenwald Südamerikas gilt als extrem schmerzhaft (siehe Kapitel »Olympiaverdächtig«). Die Ponerinae sind eine der entwicklungsgeschichtlich ältesten Unterfamilien in der Ameisenwelt und von der Sozialstruktur her vergleichsweise einfach organisiert: Königinnen und Arbeiterinnen unterscheiden sich kaum und zeigen viele Verhaltensmerkmale wie primitiv eusoziale Insekten. In Deutschland kommen ursprünglich nur zwei Ponerinen vor, nämlich die Schmale Urameise (*Ponera coarctata*) und die Braune Urameise (*Ponera testacea*). Einige weitere Arten wurden vermutlich eingeschleppt.

Das schuppenförmige Stielchen der Drüsenameisen ist niedrig und nach vorn gerichtet. Die Gaster der weiblichen Tiere besteht aus vier Segmenten, ein Giftstachel fehlt, die Tiere können sich jedoch gegen feindliche Ameisen zur Wehr setzen, indem sie toxische Kohlenwasserstoffe aus ihrer Analdrüse freisetzen. Bei uns werden nur wenige Arten dieser Unterfamilie angetroffen, unter anderem die Gemeine Drüsenameise (*Tapinoma erraticum*) und die Vierpunktameise (*Dolichoderus quadripunctatus*), die ihr Nest im Kronenbereich von Laubbäumen anlegt.

Bei den Schuppenameisen besteht das Stielchen aus einer flachen, aufrecht stehenden Schuppe, die Gaster ist aus fünf Segmenten zusammengesetzt. Die Formicinae verfügen zwar über keinen Stachel, aber über eine vergrößerte Giftdrüse und einen sogenannten Säureporus am Ende der Gaster, aus dem sie ihr Giftsekret, das vor allem aus Ameisensäure besteht, mit hohem Druck auf Feinde oder ihre Beute spritzen. Zu dieser Unterfamilie gehören beispielsweise die Weberameisen und die Wüstenameisen; bei uns sind drei große Gattungen heimisch: die Rossameisen (*Camponotus*), die Wegameisen (*Lasius*) und die Waldameisen (*Formica*).

Die Schwarze Rossameise (*Camponotus herculeanus*) und die Braunschwarze Rossameise (*Camponotus ligniperda*) zählen zu den größten Ameisenspezies in Mitteleuropa, die Arbeiterinnen werden sechs bis 14 Millimeter lang. Die Schwarze Rossameise legt ihre Nester in lebendem oder totem Holz (bevorzugt Fichte) an, die Braunschwarze Rossameise dagegen fast immer in Totholz (in der Regel Weichholz) und mit einem meist sehr großen unterirdischen Bereich (siehe Kapitel »Von Partybiestern und Kartonkleberinnen – die architektonische Kreativität der Ameisen«).

Bei den Wegameisen handelt es sich um eher kleinere Arten, die hierzulande nicht selten als lästig eingestuft werden. Die Schwarzgraue Wegameise (*Lasius niger*) gilt bei uns als die Ameise schlechthin. Sie ist ein sehr anpassungsfähiger Kulturfolger und in allen Teilen Deutschlands weit verbreitet, gern treibt sie sich auch mal in Häusern herum. Ihre Nester baut sie hauptsächlich im Boden mit lockeren Erdhügeln oder unter Steinen, manchmal aber auch in morschem Totholz. Im Aussehen recht ähnlich ist die Fremde Wegameise (*Lasius alienus*), die ihre Nester aber nur ausnahmsweise mit kleinen Erdhügeln ausstattet. Obwohl die Gelbe Wiesenameise (*Lasius flavus*) fast ausschließlich unterirdisch lebt, kann man ihre Anwesenheit anhand der meist zahlreichen, von diversen Pflanzen bewachsenen, sehr festen Nesthügel erkennen. Die Glänzendschwarze Holzameise (*Lasius fuliginosus*) ist weit verbreitet in Gehölzstandorten aller Art, wo sie ihre Kartonnester (siehe Kapitel »Von Partybiestern und Kartonkleberinnen – die architektonische Kreativität der Ameisen«) errichten kann.

Waldameisen – etwas Besonderes

Die eigentliche »Waldameise« gibt es nicht. Deutschland beherbergt insgesamt 23 Waldameisenarten – die aber aufgrund der zum Teil erheblich unterschiedlichen Ansprüche an ihren Lebensraum nicht alle im gesamten Bundesgebiet vorkommen. Die Gattung *Formica* untergliedert sich in mehrere Untergattungen: die Hilfs- oder Sklavenameisen (*Serviformica*), von denen bei uns zehn Arten leben (siehe auch Kapitel »Das Ameisenjahr«), die Raubameisen (*Raptoformica*) mit einer Art, die Waldameisen im engeren Sinn (*Formica sensu stricto*) mit sechs Arten, die Kerbameisen (*Coptoformica*) mit fünf Arten sowie die Uralameise. Mit Ausnahme der *Serviformica*-Arten gehören alle Spezies zu den hügelbauenden Waldameisen, d.h., die Völker bauen das »typische« Nest mit einer Streukuppel (siehe Kapitel »Nur die Spitze des Eisbergs«), so wie viele Menschen es von Waldspaziergängen her kennen. Die Tiere werden artverschieden 3,9 bis 9,5 Millimeter groß, wobei die Schwankungsbreite innerhalb einer Spezies relativ hoch ist, weisen rot bis rötlich braun sowie dunkelbraun bis schwarz gefärbte Körperteile und meist dunkle Flecken auf dem Rücken auf (Ausnahme: Strunkameise und Blutrote Raubameise). Wichtige Unterscheidungsmerkmale der Arten sind, wir haben oben schon davon gehört, die Anzahl und Länge von Haaren und

Borsten an Augen, Hinterhaupt, Kopfunterseite, Rücken und Schuppe. Bis auf die Blutrote Raubameise sind alle hügelbauenden Waldameisen nach der Bundesartenschutzverordnung besonders geschützt. Einen solchen Schutzstatus genießt keine weitere deutsche Ameise.

Die Kerbameisen unterscheiden sich von den anderen Waldameisen, wie wir schon wissen, durch eine deutliche Einbuchtung am Kopfhinterrand und ein bis drei zusätzliche Zähne am Hinterrand der Mandibeln. Am verbreitetsten ist die Große Kerbameise (*Formica exsecta*), die offene Magerrasen mit einzelnen Gehölzen, Waldlichtungen und Gehölzsäume am liebsten mag. Sie baut meist oberflächlich ganz ebenmäßige Nesthügel aus Gräsern, die sie mit ihren besonders leistungsfähigen Mandibeln zerteilt. Die Deckschicht des Nestes ist häufig verfestigt und lässt sich manchmal als Ganzes abheben. Die anderen vier heimischen Kerbameisen-Arten – *Formica foreli*, Furchenlippige Kerbameise (*Formica pressilabris*), *Formica bruni* und Moor-Kerbameise (*Formica forsslundi*) – sind nur schwer von der Großen Kerbameise zu unterscheiden, man benötigt dafür eine mindestens 120-fache Vergrößerung. Alle Arten sind auf ausreichend besonnte, offene bis halboffene Lebensräume, meist Magerstandorte, angewiesen und errichten ganz ähnliche Nestanlagen, die sich lediglich in der Größe unterscheiden; die Furchenlippige Kerbameise verwendet zusätzlich Samen, Bodenpartikel und kleine Kiesel als Baumaterial. Im Gegensatz zu den Waldameisen im engeren Sinn sind Kerbameisen nicht zur Produktion von Stoffwechselwärme befähigt und daher stärker auf ihre Nestkuppeln als effiziente Sonnenkollektoren angewiesen (siehe auch Kapitel »Nur die Spitze des Eisbergs«).

Die Rote Waldameise (*Formica rufa*) lebt in Laub- und Nadelwäldern aller Art, regelmäßig auch in Kleinstgehölzen und manchmal in Parkanlagen. Drei Viertel der Nester beherbergen nur eine Königin (sie sind monogyn) und maximal

120.000 Arbeiterinnen. Das Nest hat dann in der Regel eine halbkugelige Form mit einem relativ steilen Materialhügel, ansonsten ist die Form eher variabel und der Hügel größer.

Die Kahlrückige Waldameise (*Formica polyctena*) kommt vorwiegend in Nadel- (vor allem Fichten-), aber auch in Laubwäldern vor. Ihre Nestanlage besteht fast immer aus mehreren Hügeln und jedes Volk hat eine große Anzahl Königinnen (ist polygyn). Die Nestform ist sehr variabel, bei starker Beschattung ist die Kuppel sehr hoch, bei voller Besonnung hat das Nest nur eine flache oder sogar in den Boden eingetiefte Deckschicht.

Wie schon oben erwähnt, gibt es in manchen Regionen Hybride zwischen der Roten und der Kahlrückigen Waldameise. Diese Mischlingskolonien ähneln in manchen Aspekten der mütterlichen, in anderen der väterlichen Elternspezies.

Die Wiesen-Waldameise oder Große Wiesenameise (*Formica pratensis*) bevorzugt eher trockene Lebensräume wie bebuschte Trockenrasen, trockene Zwergstrauch- und Kiefernheiden sowie warme Wiesenhänge in der Nähe von Gehölzen, sie ist aber stellenweise auch in Wäldern zu finden. Das Volk lebt meist mit nur einer Königin in einem Nest mit eher flachem Nesthügel aus grobem Pflanzenmaterial, in den häufig Sand und kleine Kiesel integriert sind. Es gibt regional verschieden aber auch polygyne Völker, die zum Teil in größeren Kolonien leben.

Die Schwachbeborstete Gebirgswaldameise oder Alpenwaldameise (*Formica aquilonia*) hat ihren Verbreitungsschwerpunkt in den Alpen, vor allem dort, wo Lärchen wachsen, und besiedelt verschiedene Mischwälder, sie kommt aber auch von Schottland bis Ostsibirien vor. Sie ist hochgradig polygyn und nistet in größeren Kolonien. In Finnland verbaut sie oftmals Harz in ihre Nester sowie alle sonstigen verfügbaren Materialien: Schrotkugeln, Plastikperlen, Streichhölzer.

Die Starkbeborstete Gebirgswaldameise oder Gebirgs-Waldameise (*Formica lugubris*) kommt in Deutschland im Schwarzwald, im Bayerischen Wald und in den Alpen in (Fichten)-Buchen-Tannen-Mischwäldern bis in die Krummholz- und Kriechwacholderzone vor. Die Völker sind abhängig von der Region monogyn oder polygyn.

Die Strunkameise (*Formica truncorum*) ist ausgesprochen sonnenliebend, daher nistet sie in offenen, sonnigen Biotopen, etwa auf Waldlichtungen, an Waldrändern, in verheideten Moorbereichen und bebuschtem Trockenrasen. Die Nestkuppel ist ein oftmals flacher, irregulärer Haufen oder eine Ansammlung von Pflanzenpartikeln, eine hohe, gleichmäßige Hügelform ist die Ausnahme.

Die Uralameise (*Formica uralensis*) lebt vorwiegend in Moorgebieten. Ihre Nester baut sie dabei vor allem in deren mit Gehölzen bestandenen Randbereichen. Manchmal dringt sie aber auch bis in trockene Heidelandschaften vor.

Der Vorderrand des Kopfschildes ist bei der Blutroten Raubameise (*Formica sanguinea*) in der Mitte eingekerbt. Sie besiedelt jedes ausreichend besonnte Habitat: trockene bis magere Rasen und Offenheiden, lichte Wälder, Gehölzsäume, Moorbereiche, Steinbrüche, Tagebausukzessionsflächen etc., unter der Voraussetzung, dass dort eine *Serviformica*-Art vorkommt, die sie zur Koloniegründung benötigt (siehe Kapitel »Das Ameisenjahr«). Die Nestanlagen weisen eine hohe Variationsbreite auf, sie werden beispielsweise unter der Erde, unter Steinen, in morschem Holz oder in Bulten errichtet.

Wie solch ein Waldameisennest genauer aufgebaut ist, werden wir im Folgenden kennenlernen …

Manchmal, wenn ich nach einer Umsiedlung nach Hause komme und etwas zerschlagen am Küchentisch zusammensinke, stellt mir ein mitfühlendes Familienmitglied eine Tasse Tee und ein paar Kekse hin, begleitet von der Nachfrage: »Na, wieder ein ›Gründonnerstagsnest‹?« Natürlich gibt es bei den Ameisen keine kirchlichen Feiertage und ein »Gründonnerstagsnest« ist darum nicht die irgendwie fromme Spezialanfertigung eines Ameisenhügels. Der Name erinnert an eine Geschichte, die ich ganz am Anfang meiner Arbeit als Ameisenumsiedlerin erlebte.

Überraschungen in der Tiefe

Damals arbeitete ich, oder besser gesagt: eine um zwölf Jahre jüngere und blauäugigere Version von mir, noch in einem Ingenieurbüro. Ich hatte gerade erst meine Ausbildung zur Ameisenumsiedlerin abgeschlossen und meinen Ameisenhegerinnen-Schein sozusagen druckfrisch in der Tasche. Gerade stand ich auf einer beeindruckenden Feuchtwiese und machte Vegetationsaufnahmen, als mich mein Chef anrief. »Christina, willst du morgen zeitig Schluss machen?« Komische Frage! Klar wollte ich das. Es war Mittwoch vor Ostern. Ich hatte noch keine Zeit gefunden, irgendetwas vorzubereiten. Ein früher Feierabend kam mir also sehr gelegen. Mit meinen Kindern würde ich am Gründonnerstagnachmittag sorbische Ostereier malen! Eine Familientradition, die mir sehr am Herzen liegt. Ich freute mich.

Und meine Freude wurde noch größer, als mein Chef mir erklärte, warum ich am nächsten Tag nicht sehr lange würde arbeiten müssen. Er habe einen Auftrag vom Landesbetrieb Straßenwesen erhalten, ein Ameisennest an einer Landstraße in der Nähe müsse umgesetzt werden. Ich sollte also mit Gerd, meinem damaligen Arbeitskollegen, am nächsten Morgen hinfahren, den Auftrag erledigen und dann ins Osterwochenende verschwinden.

Ich geriet ein bisschen aus dem Häuschen. Mein erstes eigenes Nest als Umsiedlerin! Bisher hatte mir immer Herr Helbig sachkundig zur Seite gestanden. Das hier war meine Chance, mich zu beweisen. Und dann auch noch am Gründonnerstag! Und dann auch noch früh nach Hause und ein richtig schönes langes Familienwochenende! Abends versprach ich meinen beiden Kindern, am Donnerstag zeitig zu Hause zu sein, mit ihnen Eier zu bemalen und im Wald Osternester zu bauen. Hätte ich mal lieber lassen sollen ...

Am Gründonnerstag standen Gerd und ich also um sechs Uhr morgens vor dem Nest. »Gerd, wir beide haben heute spätestens um zehn Schluss!«, grinste ich ihn an. Das Nest sah aus, wie ein normales Ameisennest so aussieht. Die Nestkuppel war vielleicht 30 Zentimeter hoch. Ich hatte schon größere gesehen. »Kleine Sache«, dachten wir und machten uns an die Arbeit.

Während Gerd die Säcke aufhielt, schaufelte ich hochmotiviert zuerst die Neststreu hinein. Recht fix waren ein paar Säcke mit Streu und wimmelndem Getier gefüllt. Danach ging es ans Graben. 15, vielleicht 30 Säcke mit Sand und Ameisen, schätzen wir vergnügt, würden es sein. Dann schnell zum neuen Standort, Nest wieder aufbauen und fertig.

Ich stieß den Spaten in den Boden und verfrachtete die erste Ladung von vor Ameisen wimmelndem Sand in einen Sack. Dann die zweite, dritte ... hundertzweite, hundertdritte ... zweihundertzweite, zweihundertdritte ... Mir brach der Schweiß aus, die Hände fingen an zu schmerzen, die Arme wurden lahm. Längst hatten wir nicht nur 30, sondern schon mehr als 50 braune Papiersäcke gefüllt. Und es wollte einfach nicht aufhören. Immer tiefer grub ich mich ins Erdreich und immer wieder stieß ich auf neue Kammern. Unzählige Ameisen quollen aus den Rändern des beachtlichen Loches hervor, in dem ich jetzt schon tief unten hockte. Irritiert schaute ich zu Gerd hoch. Was passierte hier gerade?

Zehn Uhr war schon längst vorbei. Einen Hänger vollbeladen mit Säcken hatten wir jetzt schon an den Ansiedlungsort verfrachtet. Eigentlich hätte ich doch jetzt schon zu Hause mit meiner Familie am Tisch sitzen und mit Bienenwachs und winzigen Gänsefederkielen Hühnereier bemalen wollen! Und jetzt das hier. Längst hatte ich aufgehört, die Königinnen zu zählen, die wir fanden. Es mussten mittlerweile über Tausend sein.

Irgendwann war es später Nachmittag. Proviant hatten wir schon lange keinen mehr, die kurzen Arbeitspausen auf der Fahrt zum Ansiedlungsstandort reichten kaum aus, um neue Kraft zu tanken, zumal wir die schweren Säcke am neuen Standort des Volks ja auch wieder abladen mussten. Unsere Kräfte waren aufgebraucht, wir hatten die Nase voll. Aber immer noch mit jedem neuen Spatenstich: Ameisen, Ameisen, Ameisen. In einer Grube von zwei Metern Tiefe und drei Metern Durchmesser, die Wände schwarz vor Tieren, stand eine ratlose, erschöpfte und auch ziemlich bekümmerte Ameisenumsiedlerin und zweifelte an sich selbst. Nichts war übriggeblieben von der Freude des Vortages. Ich hatte das Nest nicht geschafft, sondern umgekehrt, die Ameisen hatten mich erledigt. Ich hatte mein Versprechen nicht gehalten, war nicht früh zu Hause gewesen und hatte meine Kinder enttäuscht. Und ich würde noch einmal wiederkommen müssen, denn jetzt wurde es dunkel und noch immer hatten wir nicht das ganze Nest freigelegt. Wir brachen die Aktion also ab. Zu Hause angekommen, konnte ich Jasmin und Mathes gerade noch gute Nacht sagen. Die Osternester hatten sie allein bauen müssen und ich sah den Vorwurf in ihren Augen. Ich fühlte mich schrecklich. Erschöpft und mit bleischweren Gliedern lag ich im Bett und dachte an die Unmengen von Tieren, die wir hatten zurücklassen müssen. Die erste Umsetzung, die ich allein machte – und gleich ein Desaster, so dachte ich.

Heute weiß ich, dass man sich beim Umsiedeln von Ameisen vor allem darauf verlassen kann, dass man sich auf rein gar nichts verlassen kann. Nur weil ein Nest von außen unscheinbar, ja vielleicht sogar eher klein wirkt, heißt das nicht, dass sich unter der Erde nicht eine gewaltige Großstadt verbergen kann. Und das Umgekehrte gilt genauso!

Einmal habe ich ein Nest umgesetzt, dessen Nestkuppel mir bis zur Hüfte ging. Damals arbeitete ich noch ab und an mit Herrn Helbig zusammen und das Nest befand sich tief im Wald. Wir mussten die Säcke beim Umzug also eine nicht unbeträchtliche Strecke weit tragen, um zum Hänger zu kommen. Als ich diese gigantische Nestkuppel sah, seufzte ich darum innerlich auf. »Wir werden hier den ganzen Tag schuften und uns die Füße plattlaufen«, so dachte ich. Doch es kam ganz anders. Schon während ich die Neststreu in die Säcke beförderte, bemerkte ich, dass sich relativ wenige Tiere darin befanden. Und als ich dann den Spaten in den Boden stach, war da ... nichts. Das Volk hatte keinen unterirdischen Bau angelegt.

Heute vermute ich, dass sich dieses Ameisenvolk eine so überdimensionale Kuppel gebaut hatte, um die wenigen Sonnenstrahlen, die durch die Bäume fielen, effektiv auffangen und die Wärme speichern zu können. Möglicherweise hat das aber nicht wirklich funktioniert. Die schwache Besiedlung deutete das zumindest an. Vielleicht war das Nest schon am Absterben oder aber die Tiere waren schon dabei, sich einen neuen Standort zu suchen.

Groß und zahlreich

Denn auch das können Ameisen, wenn es ums Bauen geht: Sich mit verblüffender Schnelligkeit neuen Gegebenheiten anpassen.

Wie schnell das gehen kann, führte mir eine Umsiedlungsaktion an der A24 vor den Toren Berlins im Frühjahr 2018 vor Augen. Auch dort waren wir an einem Tag, an dem wir mehrere Nester umgesiedelt hatten, auf ein »Gründonnerstagsnest« gestoßen, dem wir mittlerweile aber mit etwas mehr Gelassenheit begegneten. Mein Team hatte einen großen Teil des Nestes eingepackt und neu angesiedelt. Am neuen Standort fühlten sich die Tiere bald sichtlich wohl.

Eine Woche nach der Umsiedlung fuhr ich dann mit meiner jüngsten Tochter Flora sowie mit Jasmin und Julian wieder zur A24, um die zurückgebliebenen Tiere umgesiedelter Nester zu retten. Wir nennen das die »Bergung der Restbevölkerung«. Nach den ersten zehn Nestern fuhren Flora und ich mit dem vollgepackten Hänger zu den Ansiedlungsstandorten. Julian und Jasmin ließen wir zurück. Sie sollten die anderen Restbevölkerungen und vor allem die an dem »Gründonnerstagsnest« einsammeln. Zwei Stunden später erhielt ich einen wütenden Anruf: »Mama, bist du nicht ganz richtig? Du stellst uns hier mit 80 Säcken und einem Spaten hin und sagst, du bist in drei Stunden wieder da? Das will ich sehen, wie du das hier in drei Stunden schaffst! Ich schlage vor, ihr schwingt eure Ärsche wieder her und du guckst dir an, was die Ameisen von eurem Monsternest gemacht haben!« Ich war etwas konsterniert. Nicht nur wegen des rabiaten Tons. Ich konnte mir auch nicht wirklich vorstellen, was sie meinen konnte.

Als wir wieder am Entnahmestandort ankamen, stand meine zugleich aufgebrachte und entgeisterte Tochter vor mir und präsentierte mir 27 große neue Nester um die Grube, wo einst das »Gründonnerstagsnest« gewesen war. Gefühlt hatten wir eine Woche zuvor schon Millionen von Tieren umgesiedelt. Wir hatten gewusst, dass einige zurückgeblieben waren, aber mit dem, was ich jetzt sah, hatte ich nicht gerechnet. Jedes dieser 27 Nachfolgenester war so groß wie ein 08/15-Nest. Vier Mal mussten wir noch zwischen Altstandort und dem Ort der Neuansiedlung hin- und herfahren, bis (fast) alle Krabbler in ihr neues Zuhause überführt waren. So standen wir dann auch am Vatertag 2018 an der A24, während unzählige vollgepackte Autos an uns vorbeizogen, um die Insassen ein langes Wochenende über an die Ostsee zu bringen ...

»Plinsennester«

Große Hügel, kleine Hügel, viele Hügel und es geht auch: gar kein Hügel. Das ungewöhnlichste Nest, das mir je unter die Finger gekommen ist, habe ich in einer sehr aufregenden Zeit meines Lebens umgesetzt. Es war 2013 und ich hatte zwei Jahre zuvor meine eigene Firma gegründet. Flora, meine jüngste Tochter, war noch im Kindergarten und Jasmin und Mathes wurden langsam, aber sicher erwachsen. Ich begann gerade, mich als Unternehmerin zu etablieren. Deshalb freute ich mich sehr, als die Deutsche Bahn uns im Rahmen einer Baumaßnahme mit der Umsetzung von Ameisennestern bei Hohenleipisch beauftragte.

Zuerst erfassten wir die Nester im Baufeld. An einer Stelle entdeckte ich zwar eine riesige Menge Ameisen, aber auch nach intensiver Suche fand ich keinen Ameisenhügel. Also markierte ich die Stelle, an der wir das Nest vermuteten, und fuhr wieder nach Hause. Als der Tag der

Umsetzung gekommen war, erreichte ich den Wald früh am Morgen mit einem meiner Mitarbeiter und wir versuchten das Nest ausfindig zu machen. Aber wir hatten wieder keinen Erfolg. Das konnte doch nicht sein! Verzweifelt suchten wir nach irgendetwas, das einem Nest auch nur im Entferntesten ähnelte. Die Ameisen hatten sich einen wunderschönen Ort zum Leben ausgesucht. Dickes Moos bedeckte den Boden. Ein grünsamtener Teppich unter dem Laub von vielen jungen Eichen. Überall wimmelte es vor Ameisen, die geschäftig all den Dingen nachgingen, denen Ameisen so nachgehen – Futter holen, Stöckchen tragen ... Wir liefen eine gute Stunde lang unter den Eichen umher. Ich wusste nicht, was ich von dieser Sache halten sollte, und zweifelte schon an mir. Irgendwann folgte ich einer großen Ameisenstraße, die von einer schönen Eiche in den Wald führte. Ich dachte mir: »Ihr werdet mir jetzt verraten, wo ihr eure Bleibe habt.« Und es schien, als antworteten die Ameisen: »Denkste!« Plötzlich nämlich verschwand die Karawane einfach, als wären die fleißigen kleinen Krabbler vom Erdboden verschluckt worden. Ich erklärte mir das Phänomen damit, dass Ameisen oft richtige »Ameisenhighways« unter dem Moos bauen, um den »Raumwiderstand« zu verringern, d.h., sie schaffen sich freie Bahn zum Laufen, auf denen ihnen keine Blätter, Ästchen, Grashalme oder Ähnliches im Weg liegen. Als ich noch genauer hinschaute, bemerkte ich aber, dass die Ameisen überall in kleinen Löchern zwischen dem Moos und dem Laub verschwanden. Also hob ich vorsichtig ein Stückchen Moos an. Und traute meinen Augen nicht! Tausende Tiere gingen unter diesem Stück Moos ihrem Alltag nach. Ich entdeckte sogar Puppen! Was war hier los? Eine Art Zwischennest, eine vorübergehende Brutkammer, während ein neues Nest irgendwo im Wald gebaut wurde?! Aufgeregt rief ich nach meinem

Umsetzungsassistenten und gemeinsam hoben wir die umliegenden Moospolster an. Dasselbe Bild ausnahmslos: Ameisen überall, die sich nicht so verhielten, wie sie sich auf dem Waldboden gewöhnlich verhalten, sondern ihrem »Nestbetrieb« nachgingen. Wir probierten jetzt weitere Stellen und nach und nach wurde uns klar: Auf einer Fläche von ca. 80 Quadratmetern lebte hier unter dem Moos ein riesiges Ameisenvolk! Wir staunten nicht schlecht. Keiner von uns hatte so etwas schon einmal gesehen. Die Tiere hatten sich nie mehr als 20 Zentimeter tief unter die Erde gegraben, und einen Nesthügel hatten sie auch nicht gebaut. Ein Ameisennest, das weder Hügel noch Tiefe hatte. Eine Stadt unter dem Moos, in der wir alles, was sonst auch zu einem Nest gehört, fanden. Königinnenkammern, Larven, Puppen, Brutstätten, alles war vorhanden.

Wir mussten nun also auf diesen 80 Quadratmetern den gesamten Boden abtragen und die Ameisen praktisch ohne das üblicherweise vorhandene lockere Nestmaterial umsiedeln. Als wir das Volk an seinem neuen Standort angesiedelt hatten, war ich sehr unzufrieden. Das neue Nest sah grauenhaft aus. Ein improvisiertes Irgendwas aus grob zusammengekratztem Material als Nesthügel mit jeder Menge Sand drum herum. Konnte das gut gehen? Doch als ich zur ersten Nachkontrolle kam, konnte ich es kaum fassen. Die Tierchen hatten ein Nachsehen mit unserem dilettantischen Angebot und bauten sich wieder ein ganz »normales« Nest. Alles wurde gut.

Noch heute frage ich mich, was es mit diesem Nest auf sich hatte. War diese ungewöhnliche Bauweise nötig, um sich an sehr spezifische Standortbedingungen anzupassen? Oder sahen die Ameisen einfach eine Möglichkeit und haben sie ergriffen? Ich habe diese (extrem seltene) Nestform »Plins-Nest« getauft, weil das Nest so flach und so breit war wie ein Eierkuchen, die bei uns in der Lausitz »Plinse« heißen.

Im Jahr 2017 ist mir dann ein weiteres »Plins-Nest« begegnet. An der A10 und der A24 bei Berlin sollten wir in diesem Jahr über 200 Ameisennester umsetzen. Darunter war auch ein sehr schönes, aber absolut durchschnittliches Nest, das ich in einem Wald bei Zühlsdorf wiederansiedelte. Schon bei der ersten Nachkontrolle hatte ich ein komisches Gefühl: Ich sah unheimlich viele Tiere unter dem Moos verschwinden, konnte aber keinen neuen Nestbeginn erkennen. Im Sommer 2018 kam ich noch einmal, um die Erfolgskontrolle durchzuführen. Markus, mein neuer Mitarbeiter, begleitete mich und gemeinsam suchten wir nach dem Nest. Fündig wurden wir nicht. Ich schaute also in meine Unterlagen und las, was ich im letzten Jahr geschrieben hatte: »Kein Nest erkennbar. Tiere verschwinden auf ca. 15 Quadratmetern unter dem Moos mit Larven, Puppen usw.« Sofort musste ich an dieses eine, ganz besondere Nest denken, das ich fünf Jahre zuvor umgesetzt hatte. Also hob ich auch hier wieder ein winziges Moosstück an, und wurde von wütenden Ameisen, die die wertvollen Puppen bewachten, in der Spritzposition begrüßt. »Toll«, dachte ich. »Da sieht man sich ein Jahr lang nicht und ich werde mit einer Horde Hintern begrüßt. Euch auch einen guten Tag!«

Ameisennester können viele Formen annehmen. Ein großer Hügel muss nicht unbedingt auf ein großes, tiefes Nest hindeuten und umgedreht kann sich unter einem winzigen Hügel ein echtes »Gründonnerstagsnest« verstecken. Und ab und zu findet man sogar ein Nest, das man so nicht als Nest erkennen würde. Wie aber kommen die Tiere zu der Entscheidung, welche Nestform sie wählen? Nun: Wir wissen es nicht!

Der Wohnsitz Ihrer Majestät

Die mächtigen Nestanlagen unserer heimischen Waldameisen können bis zwei Meter hoch werden, ebenso tief in den Boden hineinreichen und einen Durchmesser von fünf Metern haben. Das verwundert eigentlich nicht, wenn man sich vor Augen hält, dass die Völker oft einige Hunderttausend Arbeiterinnen zählen, die ja irgendwie untergebracht werden müssen. Ein großes Volk hat einen erheblichen Bedarf an Wohn- und Arbeitsraum. Ein Waldameisennest gliedert sich in zwei deutlich unterscheidbare Bereiche: das unterirdische Erdnest und die oberirdische Nestkuppel. Das Erdnest durchzieht ein Labyrinth aus Gängen und Kammern, die durch Ausschachten von Erde bzw. Sand angelegt werden. Dafür benutzen die Arbeiterinnen ihre bekrallten Beine und ihre Oberkiefer. Beides setzen sie auch beim Herausschaffen des Materials aus dem Nest ein, das in der Nähe der Eingänge als Erdauswurf abgelagert wird. Manchmal ist dieser Auswurf ringförmig um den Nesthügel herum angehäuft. Je größer dieser Sandwulst und je lockerer der Untergrund an dieser Stelle ist, umso ausgedehnter ist der Siedlungsbereich im Boden.

Die Nestkuppel wird durch Anhäufen verschiedenster kleiner Teile, in der Regel pflanzlichen Ursprungs, errichtet. Besonders gerne siedeln Waldameisen in Nadelwäldern, unter anderem deshalb, weil sie dort eine Unmenge an Koniferennadeln als Nestmaterial finden. Von der Größe und vom Gewicht her können die Tiere die Nadeln gut transportieren, außerdem zersetzen sie sich nur langsam und sind daher mehrere Jahre als Neststreu nutzbar. Die Ameisen verbauen in ihren Hügeln zudem kleine Zweigstückchen, Moos, zerbissene Grashalme, Pflanzensamen, Knospenschuppen, kleine Steine, Erdkrümel, Harzklümpchen, Holzkohle und anderes mehr. Welche Materialien sie verwenden, ist vor allem von den jeweiligen Standortbedingungen, etwa den vorhandenen

Baum- und Straucharten, abhängig. Der Nesthügel befindet sich in den allermeisten Fällen über einem nicht zu frischen Baumstumpf. Der Stubben, in dessen Holz die Ameisen eine Vielzahl an Kammern nagen, sowie der umgebende Bereich bilden den Nestkern, das Zentrum des Nestes. Diese Region ist vor Feinden relativ sicher, daher halten die Königinnen sich gewöhnlich dort auf. Der Nestkern ist also enorm wichtig. Er enthält meist nicht nur die Königinnen-, sondern auch Brutkammern mit Eiern, Larven und Puppen. In seltenen Fällen hat der Nestkern keinen Stubben, sondern besteht nur aus Sand und Streu. Einzig bei der Wiesen-Waldameise ist Letzteres die Regel.

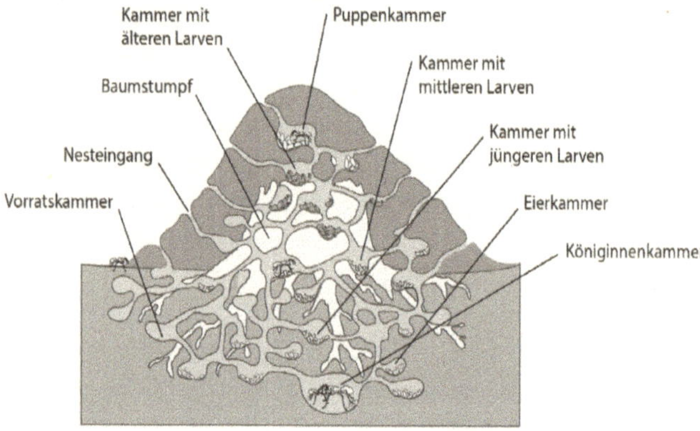

Abb. 4: *Aufbau eines Waldameisennestes. Das Nest ist seitlich angeschnitten, so dass man in das Innere der Kuppel und des Erdnestes blicken kann.*

Auch wenn es auf den ersten Blick so aussieht, als ob der Hügel nur aus ungeordnet angehäufter Neststreu bestünde, ist das Gegenteil der Fall, das Ganze hat Struktur: Die Nestdecke ist aus vielen kleineren, ganz dicht gepackten Partikeln aufgebaut. Sie bilden den Regenschutz des Nestes, denn Wasser kann nur nach sehr heftigen und längeren Niederschlägen, und dann lediglich oberflächlich, durch diese Schutzdecke dringen. Das Innere der Kuppel besteht eher aus größeren, sperrigen Teilchen mit unzähligen Hohlräumen dazwischen, die als Kammern und Laufgänge genutzt werden. Im gesamten Nest liegen also Kammern in unterschiedlichen Etagen, die ein ausgedehntes Gangsystem miteinander verbindet. Einige Gänge münden in der Nestkuppel nach außen und bilden die Nesteingänge. Sie sind so angelegt, dass kein Regenwasser hineinfließen kann. Während der Vegetationsperiode (März/April bis September/Oktober) ist die Nestkuppel der wärmste und trockenste Bereich des Nestes. Diese Bedingungen sind ideal für die Entwicklung von der Larve zum erwachsenen Tier (siehe auch Kapitel »Das Ameisenjahr«), deshalb werden die am höchsten gelegenen Kammern, also quasi das Dachgeschoss des Nestes, als Puppenstube genutzt. Je tiefer die Gänge nach unten führen, desto kühler und feuchter wird es und umso jünger werden die Larven in den Kammern. Die unteren Kammern fungieren als Eierlager und als Legestube. Die Brut wird regelmäßig in andere Kammern umquartiert, damit sie stets die für ihre Entwicklung günstigsten Bedingungen innerhalb des Nestes vorfindet. Für die Winterruhe (siehe Kapitel »Das Ameisenjahr«) ziehen sich alle Ameisen in die tief im Boden liegenden Kammern, gewissermaßen in das Kellergeschoss des Nestes, zurück.

Neben Wohn- bzw. Schlafzimmern hat ein Nest zahlreiche weitere Räume zu bieten. Dazu gehören Vorrats- oder auch Abfallkammern. Letztere gibt es nicht bei allen Ameisenarten. Unter den Blattschneiderameisen aus den Tropen und Subtropen Amerikas (siehe Kapitel »Frauenpower!«) laden beispielsweise manche Spezies ihren Müll außerhalb, andere im Nest ab. Wo sich die Müllhalde letztlich befindet, scheint abhängig von den jeweiligen Umweltbedingungen der Völker zu sein. Herrschen trocken-heiße Bedingungen vor, stellen Krankheitserreger keine große Bedrohung dar und die Tiere können es sich leisten, den Unrat nach draußen zu schaffen. Sie sparen damit erheblich Zeit. In eher feucht-warmer Umgebung verhindern die Ameisen eine Ausbreitung von Krankheiten, indem sie eigens für ihren Müll unterirdische Kammern ausschachten. Das ist zwar aufwendiger, allerdings ist ein adäquates Abfallmanagement lebenswichtig für die Kolonie, denn eine Anhäufung von Unrat kann bei einer großen Populationsdichte, wie sie in den mächtigen Nestburgen herrscht, ein gesundheitliches Risiko für die Bewohnerinnen darstellen. Ähnliches könnte auch auf die Exkremente der Tiere zutreffen. Erstaunlicherweise war lange nicht klar, wo Ameisen ihre »dringenden Geschäfte« erledigen. Zumindest für die Schwarze Wegameise konnten Forscher der Uni Regensburg im Jahr 2015 zeigen, dass sie so etwas wie Toiletten benutzen. Die »stillen Örtchen« befinden sich in den Ecken bestimmter Kammern, in die sonst kein anderes Material eingelagert wird. Die Ausscheidungen der Tiere stellen aber offenbar kein hygienisches Risiko für das Volk dar.

Kadaver allerdings könnten zum Problem werden. Deshalb lassen Waldameisen ihre toten Nestgenossinnen nicht im Nest liegen, sondern legen Friedhöfe außerhalb des Nesthügels an, auf denen sie die Leichen »deponieren«.

Ständig im Umbau begriffen

Beobachtet man ein Waldameisennest eine Weile, erkennt man bald, dass es sich um ein recht dynamisches Gebilde handelt. Der Ameisenhügel ist eigentlich nie ganz fertig gebaut. Unermüdlich machen sich Arbeiterinnen an der Kuppel zu schaffen und nehmen Veränderungen vor. So können sie auch Schäden, etwa Löcher in der Nestdecke, beheben. Weil das Material immer wieder umgeschichtet wird, verrottet es nur sehr langsam. Einen ähnlichen Effekt erzielen die Tiere durch das gelegentliche Versprühen von Ameisensäure im Nestraum. Die Säure wirkt keimtötend und reduziert somit die Zersetzungsprozesse durch Mikroorganismen. Durch den Umbau der Nestkuppel können die kleinen Tiere auch auf die äußeren klimatischen Bedingungen reagieren. So fängt eine höhere Kuppel z.B. mehr Sonnenstrahlen auf und erwärmt sich dadurch schneller.

Eingebaute Klimaanlage

Während ihrer jährlichen Aktivitätsperiode sind Waldameisen in der Lage, die Hügeltemperatur auf einem Niveau zwischen 20 und 30 Grad Celsius zu halten, selbst in kühlen Witterungsphasen. Sie können die Temperatur im Nest baulich, also durch die Wahl des Neststandortes, durch die Kuppelform und -größe sowie durch das Öffnen bzw. Schließen von Nestöffnungen beeinflussen. Je schattiger der Standort ist, desto steiler und höher wird der Hügel gebaut und umgekehrt. An einem heißen Sommertag öffnen die Tiere mehr Eingänge und belüften auf diese Weise das Ameisennest stärker als an einem kühleren Tag bzw. schattigen Standort. So sorgen sie dafür, dass die Temperatur im Nest relativ konstant bleibt und es auch im Hochsommer zu keiner Überhitzung kommt. Wärme gewinnen die Tiere von der Sonne, die auf die Kuppeloberfläche scheint, außerdem aus ihrem eigenen Stoffwechsel und aus der Zersetzung des Nestmaterials durch Mikroorganismen. Die Arbeiterinnen können zusätzlich Wärme in das Nest eintragen, indem sie nach außen krabbeln, sich von der Sonne bescheinen lassen und die von ihren dunklen Körpern aufgenommene Wärme schließlich im Nest an die Umgebung abgeben. Besonders im Frühling, wenn Hunderte Tiere diese Form des (passiven) Heizens durchführen, kann man sogenannte

Sonnungstrauben auf der Nestkuppel beobachten. In der kalten Jahreszeit schaffen es die Waldameisen jedoch nicht mehr, die Nesttemperatur in einem angemessenen Bereich zu regulieren. Daher ist das Nest im Winter kalt; allerdings wirkt die Neststreu mit ihren zahlreichen Hohlräumen als Frostschutz, sodass die Temperatur höchstens auf wenige Grad unter den Gefrierpunkt absinkt. Grundsätzlich fällt sie nicht unter minus zehn Grad Celsius, was andernfalls für die kleinen Krabbler tödlich enden würde.

Die Luftfeuchte in einem Waldameisennest bewegt sich meist zwischen 80 und 100 Prozent, ist also recht hoch. Dies ist jedoch notwendig, um den Flüssigkeitsverlust der Nestbewohnerinnen möglichst niedrig zu halten. Denn besonders die zarten Eier und die weichhäutigen Larven könnten sonst zu stark austrocknen.

Auch wenn Insekten keine Lungen, sondern Tracheen haben, atmen sie doch Sauerstoff ein und Kohlendioxid aus. Drängen sich in einem Nest viele Tausend Ameisen auf engstem Raum, kann die Konzentration von Kohlendioxid leicht so weit ansteigen, dass sie sich schädlich auf die Tiere auswirkt. Ameisen lösen dieses Problem mithilfe des ausgeklügelten und sehr wirksamen Entlüftungssystems im Nest. Dieses System ist so effektiv, dass die Kohlendioxidkonzentrationen in Ameisennestern deutlich niedriger sind als die in manchen Waldböden gemessenen Werte. Durch das Öffnen oder Schließen der Ein- und Ausgänge wird das Nest also optimal belüftet, sodass die Bedürfnisse der Bewohnerinnen, einschließlich der Brut, hinsichtlich des Wohnklimas bestmöglich erfüllt werden. Nachts und im Winter werden die meisten Öffnungen geschlossen gehalten.

Das Belüftungssystem der oben erwähnten Blattschneiderameisen ist noch ausgefeilter. Blattschneiderameisen bauen riesige Nestanlagen, die durchaus 50 Quadratmeter einnehmen, bis in acht Meter Tiefe reichen und mehr als

1.000 faust- bis brotlaibgroße Kammern aufweisen können, in denen sie Pilze als Nahrung kultivieren. Sowohl die Tiere als auch die Pilzgärten benötigen eine gute Luftzirkulation, denn beide, Ameise und Pilz, produzieren enorme Mengen an Kohlendioxid. Dieses Problem lösen die Ameisen zum einen, indem sie klar getrennte Einstrom- und Ausstromöffnungen am Nesthügel anlegen. Außerdem errichten sie bis zu 30 Zentimeter hohe Ventilationstürmchen auf dem Hügel. Wind zieht durch die Türmchen in den Bau und erzeugt einen Unterdruck. Dadurch wird die verbrauchte Luft förmlich aus dem Nest gesaugt und sauerstoffreiche Luft strömt hinein.

Eine erst kürzlich entdeckte Fähigkeit besitzt *Camponotus anderseni*, eine kleine Rossameise, die in Bäumen der Mangrovenwälder Nordaustraliens lebt. Bei Gezeitenhochwasser verschließt eine Soldatin den Nesteingang mit ihrem wuchtigen Kopf, der buchstäblich als Stöpsel fungiert, sodass kein Wasser eindringen kann. Dies hat aber den Nachteil, dass in der Folge die Sauerstoffkonzentration in der Nesthöhle ab- und die Kohlendioxidkonzentration stark zunimmt. Fällt der Sauerstoffgehalt unter ein bestimmtes Level, schalten die Ameisen kurzerhand auf anaerobe Atmung um. Sie können dann eine Zeit lang ihren Stoffwechsel auch ohne den lebensnotwendigen Sauerstoff betreiben. Diese einzigartige Befähigung war zuvor von keinem sozial lebenden Insekt bekannt.

Waldameisen vollbringen beim Bau ihrer Nesthügel architektonische Meisterleistungen, indem sie klimatisierte Wohnburgen mit besonders hohem Komfort schaffen. Werden die Haufen durch Tiere wie Wildschweine oder Spechte auf der Suche nach Nahrung beschädigt, zerstört dies nicht nur die äußere Barriere der Nestkuppel, sondern auch die lebenswichtige Balance von Temperatur, Wasserhaushalt und Luftqualität. Selbst wenn man aus Neugier »nur« ein wenig im Haufen herumstochert, kann das beträchtliche Auswirkungen auf das Nestklima haben, ein ganzes Nest unbewohnbar und ein Ameisenvolk plötzlich obdachlos machen. Daher sind neben den Ameisen logischerweise auch deren Behausungen geschützt und ein Eingriff in die Nester strengstens untersagt.

Megacity

In manchen Ameisenvölkern lebt nur eine Königin, in anderen gibt es mehrere bis viele Regentinnen. In solchen Fällen besitzt eine Kolonie oft etliche miteinander verbundene Nester, in der Fachsprache mit »polydom« bezeichnet. Zwischen den Nestern herrscht ein reger Austausch von Nahrung, Brut, Arbeiterinnen und sogar Königinnen. Der größte bekannte Nestverband einer einheimischen Ameisenart befindet sich mit etwa 45.000 Nestern auf der japanischen Insel Hokkaido. In dieser Superkolonie der Waldameisen *Formica yessensis* leben geschätzt über 300 Millionen Arbeiterinnen und etwa eine Million Königinnen.

Das ist aber noch gar nichts gegen die Superkolonien, die einige invasive Ameisenspezies inzwischen aufgebaut haben. Die Argentinische Ameise (*Linepithema humile*) ist vermutlich in den 20er Jahren des letzten Jahrhunderts aus Südamerika nach Europa eingeschleppt worden. Mittlerweile haben sich im Mittelmeerraum drei Superkolonien etabliert, die Hauptkolonie erstreckt sich dabei über eine Länge von mehr als 6.000 Kilometern entlang der Küste Norditaliens über Südfrankreich bis in den Nordwesten Spaniens. Sie besteht aus Millionen von Nestern mit mehreren Milliarden Tieren. Innerhalb dieser riesigen Kolonien sind die Arbeiterinnen untereinander kaum aggressiv, selbst wenn sie aus weit entfernten Nestern stammen. Ameisen aus verschiedenen Superkolonien dagegen bekämpfen sich »bis aufs Blut«.

Wie wir gesehen haben, besteht der Nestkern eines Waldameisennestes üblicherweise aus einem Stubben oder aber aus Sand bzw. Erde. Und wie immer gibt es Ausnahmen von der Regel. Im Laufe meiner Arbeit als Ameisenhegerin ist mir da schon einiges untergekommen ...

VON PARTYBIESTERN UND KARTON-KLEBERINNEN – DIE ARCHITEKTONISCHE KREATIVITÄT DER AMEISEN

Ameisennester umzusiedeln ist nicht nur eine krabbelige Sache. Das Buddeln in den Wohnräumen der kleinen Insekten fördert auch immer wieder sehr Überraschendes zu Tage. Sie können sich nicht vorstellen, was wir da so alles finden! Da ist natürlich jede Menge von dem Müll, den Menschen achtlos wegwerfen und in der Natur hinterlassen; Plastik vor allem. Das finde ich schrecklich. Manche unserer Funde sind aber auch von ergreifender Schönheit. Wunderbare Steine, kunstvoll benagte und bizarr geformte Holzstücke, die aussehen, als habe ein Künstler hier eine von ihm gemachte Skulptur vergraben. Und bisweilen nimmt uns ein Ameisennest mit auf eine Zeitreise.

Ein geheimnisvoller Schatz

Vor einigen Jahren siedelten wir ein Nest für die Polizei in Sachsen um. Es war einer der ersten Umsiedlungsaufträge, die ich mit meiner eigenen Firma durchführte. Die Rothenburger Polizeihochschule wollte auf ihrem Gelände ein neues Gebäude bauen. Dort, wo die Baustelle eingerichtet werden sollte, stand noch ein kleiner Kiefernwald und darin hatte ein Nest der Kahlrückigen Waldameise (*Formica polyctena*) sein Zuhause.

Rothenburg ist eine malerische Kleinstadt in der Oberlausitz mitten im Grünen. Ich war schon oft dort vorbeigefahren, um mit meinen Kindern zum Erlebnispark Einsiedel zu gelangen, den ich sehr empfehlen kann. Jetzt setzte ich mich also um drei Uhr morgens mit meinem damaligen Partner Michael ins Auto, um der Stadt selbst einmal einen Besuch abzustatten.

An der Polizeihochschule angekommen, mussten wir erst einmal durch eine Schleuse gehen und unsere Personalausweise vorzeigen. Einmal drinnen kam auch schon der Präsident der Polizeihochschule auf uns zu. Er sei über das Ameisennest und über unser Kommen unterrichtet worden, und wolle unbedingt einmal sehen, wie eine Umsiedlung so vonstattengehe. »Meine Sekretärin hat sich auch schon gefragt, was da wohl für eine ›Ameisenkönigin‹ kommen würde«, lachte er. »Sie macht sich auch große Sorgen, dass Sie ihre geheimen Alkoholvorräte da hinten im Wald ausgraben! Ich soll Ihnen ausrichten, dass Sie nicht zu tief buddeln sollen.« Diese Bemerkung fand ich etwas komisch. Wie kam die Frau darauf, dass Alkoholvorräte im Wald versteckt sein könnten? Aber ich dachte mir weiter nichts dabei. Vielleicht waren die hier einfach so ...

Auf ging es also. Mit dem Mann von der Polizei und Micha betrat ich den Wald, fand auch schnell das Ameisennest und machte mich sofort an die Arbeit. Das Nest war, ich kann es nicht anders beschreiben, einfach total niedlich. Eingebettet in das grüne Gras ringsherum lag es da. Es hatte eine kunstvoll gebaute, langgestreckte Kuppel, auf der es schon zu dieser frühen Morgenstunde von Tierchen nur so wimmelte. Es tat mir leid, diese harmonische Emsigkeit ins Chaos stürzen zu müssen. Aber es half ja nichts.

Nachdem ich mehrere Säcke mit der Neststreu gefüllt hatte, stieß ich plötzlich auf etwas Hartes. »Nanu, Steine?«, ging es mir durch den Kopf. Wenn ein Ameisennest um ein oder mehrere Objekte wie Steine oder Stubben herum gebaut ist, muss man diese Objekte im Nestkern vorsichtig freilegen und dann auch mitnehmen. Denn die Tierchen denken sich schon etwas dabei, wenn sie solche Elemente in ihren Bau miteinbeziehen. Oft sind diese Dinge förderlich für die Temperaturregulation im Nest.

Ich griff also beherzt zu – und: »Autsch!« Ich hatte in etwas Scharfes gefasst. »Was zum Teufel ist das denn? Warum liegt da eine Scherbe im Nest?« Erschrocken und etwas verwirrt stand ich da. Blut tropfte aus meiner Handfläche, und der Präsident der Polizeihochschule schaute mich besorgt und zugleich erwartungsvoll an. »Jetzt kannst du aber nicht schlappmachen«, dachte ich. Ich fühlte mich damals noch immer etwas beklommen, wenn mir jemand beim Umsiedeln zusah. Mit der Zeit habe ich mich an Zuschauer gewöhnt und inzwischen hat ab und zu sogar ein Kamerateam einer Umsetzung beigewohnt. Doch damals hatte ich die Routine noch nicht, war etwas nervös und fühlte mich zugegebenermaßen auch etwas mulmig und gestresst so im Blick eines Ordnungshüters im gehobenen Dienst.

Aber da wollte ich jetzt durch. Ich versorgte die – tatsächlich nicht allzu tiefe – Wunde provisorisch, betete, dass der Schnitt zu bluten aufhörte, und griff wieder in das Gewimmel. Puh, verdammt! Ich hätte nie gedacht, dass Ameisensäure in einer frischen Wunde so weh tut! Mit ein paar Tränchen in den Augen legte ich vorsichtig mehrere Scherben frei, die sich mitten im Nestkern befanden. »Sieht aus, als hätten deine Ameisen eine super Party gefeiert«, scherzte Micha. Wie Recht er damit haben sollte …

Ein bisschen Sand rutschte weg und plötzlich lugte ein gläserner Flaschenhals aus der Erde. Ich war jetzt schon ca. 50 Zentimeter tief und hätte vieles, aber sicher nicht das erwartet. Ich zog, und zum Vorschein kam eine Bierflasche! Verdutzt schauten wir uns an. »Richten Sie Ihrer Sekretärin aus, dass es mir sehr leid tut«, bat ich den Leiter der Polizeihochschule. Er grinste mich etwas verunsichert an.

Wir inspizierten natürlich sofort neugierig unseren Fund. Die Flasche sah wirklich schön aus! Statt eines Kronkorkens hatte sie einen altmodischen Bügelverschluss und statt einem Papieretikett fanden wir eine Prägung: Landskronbrauerei 1939. Und das Beste war: Die Flasche war noch komplett gefüllt. Der wertvolle Gerstensaft sah zwar etwas trüb aus, aber immerhin …

Nach und nach barg ich ein gutes Dutzend dieser Flaschen aus dem Nest. Mit jeder Flasche wuchs das Loch, bis es eine beachtliche Tiefe erreicht hatte. Denn zwischen den Flaschen hatten die Ameisen das Nestmaterial sorgfältig arrangiert und Gänge angelegt. Es sah aus, als hätten sie sich einen eigenen kleinen Partykeller eingerichtet! Die Bergung zog sich also hin und als wären 70 Jahre alte Bierflaschen nicht genug, fiel mir etwas metallisch Schimmerndes ins Auge. Während die Männer noch scherzhaft spekulierten (Silbertaler aus dem Kaiserreich? Ein Schutzblech? Ein silberner Löffel, der einmal Katherina der Großen gehört hatte?), förderte ich einige Konservendosen mit Schweinegulasch und grünen Bohnen sowie eine Flasche Schnaps zu Tage. Die Ameisen erwarteten offenbar hohen Besuch und bereiteten sich auf ein kleines Gelage vor …

Als wir den Partyraum schließlich geborgen hatten, waren die Begehrlichkeiten der Umstehenden groß. Der Leiter der Polizeihochschule wollte die Flaschen unbedingt mitnehmen, seiner Sekretärin unter die Nase halten und nochmal klarmachen, dass Alkohol während der Arbeitszeit strengstens untersagt sei. Schweren Herzens gab ich ihm zwei, rückte den Rest aber nicht heraus. Ich erklärte ihm, dass ich die Flaschen und Dosen dringend wieder ins neue Nest einbauen müsse, und ich sie ihm deshalb nicht alle überlassen könne. Die cleveren Ameisen hatten sich diesen Standort ja mit Bedacht ausgesucht! Sie hatten schließlich in dieses Bier und diesen Schweinegulasch investiert, das sei ihr Sicherheitsnetz für harte Zeiten. Dieser Vorrat sei ihr rechtmäßiger Besitz und ihnen diesen wegzunehmen, gemeiner Diebstahl!

Er gab sich geschlagen und so konnte ich den Partybiestern der Polizeihochschule bei der Ansiedlung ihre Bierflaschen und Fleischdosen in ihr neues Nest legen. Na ja – zugegeben – eine Bierflasche habe ich auch für mich abgezweigt.

Dass die kleinen Waldameisen ihr Nest sorgsam um alte Bierflaschen und Konservendosen errichtet hatten, lässt mich auch heute noch schmunzeln.

Immer, wenn ich in den nächsten Jahren mit meinen Kindern nach Einsiedel fuhr, schaute ich nach, wie es den kleinen Partybiestern an ihrem neuen Wohnort ging. Die Tiere hatten den neuen Standort gut angenommen, aber noch Jahre lang schaute der Bügelverschluss einer alten Bierflasche seitlich aus dem Nest.

Wenn ich heute über die ganze Sache nachdenke, glaube ich, dass auf dem Gelände der Polizeihochschule vielleicht schon öfter solche Notrationsgruben ausgehoben wurden. Wie sonst wäre die Sekretärin auf die Idee gekommen, dass wir geheime Alkoholvorräte im Wald finden könnten?

Dass mich dieses Erlebnis aber so sehr begleitet, hat dabei nicht allein mit den Ameisen und den Bierflaschen zu tun. Für mich wurde dieses Nest zu einer Art Zeitmaschine, die mir einen etwas traurigen und doch auch romantischen Blick in die Vergangenheit öffnete. Relikte einer längst vergangenen Zeit mitten in einem Ameisennest zu finden, löste bei mir ein ganz merkwürdiges Gefühl der Verbundenheit mit einem Menschen aus, der wahrscheinlich schon längst gestorben war. Ich fühlte mich in eine Zeit versetzt, die ich selbst nicht erlebt habe.

Wie mag es dem Menschen, der diese Flaschen vor fast 80 Jahren im Wald vergrub, ergangen sein? Soviel ich weiß, befand sich dort, wo heute die Polizeihochschule steht, früher einmal eine Kaserne der Wehrmacht. Hatte ein junger Soldat diesen Vorrat im Wald vergraben, um ihn vor Vorgesetzten und Kameraden zu verstecken? War der junge Soldat vielleicht kurze Zeit später in den Krieg gezogen und nie zurückgekehrt? Oder waren die Flaschen nicht 1939, sondern später vergraben worden? Hatte jemand vielleicht in den Wirren des Kriegsendes diesen kleinen Schatz versteckt, in der Hoffnung auf Rückkehr und bessere Zeiten? Und was war danach passiert? Hatte sich die Hoffnung auf einen Neuanfang erfüllt?

Am Abend nach der Umsiedlung quälten mich nicht nur mein Rücken, sondern vor allem meine zerschundenen Hände. Ich war mir sicher, dass dieses Nest das schmerzhafteste Nest meines Lebens sein würde. Heute lache ich über diese Naivität.

Kurz bevor mir die Augen zufielen, dachte ich daran, dass dieses Blut und dieser Schmerz mich und den jungen Soldaten irgendwie verbinden. Wir wurden in unterschiedlichen Zeiten und Umständen geboren, und wir hatten unterschiedliche Motivationen und unsere zwei Leben unterschieden sich erheblich. Doch wir beide gruben genau an dieser Stelle ein Loch, das mit viel Schweiß und auch mit Tränen verbunden ist.

Ameisen als Schrottis

Funde in Nestkernen bieten aber nicht nur Anlässe für romantisch-grüblerische Ausflüge in die Vergangenheit. Manchmal führen sie einem auch vor Augen, wie kreativ die Natur mit all dem Schrott umgeht, den wir Menschen in die Gegend schmeißen. So setzten wir 2017 ein Nest um, das ebenfalls einen sehr besonderen Nestkern hatte. Das Ameisennest umschloss einen riesigen alten Traktorreifen. Ich wünschte, sie hätten das sehen können! Die Ameisen hatten ihre Wohnung an der Böschung des Berliner Ringes inmitten eines dichten Laubholzbestandes errichtet. Als wir am Umsiedlungstag zum Nest kamen, fiel durch das grüne Blätterdach das Licht der aufgehenden Sonne auf die wunderschön symmetrisch gewölbte Nestkuppel. Meine Gummistiefel kratzten etwas, aber das war nicht so schlimm, denn ich fühlte die Schönheit dieses Augenblicks in der klaren frischen Morgenluft. Noch hörte ich die Rufe der Vögel, bald würde der ohrenbetäubende Lärm der Autokarawane wieder einsetzen. Auf der 40 Zentimeter hohen und fast einen Meter breiten Nestkuppel gingen bereits Tausende kleine Waldameisen ihrer morgendlichen Routine nach. Ich trat näher an das Nest heran und bemerkte, dass schwarzes Gummi an den Rändern der Nestkuppel hervorlugte. Mehrere dicke Ameisenstraßen führten von der Kuppel zu den Futterbäumen.

Zuerst entnahmen wir das Nestmaterial, das sich inmitten des Reifens befand. Nun lag der Reifen frei und ich staunte nicht schlecht. Das hatte ich nicht erwartet. Im Reifen selbst lagen unzählige Puppen ordentlich sortiert und eingestapelt. Ich war begeistert! Wie clever diese kleinen Schrottis die Möglichkeiten, die ihnen der Altreifen bot, nutzten! Im Hohlraum des Reifens waren die Puppen nämlich nicht nur vor hackenden Spechten und wühlenden Wildschweinen geschützt. Wenn die Sonne auf die freiliegenden Flächen des Reifens schien, erwärmte sich das schwarze Gummi, und die Brutkammern waren dadurch tagsüber immer angenehm temperiert. Sicher speicherte der dicke Reifen auch nachts die Temperatur und gab diese an die Brutkammern ab. Normalerweise müssen Hunderte Ameisen jeden Tag dafür sorgen, dass die Brutkammern immer angenehm wohlig und warm sind. Hier übernahm das der Reifen für sie. Dass die Ameisen erkannt hatten, wie sie den Reifen nutzen und eigene Energie sparen konnten, war eine wieder einmal beeindruckende Entdeckung.

Aber ich stand vor einem Dilemma. Es gefiel mir gar nicht, dass ein alter Reifen, der eigentlich in den Sondermüll gehörte, hier in einem Wald lag. Ich hatte auch wenig Lust, das elendig schwere Ding den ganzen Weg zum Auto zu schleppen, in den Bundesforst, wo die Ameisen neu angesiedelt werden sollten, zu transportieren und obendrein dem dortigen Förster zu erklären, warum ich Sondermüll in seinem Revier ablagern müsse. Der würde nicht amüsiert sein!

Wir kehrten den Reifen also vorsichtig ab und sammelten jede einzelne Puppe, jedes bisschen Neststreu und jedes einzelne Tier ein. Den Reifen rollten wir ein paar Meter vom Nest weg. Dann machten wir uns an die Bergung der tieferen Nestschichten und siedelten das Ganze um.

Als wir eine Woche später zurückkamen um die Restbevölkerung abzuholen, verblüfften uns die Tiere erneut. Da hatten sie sich doch tatsächlich wieder häuslich im Reifen eingerichtet, Neststreu und Puppen ins Reifeninnere getragen und waren schon fleißig dabei, den Reifen neu einzubauen. Das war für mich der Beweis: Dass dieses Volk in dem Reifen wohnte, war kein Zufall. Sie hatten sich ihn ausgesucht und sie wollten ihn behalten! So gingen die kleinen Kämpferinnen, sobald sie unser gewahr wurden, dann auch in Angriffsstellung und spritzten uns ihre Säure entgegen. Ich meinte zu hören: »Ihr Fieslinge wolltet uns unseren Reifen schon einmal klauen! Verschwindet und sucht euch eine eigene Wohnung!«

Wir haben nicht nur Nester mit Bierflaschen und in alten Traktorreifen gefunden. Es gab Nester zwischen Betonplatten, Nester unter Bungalows, Nester mit Roggenkörnern in der Mitte, die für viele Brote gereicht hätten, Nester unter Fundamenten, Nester voller Kieselsteine oder gar Findlinge und ein Nest unter und über einer alten schon längst vergessenen Pflasterstraße aus alten Feldsteinen. Einmal musste ich sogar fünf Nester auf einem ausgedienten Truppenübungsplatz umsetzen, während ein Mann vom Kampfmittelräumdienst vor jedem Spatenstich den Boden auf verborgene Munition untersuchte! Da hatte ich richtig Angst und ein wild pochendes Herz! Der Mann vom Räumdienst schien dagegen gelassen: »Ich hab schon so einiges erlebt, aber sone verrückten Leute wie ihr sind mir noch nie unter gekommen!« »Ha, ha«, habe ich geantwortet, »guck dich mal an!«

Einmal fragte mich meine Tochter genervt: »Mann Mama, warum redest du ständig über Ameisennester?« Ich antwortete mit einer Gegenfrage: »Warum findest du denn ein Überraschungsei so toll?« »Ist doch klar! Ich weiß nie, was drin ist, bevor ich es öffne. Es könnte eine Katze sein, oder ein Flugzeug oder eine Meerjungfrau!« »Ganz genau«, antwortete ich.

Es muss nicht immer ein Hügel sein

Bei den eben geschilderten Erlebnissen ging es zwar um sehr kuriose Nestkerne, aber es handelte sich doch stets um sogenannte Hügelnester mit Streukuppel, wie Waldameisen sie üblicherweise errichten. Ein Ameisenvolk setzt am meisten Zeit und Energie für die Nahrungsbeschaffung ein. An zweiter Stelle steht aber schon der Aufwand für den Nestbau. Das Nest hat für Ameisen viele Funktionen: Es bietet Schutz vor Feinden und Klimaextremen, es schafft gute Entwicklungsbedingungen für den Nachwuchs und die Möglichkeit, Vorräte anzulegen oder den Lausherden, die die Ameisen melken (siehe Kapitel »Das Ameisenjahr«), einen Unterstand zu bieten. Im Nest verbringen die Tiere einen Großteil ihres Lebens. Hier finden vielfältige soziale Interaktionen und die Organisation der Arbeitsteilung statt. Im Verlauf ihrer Entwicklungsgeschichte haben Ameisen nahezu jeden Lebensraum unseres Planeten erobert und sich den vorgefundenen Bedingungen durch ganz spezielle Lebensweisen angepasst. Und abhängig von der jeweiligen Lebensweise und den damit verbundenen Anforderungen entwickelten sich in dieser vielgestaltigen Tiergruppe ganz verschiedenartige Nestformen. Ameisennester können sich im Boden, unter Steinen, in Holz, in Pflanzen, in Gebäuden und an weiteren Stellen befinden oder sogar frei errichtet werden. Dementsprechend sind sie ganz unterschiedlich aufgebaut.

Biwaks: ohne festen Wohnsitz

Wie bei uns Menschen auch gibt es bei den Ameisen Nomaden. Nomadisch bedeutet in diesem Zusammenhang, dass die Völker keine Dauernester haben, sondern aufgrund ihrer Nahrungsspezialisierung den Standort ihres Zuhauses regelmäßig ändern, in manchen Phasen sogar jeden Tag. Es lohnt sich für diese Arten also nicht, unter großem Aufwand ein »richtiges« Nest zu errichten. Daher leben die Völker in nicht auf Dauer angelegten Lagern, sogenannten Biwaks. Die Arbeiterinnen drängen sich – an mehr oder weniger geschützten Stellen – dicht aneinander und verketten sich mithilfe der Klauen an ihren Beinen. Die Ketten koppeln sich wiederum zusammen und bilden nach und nach ein dichtes Gewebe aus zahlreichen Schichten verbundener Tiere. Allein durch ihre Körper formen die Ameisen praktisch ein lebendes, aus einer festen Masse bestehendes Nest, das von außen betrachtet ziemlich wirr aussieht. Es wird keinerlei Nistmaterial benötigt. Indem sie den Abstand zwischen den Tieren in der Kette verändern bzw. kollektiv ihren Stoffwechsel ankurbeln, können die Ameisen sogar Temperatur und Luftfeuchtigkeit im Nest regulieren. Im Inneren des Biwaks befinden sich die Königin und die Brut, gut geschützt durch eine dicke Lage Arbeiterinnen.

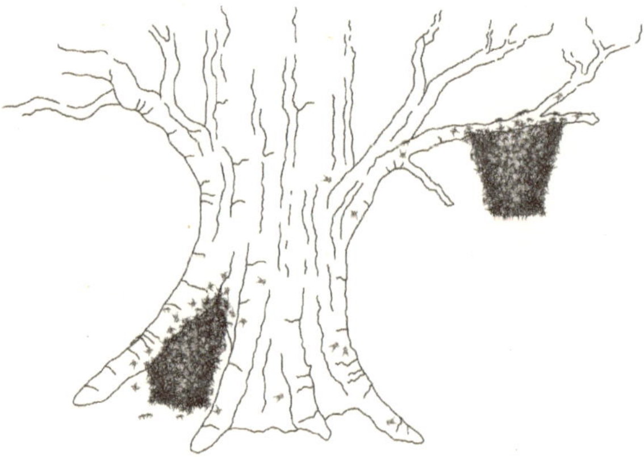

Abb. 5: *Biwaks können frei an einem Ast hängen oder sich in einer Höhlung bzw. zwischen Baumwurzeln befinden.*

Biwaks sind typisch für Wanderameisen: Wanderhirtinnen und Wanderjägerinnen. Zu den Wanderjägerinnen gehören hauptsächlich Spezies der Treiberameisen in Afrika und Asien sowie der Heeresameisen in Amerika. Sie treten in ungeheuren Volksstärken auf und haben damit verbunden einen enormen Futterbedarf. Diese Arten leben räuberisch und ernähren sich fast ausnahmslos von ihrer Beute, im Gegensatz etwa zu den Waldameisen, die Mischkost favorisieren. Bevor die Jagdgründe erschöpft sind, wandert die ganze Kolonie in ein neues Gebiet, um dort Beute zu machen.

Die Biwaks der Wanderameisen befinden sich meist in natürlichen Hohlräumen – in Erd- oder Gesteinsspalten, Baumhöhlungen oder zwischen Baumwurzeln. Manchmal hängt ein Biwak aber auch als Traube an einem Ast. Die Biwaks der Heeresameise *Eciton burchelli* z.B. erreichen durchaus einen Meter Durchmesser und ein Kilogramm Gewicht.

Die verborgene Lebensweise der sogenannten Wanderhirtinnen wurde erst vor rund 30 Jahren entdeckt. Mittlerweile kennt man in den Regenwäldern Ostasiens etwa 15 verschiedene Spezies der Drüsenameisen, die mit ihren »Nutztieren«, verschiedenen Läusen, eine enge Symbiose eingegangen sind. Die Ameisen decken ihren Futterbedarf anscheinend ausschließlich durch den Honigtau, den die Läuse ausscheiden. Dabei betreiben sie eine Wanderweidewirtschaft und bringen ihr Vieh, das am liebsten frische Pflanzenteile anzapft, von einer Weide zur nächsten. Auch die Wanderhirtinnen verzichten auf eine feste Wohnstätte und bilden aneinander geklammert ein Biwak, das zudem den Partnerläusen Schutz gewährt. Und nicht nur das: Es dient ihnen sogar als »Kreißsaal«, denn dort finden auch »Geburt« und Aufzucht der Läusekinder statt.

In der Regel aber ist eine sesshafte Lebensweise in Kombination mit dem Errichten einer dauerhaften, stabilen Behausung von großem Nutzen für die sozial lebenden Insekten. Häuslebauen bringt Vorteile. Denn vor allem in den Klimazonen außerhalb der feuchtwarmen Tropen wären Ameisen ohne feste Nestanlage nur schlecht lebensfähig. Ameisenarten mit sehr kleinen Völkern richten sich auch einmal in »Fertighäusern« – leeren Schneckenhäusern, hohlen Eicheln und Nüssen – ein, andere müssen ihre Behausung selber errichten.

Erdnester: ein Baumaterial, das man überall findet

Die am häufigsten vorkommende und entwicklungsgeschichtlich älteste Nestform ist das Erdnest. Das ist nicht verwunderlich, denn Erdboden ist nahezu überall vorhanden, zudem ist er relativ weich und damit leicht zu bearbeiten. Die Arbeiterinnen schachten unterirdische Gänge und Kammern aus, transportieren zumindest einen Teil des Materials nach draußen und lagern es als Erdauswurf ab. Da Erdnester von der Witterung stark beeinflusst werden, entwickelten die Ameisen manche bauliche Verfeinerung: die Anlage unter Steinen und den Bau eines Erdhügels. Viele bodenbewohnende Ameisenarten errichten ihr Nest unter flachen Steinen. Die Steine bieten ihnen Schutz gegen Feinde und eindringendes Regenwasser. Außerdem können an solchen Stellen kaum Pflanzen aufkommen, die das Nest beschatten würden. Zudem wirken Steine als ideale Wärmespeicher, die die aufgenommene Sonnenenergie an das Erdnest abgeben. Verschiedene Wegameisen wie die Gelbe Wiesenameise (*Lasius flavus*) türmen die ausgeschachtete Erde zu einer kleinen Kuppel auch um Gräser oder kleine krautige Pflanzen auf. Solch ein Hügel fängt bedeutend mehr Sonnenstrahlen auf als ein flaches Nest, was vor allem der wärmebedürftigen Brut zugutekommt. Außerdem werden so die Nestkammern viel besser belüftet.

Eine architektonische Weiterentwicklung der Erdnester sind die Hügelnester mit Neststreu aus pflanzlichem Material, wie sie typischerweise unsere Waldameisen bauen (siehe Kapitel »Nur die Spitze des Eisbergs«).

Holznester: Stabilität und Schutz

Verschiedene Ameisenarten legen ihre Nestkammern in Holz an. Dieses Baumaterial ist sehr fest und bietet einen recht guten Schutz gegen Feinde und widrige Umweltbedingungen. Da totes, schon etwas morsches Holz weicher ist als lebendes, werden meist verrottende Baumstümpfe oder am Boden liegende Stämme als Nistmaterial bevorzugt. Manche Rossameisen (Gattung *Camponotus*) nisten sogar in lebendem Holz, vor allem in Fichten und Kiefern. Mit ihren Mandibeln nagen die Arbeiterinnen dann Kammern in die etwas weicheren Ringe aus Frühjahrsholz. Von außen kann man solche Nester nicht erkennen, da die Eingänge am Ende der Baumwurzeln liegen.

Bei allen Vorzügen, die Erd- bzw. Holznester bieten, gibt es aber auch Nachteile. Die Völker sind an die Bodenschicht gebunden, natürliche Höhlungen stehen oft nur limitiert zur Verfügung oder haben nur eine begrenzte Größe. Die Alternative dazu sind Freinester. Die gerade angesprochenen Biwaks sind nur von kurzer Dauer und kommen eher bodennah zum Einsatz. Um aber auch die Kronenregion der Bäume dauerhaft besiedeln und große, konkurrenzstarke Kolonien etablieren zu können, verlegten sich einige Ameisenarten auf den Bau von sehr speziellen Freinestern, nämlich Karton- und Seidennestern.

Kartonnester: alles schön zerkaut

Eine Vielzahl tropischer Ameisenarten baut Kartonnester, sowohl auf dem Boden als auch auf Stämmen, Ästen, Zweigen oder Blättern. Für die Nestkonstruktion verwenden die emsigen Krabbeltiere allerhand pflanzliches Material, das sie speziell dafür sammeln: frische und verrottende Pflanzenfasern, geraspelte Holzstücke, Rindenteilchen, Moos, Flechten, auch Erdpartikel arbeiten sie oft mit ein. Sie bearbeiten das Baumaterial intensiv mit ihren Mandibeln und Vorderbeinen, während sie es immer wieder mit Wasser benetzen. Die Tiere quetschen das Substrat und kauen es gründlich durch, bis es eine breiige Konsistenz aufweist. Anschließend ziehen sie diese matschige Masse zu einer dünnen Schicht aus und modellieren daraus die jeweils typische (gekammerte) Nestform. Nach dem Trocknen bietet der sogenannte Karton eine gewisse Stabilität und Schutzfunktion. In seltenen Fällen fügen die Tiere dem Brei eine Klebesubstanz hinzu, damit das Nest besser am Baum befestigt werden kann und witterungsbeständiger wird.

Manche Spezies sind in ihrer Materialwahl etwas anspruchsvoller. Sie benötigen Pflanzenhaare (Trichome) oder Seide, in der Regel von Spinnen, um mit den Nestbauaktivitäten zu beginnen. Die Ameisen bearbeiten diese Stoffe ganz gezielt, verweben sie und integrieren sie in den Karton.

In den meisten Kartonnestern siedeln sich rasch Pilze an. Das ist durchaus erwünscht und wird von den Nestbauerinnen weiter gefördert. So düngen die Arbeiterinnen das Baumaterial mit ihrem Kot, was den Pilz rasch wachsen lässt. Zusätzliche Nährstoffe erhält er aus Kutikularesten, also beispielsweise aus toten Insektenkörpern, die auch von den Läusen stammen können, die sich die Ameisen als Melktiere halten. Die Pilzfäden stabilisieren das Nest, sorgen für eine bessere Anheftung am Stamm, Ast oder Blatt und schützen das Nestinnere vor Feuchtigkeit. Oftmals ist bei einem älteren Nest vom ursprünglichen Karton nicht mehr viel zu sehen, es besteht fast ausschließlich aus dem Pilzgeflecht. Korrekterweise müsste man es dann als Pilznest bezeichnen.

Die Glänzendschwarze Holzameise (*Lasius fuliginosus*) baut als eine der wenigen heimischen Vertreterinnen Kartonnester, allerdings nicht als Freinest, sondern in Baumstümpfen, hohlen Laubbäumen oder alten Zaunpfählen. Als Baustoffe verwendet sie Holzmehl, kleine Holzstückchen, Erdklümpchen und Sand. Dies alles vermengen die Konstrukteurinnen mit ihrem Kropfinhalt aus Honigtau. Der dient zum einen als Kitt, zum anderen als Nährstofflieferant für einen Pilz, der mit der Holzameise in enger Symbiose lebt und daher nur in deren Nestern zu finden ist. Das Pilzmyzel durchwuchert die Nestwände und erhöht damit ihre Stabilität.

Eine äußerst interessante Weiterentwicklung des Kartonnestes sind die Ameisengärten der tropischen Wälder Südamerikas und Südostasiens. Dabei wurzeln ganz verschiedene Arten von Epiphyten (Aufsitzerpflanzen) in den Nestern bestimmter Ameisenspezies (besonders aus den Gattungen *Camponotus* und *Crematogaster*) bzw. die Sechsbeiner nisten im Wurzelbereich solcher Pflanzen. Daher wird diese Nestform auch als Wurzelnest bezeichnet. Die Ameisen tragen zunächst Epiphytensamen in ihr Kartonnest ein. In irgendeiner Weise werden sie dabei von den Samen angelockt, der genaue Mechanismus ist jedoch noch nicht bekannt. Bei ausreichender Feuchtigkeit des Materials keimen die Samen aus, und in der Folge durchdringen die Pflanzenwurzeln die Nestkonstruktion und stabilisieren sie. Auch hier stellen die Ameisen den Epiphyten Nährstoffe zur Verfügung, und zwar in Form von toten Insekten (auch Nestgenossinnen!), Vogelkot oder organischen Abfällen, die sie in ihrem Territorium aufsammeln und im Nestbereich deponieren. Als Gegenleistung versorgen manche Epiphyten ihr Ameisenvolk mit Nektar aus speziellen Drüsen, den Nektarien. Nicht selten besiedeln sogar mehrere Ameisenarten bzw. mehrere Pflanzen gemeinsam einen Ameisengarten. Diese Spezialisierung kann sogar so weit gehen, dass die Ameisen und ihre Partnerpflanzen ohne einander nicht mehr überlebensfähig wären, wie Susanne Renner von der LMU München und ihr Doktorand Guillaume Chomicki herausfanden. Sie beschrieben eine enge Symbiose, bei der die auf den Fidschi-Inseln lebende Drüsenameise *Philidris nagasau* sechs verschiedene Epiphytenarten der Gattung

Squamellari, die zu den Röte- oder Kaffeegewächsen gehört, kultiviert. Die Krabbler pflanzen die Samen in die Rinde geeigneter Bäume, düngen die jungen Pflanzen mit ihren Ausscheidungen und bewachen sie rund um die Uhr, bis sie groß genug für den Einzug sind. Die Ameisen sind folglich in Sachen Landwirtschaft sehr versiert und bauen ihre künftige Wohnung sowie ihre Nahrungslieferanten selber an. Und das seit ungefähr drei Millionen Jahren.

Seidennester: Ohne Kinderarbeit geht hier gar nichts

Eine besonders ausgefeilte und faszinierende Art des Nestbaus findet man bei den beiden Arten der Weberameisen (Gattung *Oecophylla*). Sie bauen kugelige Nester aus mehreren miteinander versponnenen, noch an den Zweigen hängenden Blättern im Kronendach von Bäumen. Das ist jedoch leichter gesagt, als getan – zumal für so ein zierliches Tierchen. Als Erstes müssen die Arbeiterinnen nämlich die ausgewählten Blätter einander annähern. In der Regel ist der Abstand zwischen den Blättern aber erheblich größer als eine Ameisenlänge. Dieses Problem lösen die findigen Insekten in folgender Weise: Das erste Tier hält sich mit den Mandibeln an einem Blattrand fest und animiert seine Nestgenossinnen zum Mitmachen. Mehrere Ameisen ketten sodann ihre Körper aneinander, indem sich jede an der Taille der vorherigen festhält, bis sich die letzte mit den Beinen am gegenüberliegenden Blatt festkrallen kann. Es entsteht eine lebende Brücke, die aus zehn oder sogar mehr Tieren bestehen kann. Meist reicht die Zugkraft einer einzigen Tierkette allerdings nicht aus, um die beiden Blätter zu biegen.

Dann arbeiten mehrere Ketten in koordinierter Weise zusammen. Mit vereinten Kräften ziehen die Ameisen nun die Blattränder aufeinander zu und verkürzen dabei schrittweise die Tierbrücken. Ist der Spalt zwischen den Blättern eng genug, ist die nächste Arbeitskolonne an der Reihe: Da die erwachsenen Arbeiterinnen der Weberameisen selbst keine Spinnseide erzeugen können, bedienen sie sich nun ihrer Larven (alle Ameisenlarven sind mit Spinndrüsen ausgestattet). Jede mit dieser Aufgabe betraute Arbeiterin schnappt sich mit ihren Mandibeln eine Larve und tupft sie leicht an einen Blattrand. Auf dieses Signal hin gibt die Larve aus ihrer Labialdrüse einen Seidenfaden ab. Dann führt die Arbeiterin die Larve an das gegenüberliegende Blatt und der Nachwuchs befestigt dort den Faden usw. Die Larve funktioniert so wie eine lebende Klebstofftube. Sind genügend – und das heißt Tausende – Fäden gesponnen, so ist der Spalt zwischen den Blättern mit einem dichten Webnetz geschlossen und die Blattränder müssen nicht länger festgehalten werden. Auf diese Weise entstehen große Behausungen mit Wänden, Böden und Decken, ausschließlich aus Blättern und Seide und ohne irgendein Fremdmaterial. Könnten sie nicht auf die Kinderarbeit zurückgreifen, wären die Weberameisen nicht in der Lage, ihre Seidennester zu konstruieren.

Abb. 6: *Ameisengarten. Für solch ein Wurzelnest sammeln bestimmte Ameisen Epiphytensamen, schützen und versorgen den Keimling, bis die Pflanze groß genug ist, dass die Sechsbeiner in den Wurzelbereich einziehen können.*

Ameisenpflanzen: Komfort gegen Schutzpatrouille
Manche Ameisen müssen sich um ein Dach über dem Kopf dagegen überhaupt keine Sorgen machen, denn es gibt Pflanzen, die Ameisenunterkünfte »vermieten«. Solche Ameisenpflanzen, fachsprachlich als Myrmekophyten bezeichnet, stellen natürliche Hohlräume in ihrem Spross, ihren Blättern oder Wurzeln zur Verfügung, sogenannte Domatien. Diese Wohnungen sind praktisch bezugsfertig, die Tiere müssen allenfalls noch ein Eingangsloch hineinnagen. Inzwischen kennt man über 600 Pflanzenarten, die auf dem Wohnungsmarkt für Ameisen aktiv sind. Dazu gehören zahlreiche Epiphyten, Riesenbambusarten, viele Pionierbäume der Gattung *Macaranga*, Ameisenbäume, Ameisenfarne und Akazien. In einigen Fällen halten die Ameisen in den Pflanzen sogar ihre Lausherden. Und nicht nur das: Die Ameisenpflanzen gewähren ihren Untermieterinnen nicht nur freie Logis, sondern oftmals auch freie Kost. Von besonderer Bedeutung sind dabei die extrafloralen Nektarien, das sind Nektardrüsen außerhalb der Blüten, aus denen die Ameisen das ganze Jahr über zuckerhaltige Säfte schlürfen können. Manche Pflanzen erzeugen sogar eiweiß- und fettreiche Nahrungskörperchen, die meist an den Blatträndern sitzen und von den Sechsbeinern begierig gefressen oder für die Versorgung ihrer Larven geerntet werden.

Das Ganze funktioniert aber nicht wie ein All-inclusive-Service im Luxushotel, denn diese Gastfreundschaft hat einen Preis. Die emsigen Tiere agieren im Gegenzug quasi als die Leibwache der Wirtspflanze, denn sie schützen sie vor Fraßinsekten, Konkurrenten und bestimmten Krankheitserregern. Ihre Partner-Epiphyten versorgen sie zudem oft mit lebenswichtigen Nährstoffen, indem sie organische Abfälle im Bereich der Domatien anhäufen.

Gut erforscht ist z.B. die hervorragend eingespielte Symbiose zwischen Büffelhornakazien in Mittelamerika und

Ameisen der Gattung *Pseudomyrmex*. Die Tiere besiedeln die noch jungen Bäume und halten »ihrer« Akazie dann lebenslang die Treue. Sie richten sich in den hohlen, bis zu 17 Zentimeter langen Dornen der Bäume häuslich ein, ein idealer Platz, um den Nachwuchs großzuziehen, sicher vor Feinden, trocken und klimatisiert. Die Akazie verköstigt *Pseudomyrmex* über Nektarien an jedem Blattansatz sowie mit Nahrungskörperchen an den Spitzen der Fiederblättchen. Als Gegenleistung patrouilliert rund um die Uhr immer etwa ein Viertel der Arbeiterinnen auf den Ästen, Zweigen und Blättern der Akazie. Treffen sie dabei etwa auf eine Kletter- oder Aufwuchspflanze, machen sie kurzen Prozess. Mit ihren Mandibeln schlagen sie immer wieder in das Gewebe, bis die Leitungsbahnen leck werden und ausbluten. So kann die Wohnpflanze ohne Beeinträchtigung durch Konkurrenten in die Höhe wachsen. Auch mit Insekten wie Raupen, Heuschrecken oder auch Blattschneiderameisen, die sich an den Blättern gütlich tun wollen, geht die Schutztruppe nicht gerade zimperlich um. Sie traktiert die Fraßschädlinge so lange, bis diese tot sind, sofern sie nicht schon vorher ihr Heil in der Flucht gesucht haben.

In Afrika bilden Flötenakazien und Ameisen der Gattung *Crematogaster* eine symbiontische Lebensgemeinschaft. Hier nehmen es die kleinen Kerbtiere sogar mit den größten Pflanzenfressern des Kontinents auf: Versucht sich etwa eine Giraffe oder ein Elefant an der Akazie zu laben, schlagen die Wächterameisen Alarm. Sofort rückt die schnelle Eingreiftruppe aus und stürzt sich auf den Feind. Sie beißt und sticht die übermächtig erscheinenden Tiere an deren dünnsten Hautschichten, den Augen, der Nase – und dringt dabei sogar bis ins Innere des empfindlichen Elefantenrüssels vor. Es dauert nicht lange, und die Blattfresser lassen entnervt von der Akazie ab, um sich lieber eine Nahrungsquelle ohne Leibgarde zu suchen.

Wenn wir von den erstaunlichen Leistungen der Ameisen berichteten, tauchten bis jetzt ausschließlich weibliche Tiere auf – Königinnen, Arbeiterinnen, Soldatinnen, Wächterinnen oder Brutpflegerinnen – von »Männern« war eigentlich nie die Rede. Das hat seinen guten Grund, wie wir gleich sehen werden ...

Das Ameisenumsetzen ist eine körperlich sehr anstrengende Arbeit. Man gräbt mit Hand und Spaten ein riesiges Loch in die Erde und füllt all das ausgehobene Nestmaterial in große Säcke. Die Säcke müssen zum Auto und zum Anhänger getragen werden. Und manchmal können wir nicht ganz an das Nest ranfahren und müssen die Säcke über weite Strecken schleppen. Müssen wir ein »Gründonnerstagsnest« umsetzen, dann können es 80 bis 200 Säcke werden, die je Sack fünf Kilogramm wiegen. Fünf Kilo, die man erst in den Sack füllt, dann zum Auto schleppt und später am Ansiedlungsort wieder ausschüttet.

2018 haben meine Tochter Jasmin und ich ein riesiges Nest umgesetzt. Es war so groß, dass wir beide zusammen darin stehen und graben und sogar nebeneinander darin liegen konnten. Am Schluss waren 325 Säcke mit Nestmaterial gefüllt. 325 Mal fünf Kilogramm einschaufeln, zum Hänger tragen und wieder ausladen, d.h.: Wir haben über 1,5 Tonnen Material dreimal bewegt! Kein Wunder, dass die meisten Umsetzer Männer sind! Und es erregt natürlich immer einiges Aufsehen, wenn eine Frau mit einem großen Geländewagen auf eine Baustelle kommt und erklärt, dass noch ein Ameisennest umgesiedelt werden muss. Da gräbt man dann einen Riesenstubben frei, greift zur Kettensäge oder Seilwinde, weil der Stubben freigeschnitten werden oder einfach aus dem Boden gezogen werden muss, und die Herren der Schöpfung schauen (meistens) zugleich belustigt und verwundert zu. Ich denke dann manchmal: Wenn es im Ameisennest das ganze Jahr über Männer gäbe, sähe es dort dann genauso aus?

Arbeitsteilung unter Schwestern

Wir werden es nie erfahren, denn bei den Ameisen gibt es wie bei vielen anderen Insekten männliche Tiere, die Drohnen, nur für einige Wochen im Jahr im Frühling und Sommer. Dann nämlich, wenn die jungen Königinnen zum Hochzeitsflug aufbrechen, um sich mit ihnen zu paaren. Für das Funktionieren des Volks, für die Pflege des Nachwuchses und für alle anderen Arbeiten im Laufe des Jahres sind dagegen weibliche Ameisen zuständig. Im Ameisenstaat herrscht unbegrenzte Frauenpower.

Jede Ameise in einem Ameisenstaat hat dabei ihre eigene Aufgabe – es gibt die Königin, die den Fortbestand des Nestes durch das Legen der Eier, aus denen junge Ameisen schlüpfen, sichert. Und es gibt die Arbeiterinnen, die als Brutpflegerinnen, Bauarbeiterinnen, Futtersammlerinnen oder Soldatinnen tätig sind.

Bei der z.B. im Amazonasgebiet beheimateten Blattschneiderameise sieht man den einzelnen Ameisen sofort an, was sie »beruflich« machen. Es gibt da große, gruselig aussehende Soldatinnen mit riesigen Mandibeln und großen, muskelbepackten Köpfen, die das Nest gegen Feinde verteidigen. Ihre mittelgroßen Kolleginnen dagegen legen jeden Morgen tief in den Boden eingegrabene Ameisenhighways an, bevor sie auf die großen Urwaldriesen laufen und halbkreisförmige Stücke aus den Blättern der Bäume schneiden, die sie dann ins Nest tragen, um damit einen Futterpilz, den sie kultivieren, zu ernähren. Ja, Sie haben richtig gelesen – die Blattschneiderameise legt unterirdische Pilzgärten an. Diese Ameisen können nämlich von den Blättern, die sie sammeln, gar nicht leben. Sie essen sie nicht, sondern zerkauen sie nur, um mit dem gewonnen Substrat einen Pilz namens *Leucocoprinus* zu züchten, der ihnen als Nahrungsgrundlage dient. Damit gehört die Blattschneiderameise zu einer der ältesten Lebensformen, die Landwirtschaft betreibt! Die Tiere, die zum Blätterschneiden ausziehen, verfügen über scharfe, perfekt zum Blattschneiden angepasste Mundwerkzeuge. Da ein Nest zwei bis drei Millionen Tiere beherbergen kann und darum ganze Pilzgärten unterhalten werden müssen, die viel »Rohstoff« brauchen, schaffen diese Arbeiterinnen es durchaus, einen Urwaldbaum in einem Tag fast vollständig zu entlauben. Später werden wir noch mehr von diesen wunderbaren Tieren hören.

Auch bei den Waldameisen gibt es unterschiedlich große Tiere, auch wenn die Verteilung der Aufgaben in einem Volk sich bei ihnen nicht so extrem nach der Körpergröße richtet wie bei den Blattschneiderameisen. Ich muss immer lachen, wenn ein neuer Kollege, ein Journalist oder sonst jemand, der uns bei einer Umsiedlung begleitet, ganz aufgeregt fragt: »Oh! Diese ganz kleinen Tiere da, sind das die Kinder?« Dann ist meine Rückfrage immer: »Was habt ihr denn im Biologieunterricht gelernt?« Es ist nämlich so, dass das adulte (erwachsene) Insekt, die sogenannte Imago, wenn sie aus der Puppe geschlüpft ist, voll ausgewachsen ist. Insekten haben darum keine Kinder, die noch größer werden; Ameisen also auch nicht. Und da wir gerade dabei sind: Immer sieht man beim Umsiedeln in der Neststreu und im Nistmaterial kleine, meist helle ovale »Dinger«, die wie hellbeige Tic Tacs aussehen. Bitte rufen Sie dann nicht erstaunt aus: »Oh, da sind ja so viele Ameiseneier.« Das sind nämlich keine Eier, sondern Puppen. Ameiseneier sind winzig und mit bloßem Auge kaum zu sehen. Aus dem Ei schlüpft die Larve, die wie ein kleiner weißer Wurm aussieht. Die Larve verpuppt sich irgendwann. Puppen sind dann diese mehrere Millimeter langen, ovalen hellen Dinger, die in großer Menge in

Nestern zu finden sind und aus denen die jungen Ameisen schlüpfen (siehe Kapitel »Das Ameisenjahr«).

Diese sind bei den Waldameisen eher im Innendienst und die älteren Tiere eher im Außendienst tätig, so sagt es jedenfalls die Theorie. Diese Aufgabenteilung hat wohl damit zu tun, dass außerhalb des Nestes viele Gefahren lauern. Wer im Außendienst ist, muss damit rechnen, gefressen zu werden oder auf sonst eine Weise ums Leben zu kommen. Also hat es die Natur so eingerichtet, dass die Tiere, die eh nicht mehr so lange leben, die körperlich anstrengenden und gefährlichen Arbeiten außerhalb des Nestes übernehmen. Allerdings treffen wir bei den Umsiedlungen oft die kleinsten Ameisen bei der Brutpflege an, während die größeren Ameisen eher ausschwärmen, um auf Nahrungssuche zu gehen oder das Nest bewachen. Es scheint bei den Waldameisen also noch andere Faktoren als das Alter des Individuums zu geben, die darüber entscheiden, wer wo zum Einsatz kommt. Es ist ja auch z.B. einleuchtend, dass die Tiere, die in den engen Gängen und Brutkammern umherflitzen, eher klein sein sollten, während die Tiere, die es im Gelände mit Gefahren aufnehmen und schwere Objekte hin- und herschleppen, besser einen kräftigen Körperbau besitzen.

Jedes dieser unglaublich fleißigen und starken weiblichen Tiere hat also seine eigene Aufgabe und erfüllt diese mit bemerkenswerter Ausdauer. Es ist meditativ, einem Waldameisenvolk bei der täglichen Routine zuzusehen. Manchmal hocke ich einfach neben einem frisch angesiedelten Nest und beobachte eine Arbeiterin dabei, wie sie ein Stöckchen, das viel schwerer ist als sie selbst, beharrlich einen Stubben hochzieht, dabei immer mal wieder abrutscht und wieder von vorne beginnt. Manchmal schafft sie es allein, manchmal kommen ihr ihre Schwestern zu Hilfe, aber nie habe ich bisher gesehen, dass das Unternehmen gänzlich aufgegeben wurde. Dann bin ich immer ganz beseelt. Mit so viel Kraft, Geduld und Hartnäckigkeit wäre ich auch gern gesegnet. Wie ausgeprägt der Überlebenswille und der Wille zur Zusammenarbeit bei Ameisen sind, wurde mir bei einem ganz besonderen Nest sehr deutlich.

Das Überschwemmungsnest

Wir hatten schon viele Wochen an den Autobahnen im Berliner Umfeld Ameisen umgesetzt und waren alle ziemlich groggy. Jeden Tag, wenn der Wecker um 3:30 Uhr klingelte, wurde es schwerer, aus dem Bett zu kommen. Wochenlang von Sonnenaufgang bis Sonnenuntergang zu arbeiten, zehrt irgendwann ganz schön an den Kräften. Und jetzt fehlte uns auch noch ein Teammitglied. Noah, der Sohn meiner Schwester Undine, wollte für eine Woche zu einem Festival fahren. Zum Glück hatte er zu Hause so viel und so leidenschaftlich erzählt, dass meine Schwester neugierig geworden war und anbot einzuspringen.

Auf dem Arbeitsprogramm der vorangegangenen Woche hatte eigentlich die Umsiedlung einer Kolonie der Wiesen-Waldameise, bei der uns auch ein Fernsehteam begleiten wollte, gestanden. Sicherheitshalber hatte ich aber Mathias vorgeschickt, um die »Fernsehtauglichkeit« der Nester zu prüfen. Seine Botschaft war ernüchternd: »Tina, ich denke nicht, dass die Kolonie für Aufnahmen taugt. Elf kleine Nester direkt an der Autobahn und ein größeres. Alle charakteristisch *Formica pratensis* mit flachen Nestkuppeln. Keine typischen Bilder also. Zudem liegen alle Nester an einer Böschung und da ist dann auch gleich ein trockener Graben. Das größere liegt etwas höher am Hang auf einem kleinen Absatz. Dahinter ist ein dichtes Gebüsch mit einer Menge dorniger Sträucher. Man kann da kaum stehen und sich bewegen.« Ich schaute mir die Bilder an, die Mathias beim Kartieren von jedem einzelnen Nest der Kolonie gemacht hatte. Ja, sie lagen direkt an einer steilen Böschung, nur knapp über der Sohle einer kleinen Senke, die aussah wie ein ausgetrockneter Straßengraben. »Südexponiert und gut besonnt«, dachte ich. Hoffentlich finde ich im Bundesforst einen ähnlichen Standort für die Ansiedlung, die jetzt aber erst einmal hatte verschoben werden müssen, weil wir die Verabredung mit den Fernsehleuten nicht umlegen konnten.

Die ganze vorangegangene Woche hatten wir uns dann nicht mehr um die Wiesen-Waldameisen kümmern können. Wie schlimm das sein würde, wusste ich am Sonntagabend noch nicht, als Undine, Mathias, Lucas und ich endlich in der Wohnung angekommen waren. Die Kolonie stand für die neue Woche als Erstes auf dem Arbeitsplan. Mathias schaute auf die Wettervorhersage. Seit Freitag hatte es ausgiebig geregnet. So sehr, dass sogar einige Straßen in der Umgebung unseres Einsatzortes unterspült worden waren und sich im Berliner Umfeld manche Straßen zu reißenden Flüssen entwickelt hatten. Ich machte mich auf Schwierigkeiten bei der Anfahrt zu einzelnen Nestern gefasst. »Morgen soll es etwas regnen, aber nicht so doll. Auch Dienstag könnte es noch nieseln«, verkündete Mathias. Bei Regen können wir natürlich nicht umsetzen! Die Tiere müssen die Nestkuppel ihres neuen Nestes ja erst wieder regenfest herrichten. Bei feuchtem Wetter können sich die Tiere auch nicht so schnell und flink bewegen und es besteht zudem die Gefahr, dass das neue Nest, das zunächst nichts mehr ist als eine mit Nestmaterial gefüllte Grube, mit Wasser vollläuft und die Tiere darin ertrinken.

Wir verschoben also erst einmal die Umsiedlung erneut und freuten uns auf zwei ruhigere Tage. Nur Undine, die voller Aufregung ihrer ersten Umsiedlung entgegenfieberte, war nicht so begeistert. Wir machten am Montag und Dienstag also leichten Dienst. Während die letzten Ausläufer der Regenfront abzogen, erledigten wir bei Nieselregen die Nachsorge bei Nestern, die wir schon Wochen zuvor umgesetzt hatten. Wir mussten deshalb erst um sechs oder sieben Uhr aufstehen, weil man Tageslicht und Wärme braucht, um die Restbevölkerungen und die umgezogenen Nester zu finden. So fanden wir endlich einmal ausreichend Schlaf und beim Abendbrot am Dienstag herrschte eine ausgelassene Stimmung. Mittwoch würden wir wieder umsiedeln.

Als wir am nächsten Tag um 3:30 Uhr dann aber aus den Betten stiegen, war der Regen zurück. Wir entschlossen uns, an diesem Tag die Nester zu sichern, die sich genau am Rand des Baufeldes befanden und darum nicht umgesiedelt, aber sorgsam gekennzeichnet werden mussten. Ich hatte nämlich einmal angenommen, dass es ausreicht, wenn wir einen großen, rot markierten Pfahl neben einem Ameisennest einschlagen, um einem Baggerfahrer zu signalisieren: Achtung, hier vorsichtig sein! Erfahrung macht aber schlauer. Deshalb sichern wir nun die Nester mit vier großen Pfählen, die ein Rechteck bilden und in drei Höhen mit rot-weißem Flatterband verbunden werden. Das ist nicht zu übersehen, bringt aber eine ziemliche Plackerei mit sich. An diesem Tag sicherten wir fast 30 Nester, versenkten also 120 Pfähle jeweils einen Meter tief im Boden und waren abends hundemüde. Undine war obendrein deprimiert, weil sie immer noch kein Nest mit umgesiedelt hatte. Aber zum Glück waren für den nächsten Tag zehn Sonnenstunden und 25 Grad angesagt. Es konnte also losgehen.

Am nächsten Morgen legten wir die 25 Kilometer von unserer Unterkunft bis zur Kolonie zunächst auf der Autobahn und dann auf asphaltierten Landesstraßen zurück. Überall waren Pfützen zu sehen und die Äcker in der Region standen teilweise komplett unter Wasser. Ich fing an, mir Sorgen zu machen. Ameisen sind keine guten Schwimmer, und wenn man ihre Nester unter Wasser setzt, werden die vielen Tausend Gänge, die sie unterirdisch angelegt haben, überschwemmt. Normalerweise verhindert die wasserdichte Bauweise der Nestkuppel, dass Wasser in die Nester eindringt. Problematisch wird es aber für Nester, die im Vergleich zum Umgebungsniveau etwas tiefer gelegen sind. Diese können überschwemmt werden – und die Nester, zu denen wir fuhren, lagen am Rand einer Senke.

Ich war zwar beunruhigt, doch mit dem, was uns dann tatsächlich erwartete, hatte ich nicht gerechnet. Der kleine trockene Graben am Fuß der Autobahnböschung hatte sich in einen reißenden Fluss verwandelt. Von der Kolonie selbst waren nur noch die Spitzen der Pfähle zu sehen, mit denen wir die einzelnen Nester markiert hatten und die nun aus dem Wasser ragten. Ich war am Boden zerstört. Hätten wir die Nester nur vor dem Regen umgesetzt, dann hätten sie zumindest eine Überlebenschance gehabt! Jammernd lief ich herum und haderte mit mir selbst. Meine Mitarbeiter schauten mich an, als hätte ich einen Vogel. »Tina, Ameisen können nicht schwimmen«, sagte einer. »Es hat keinen Sinn, hier ein großes Theater zu veranstalten.«

Da erinnerte ich mich an das eine große Nest, von dem Mathias gesprochen hatte. Dieses große Nest lag einige Meter über den anderen an der Böschung. Vielleicht haben sich einige Tiere dieses Volks wenigstens noch retten können? »Leute, wir gucken uns Nummer 12 an, das ist etwas höher gelegen!« Und tatsächlich: Nest 12 liegt knapp oberhalb der Wasserfläche.

Sofort machen wir uns an die Arbeit. »Holt drei Packen

Säcke, eine Plane, den Spaten und eine kleine Schippe!«, weise ich meine Leute an. Die Plane ist notwendig, weil unsere Säcke auf dem nassen Boden sofort durchgeweicht wären. Mathias holt Säcke, Undine schreibt die Nummern, Lucas bringt das Werkzeug mit. Derweil schreibe ich schon mal Namen, Datum, Uhrzeit, Wetterlage, Temperatur und Technik ins Protokoll. Dann kann es losgehen.

Behutsam nehme ich die erste Handvoll regenfeuchte Neststreu vom Nest und lege sie in den Sack. Sofort greife ich wieder ins Nest. »Huch, was um alles in der Welt ist denn das?« Was ich da in meinen Händen halte, ist kein Nestmaterial mit einigen Tieren. Was ich in den Händen habe, ist ein Knäuel Ameisen! Unzählige Tiere, ein ganzer Ball. Und vor mir habe ich keine Nestkuppel, sondern einen riesigen, lebendigen, wuselnden Haufen!

Verblüfft starren wir uns an. »Was is'n da los?«, fragt Mathias von hinten. »Keine Ahnung. So etwas habe ich bisher noch nie gesehen!« Händeweise hole ich die Tiere aus dem Nest. Dicht an dicht, Ameise an Ameise liegen sie hier unter einer dünnen Schicht Neststreu. Nach und nach arbeite ich mich in die etwas tieferen Nestschichten vor. Noch immer hole ich haufenweise Tiere aus den Untiefen des Nestes nach oben, in jedem Gang befinden sich dicht miteinander verknäulte Ameisen. Plötzlich sehe ich eine Königin. »Ich brauche sofort ein Glas!«, rufe ich und packe sie mit einem geübten Handgriff am dicken Po. Behutsam hebe ich sie hoch, doch was ist das? Eine lange Kette sich gegenseitig festhaltender Königinnen kommt hinterher. Die Tiere haben sich so fest miteinander verschlungen, dass ich sie nicht auseinander bekommen kann. Das müssen mehrere Dutzend Königinnen sein. Ich staune nicht schlecht. Oftmals findet man bei polygynen Waldameisenarten mehrere Königinnen in einer Kammer. Hier sind es aber bis zu 50 Stück. Bei ca. 1.000 Königinnen in acht Gläsern hören wir bei diesem Nest auf zu zählen.

Nach und nach grabe ich so tief, bis es nicht mehr geht: Grundwasser steigt auf und flutet die eigentlich noch ganz flache Grube. Jetzt muss ich das Loch verbreitern, um zu sehen, ob noch Gänge in den Außenbereichen übrig geblieben sind. Also steche ich vorsichtig mit dem Spaten die Grasbüschel um das Nest herum ab. Noch eine Überraschung! Überall finde ich Kammern voller dicht zusammengedrängter Tiere. Es dauert noch eine lange Zeit, bis wir alle Ameisen in den Säcken haben, aber nach fünf Stunden ist es geschafft.

Was aber war hier geschehen? Mathias und ich mutmaßen, dass wahrscheinlich alle Tiere aus den elf kleineren Nestern, die in der Senke liegen und während des Regens überflutet wurden, in dieses höher gelegene Nest geflohen sind, als das Grundwasser anstieg und der Graben sich füllte. Anders lässt sich diese schiere Masse und Dichte an Tieren in Nest 12 nicht erklären. Erst kurz zuvor hatte ich im Radio gehört, dass bei Überschwemmungen im Amazonasgebiet Ameisen beobachtet wurden, die in dichten Knäulen auf dem Wasser trieben und sich somit vor dem Ertrinken retteten. »Mann«, dachte ich, »was für Überlebenskünstler!« Und etwas Ähnliches, das hatte ich hier auch erlebt.

Wir bauten den Ameisen ein schönes neues Nest auf einer offenen, gut besonnten Lichtung in einem Kiefernforst. Die nächsten Tage waren sonnig und trocken, das Wasser ging zurück und so fuhr ich noch einmal zum alten Platz des »Überschwemmungsnestes«, um auch noch die Restbevölkerung zu holen. Der Straßengraben war jetzt wieder trocken und sofort eilte ich zu einem der elf überschwemmten, nun wieder trockenen Nester und schob die Neststreu zur Seite. Ich erwartete, eine Menge ertrunkener Tiere und Unmengen toter Puppen vorzufinden. Aber ich fand: Nichts, gar nichts!!! Ich entdeckte nicht ein einziges Tier, auch nicht, als ich tiefer grub. Offenbar hatten sich tatsächlich alle Tiere der überschwemmten Nester retten können.

Am Rand der Grube von Nest 12 hatten sich dagegen wieder massenhaft Tiere gesammelt und angefangen, ein neues Nest zu bauen. Wir bargen sogar nochmals etliche Königinnen. Und bei einer zweiten Nachschau, wieder einige Tage später, hatten die Tiere sogar begonnen, die alten, zerstörten Nester wieder aufzubauen. Anstatt sich ein neues, gemeinsames Nest zu errichten, wie es sonst bei einer Restbevölkerung oft der Fall ist, zog es einzelne Gruppen offenbar zu den vormals überschwemmten Nestern.

Beim neu angesiedelten Nest zeigte sich ein ähnliches Phänomen. Wenige Tage nach der Neuansiedlung notierte ich im Protokoll: »Nest ausgebaut, aber mehrere große Ameisenstraßen zu sechs neuen Nestern, Koloniegründung.« Später fanden wir auch hier wieder zwölf Nester vor und als wir im Frühjahr 2018 zur Erfolgskontrolle vorbeikamen, war aus dem riesigen Überschwemmungsnest eine große und lebendige Kolonie geworden, die bestens gediehen war. Das ungewöhnlich überbevölkerte Supernest war offenbar tatsächlich eine temporäre Zuflucht für die ganze Kolonie gewesen. Die Ameisen müssen sich beim ersten Anzeichen von Überflutung sofort mit allen Puppen in das einzige günstiger gelegene Nest geflüchtet haben, um sich vor dem sicheren Tod zu retten. Wenn ich mir vorstelle, wie Hunderttausende Tiere aus den elf Nestern flüchten, Puppen und Innendienstler retten und Zuflucht in einem großen gemeinsamen Nest suchen, dann wird mir warm ums Herz. Ich kann Ihnen nicht sagen, ob die Ameisen dieses Nest aus strategischen Gründen extra weiter oben auf der Böschung angelegt haben, oder ob es die Überschwemmung nur zufällig heil überstanden hat. Aber eins kann ich Ihnen mit Sicherheit sagen: So sieht echte Frauenpower aus.

Von Königinnen und Amazonen

Alle Ameisen sind staatenbildend. Anders als z.B. bei Bienen gibt es keine solitär lebende Spezies. Jede Ameise ist dabei vollkommen abhängig von ihrer sozialen Gemeinschaft und alleine nicht lebensfähig. Trennt man eine Ameise von ihrem Volk, ist sie völlig hilflos und stirbt nach kurzer Zeit, selbst wenn man sie mit allem Lebensnotwendigen – Futter, Schutz und Wärme – versorgt. Ihres »Daseinszwecks« beraubt, geht sie gewissermaßen aus Einsamkeit zugrunde.

In einem Ameisenvolk tummeln sich zu jeder Zeit mehrere Generationen weiblicher Tiere in ganz unterschiedlicher Anzahl. Dabei gibt es immer mindestens zwei meist in Größe und Verhalten deutlich unterschiedliche Formen erwachsener (adulter) Ameisen: die Königin(nen) und die Arbeiterinnen. Meist sind allein die Königinnen zur Fortpflanzung befähigt – oder berechtigt – und dementsprechend übernehmen sie in ihrem Volk ausschließlich diesen Part, nämlich die Produktion von Eiern. Die Arbeiterinnen kümmern sich um alle anderen Belange des Staates: Sie konstruieren das Nest, halten es in Schuss und verteidigen es, sorgen für die Brut, füttern und putzen die Königinnen, beschaffen das Futter, pflegen die Nestgenossinnen, erkunden neue Futterstandorte und Nistmöglichkeiten und führen eventuell sogar einen Umzug des ganzen Volks durch.

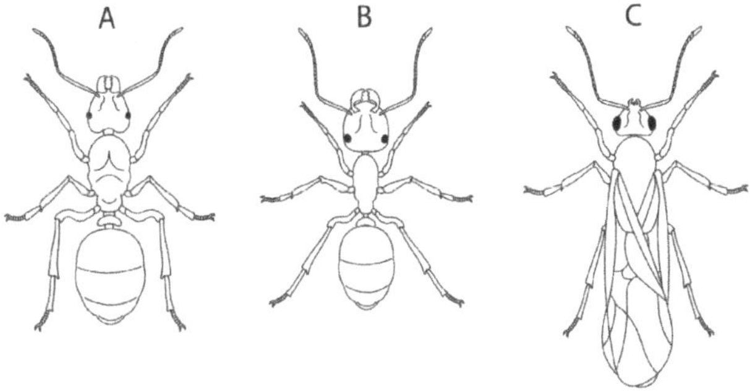

Abb. 7: *Die Kasten der Waldameise. A: Königin (die Flügel hat sie bereits abgeworfen), B: Arbeiterin, C: Männchen.*

Die strenge Arbeitsteilung, speziell die Entkopplung von Fortpflanzung und Aufzucht der Nachkommen, ist schon rein äußerlich anhand bestimmter körperlicher Merkmale der Tiere erkennbar: Sie lassen sich in sogenannte Kasten – Königinnen und Arbeiterinnen – einteilen. Bei eher urtümlichen Ameisenarten mit einem weniger ausgefeilten Sozialsystem, die man z.B. häufig bei den Ponerinen findet, unterscheiden sich Königinnen und Arbeiterinnen äußerlich nur wenig voneinander, bei zahlreichen evolutionsgeschichtlich jüngeren, meist in großen Kolonien lebenden Spezies zeigt sich hingegen ein deutlicher Unterschied in der Gestalt der beiden Kasten. Die Königinnen sind fast immer – manchmal sogar erheblich – größer und kräftiger als die Arbeiterinnen. Ihr Brustabschnitt ist aufgrund der Flugmuskulatur breiter, da die Jungköniginnen geflügelt sind und erst nach dem Hochzeitsflug ihre Flügel abstreifen (siehe Kapitel »Das Ameisenjahr«). Die Gaster ist größer, in ihr befinden sich die Eierstöcke sowie die Samentasche, auch Spermathek (Receptaculum seminis) genannt, in der die Königin die Spermien aufbewahrt, die sie bei der Begattung von den männlichen Tieren erhalten hat (siehe Kapitel

»Das Ameisenjahr«). Wenn die Eiproduktion auf Hochtouren läuft, wirkt die Gaster manchmal ganz aufgetrieben.

Arbeiterinnen sind im Vergleich zu den Königinnen aber nicht einfach kleinere und flügellose Varianten einer Monarchin, wie genauere Untersuchungen der Anatomie bei mehr als 100 verschiedenen Spezies ergaben. Sie haben vor allem eine besonders stark ausgebildete Nackenmuskulatur, die dem Kopf eine große Kraft und Beweglichkeit verschafft. Das erst ermöglicht die teilweise außergewöhnlichen Fähigkeiten der Arbeiterinnen, mithilfe ihrer Mandibeln vergleichsweise schwere Gegenstände anzuheben und zu tragen. Auch Größe und Form der Mundwerkzeuge sowie die Zusammensetzung der zahlreichen Drüsen sind bei Arbeiterinnen häufig anders als bei den Königinnen. Dafür hat eine Arbeiterin nur reduziert ausgeprägte Fortpflanzungsorgane und auch weniger Ommatidien, also Sehkeile in den Komplexaugen, als die Königin. Diese muss sich während des Hochzeitsflugs ja orientieren und nach den Männern Ausschau halten können, die Arbeiterin nicht.

Einige Ameisenspezies – nicht jedoch die Waldameisen – haben darüber hinaus eine ganz spezielle Form der Arbeiterin entwickelt: die Unterkaste der Soldatin. Soldatinnen fallen sofort auf. Sie besitzen eine außergewöhnliche Größe und einen überdurchschnittlich mächtigen Kopf mit besonders geformten, starken Mandibeln. Wie ihr Name schon sagt, ist diese Unterkaste vor allem für die Verteidigung des Nestes zuständig. Soldatinnen benutzen ihre scharfen Kiefer, um damit feindliche Insekten in Stücke zu zerschneiden. Der Biss solch einer Amazone kann mit Leichtigkeit menschliche Haut aufschlitzen und blutende Wunden verursachen.

Wenn ihre kräftigen Mundwerkzeuge in anderen Zusammenhängen hilfreich sein können, übernehmen Soldatinnen jedoch auch andere Aufgaben. Manchmal zerkleinern sie harte oder zähe Nahrung oder tragen sehr große Nahrungsbrocken in das Nest. Bei der Ernteameise *Pheidole militicida* bringen die kleineren Arbeiterinnen die Samen ins Nest, die Soldatinnen zermalmen die Samenkörner dann. Bei der Gattung *Acanthomyrmex* ist es ähnlich: Hier haben die Soldatinnen die Aufgabe, äußerst harte Feigensamen zu zerkleinern. Dabei kommt ihnen ihr riesiger, muskulöser Kopf zupass, der etwa doppelt so groß wie der der Königin ist. In der artenreichen Gattung *Crematogaster* gibt es mehrere Arten, bei denen die Soldatinnen sozusagen die Hühner des Ameisenvolks sind: Sie legen Nähreier, die an die Larven verfüttert werden.

Blattschneiderameisen – die Spezialistinnen

Die Arbeiterinnenkaste ist bei manchen Ameisenarten sogar noch in mehrere Unterkasten untergliedert. Die Arbeiterinnen ein und derselben Spezies sehen also zum Teil ganz verschieden aus. Mit diesem »Polymorphismus« genannten Phänomen gehen oft auch besondere Spezialisierungen einher, abhängig von der Funktion, die die Tiere im Ameisenstaat haben. Ein Paradebeispiel dafür sind die über 40 bekannten Spezies der Blattschneiderameisen (Gattungen *Atta* und *Acromyrmex*) aus den Tropen und Subtropen Amerikas, von denen wir schon etwas gehört haben und die nun noch etwas genauer in den Blick kommen sollen.

Blattschneiderameisen gibt es seit acht bis zwölf Millionen Jahren. Sie stellen die am höchsten entwickelte Gruppe der Pilzzucht betreibenden Ameisen dar. Bereits vor 50 bis 60 Millionen Jahren haben Ameisen das Geheimnis der Kultivierung von Pilzen – und damit auch die Landwirtschaft – entdeckt. Zum Vergleich: Der Mensch vollzog den Übergang von einer Lebensweise als Jäger und Sammler zur Landwirtschaft vor etwa 10.000 Jahren. Anfangs sammelten die Ameisen verrottende Blattstücke und totes organisches Material, bearbeiteten es und kultivierten darauf spezifische Pilze aus der Umgebung, die ihnen als Nahrung dienten. Die Blattschneiderameisen machten dann jedoch eine bahnbrechende Erfindung: das Schneiden und Ernten lebenden Pflanzenmaterials. So konnten sie eine neue und reich vorhandene Nahrungsquelle erschließen und in der Folge riesige Staaten bilden, mit Koloniegrößen von bis zu mehreren Millionen Tieren.

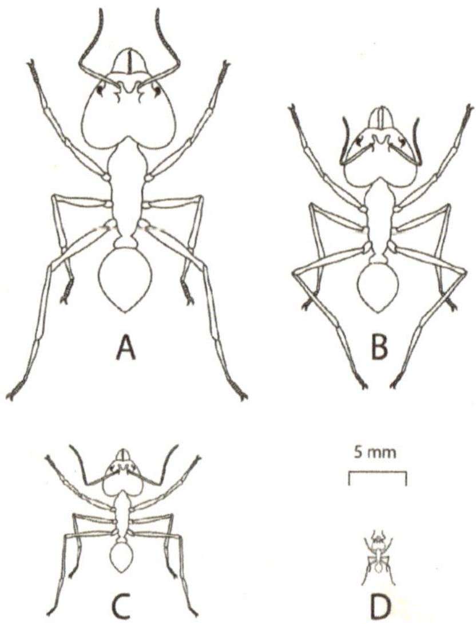

Abb. 8: *Verschiedene Unterkasten einer Atta-Art. Die Größenunterschiede der Arbeiterinnen sind deutlich erkennbar. A: Soldatin, B: große Arbeiterin, C: kleinere Arbeiterin, D: Mini-Arbeiterin.*

Aufgrund ihres dominierenden Einflusses auf die Wälder, Steppen und Wiesen der tropischen und subtropischen Regionen zählen die weltbekannten Ameisenexperten Bert Hölldobler und Edward Wilson die Blattschneiderameisen gar zu den »sieben Weltwundern des Tierreichs«. Ihr Staatswesen zeichnet sich durch die komplexeste Arbeitsteilung aus, die je in der Tierwelt entdeckt wurde. Diese Komplexität spiegelt sich auch in der Gestalt der Arbeiterinnen wider, die hochgradig polymorph ist. Bis zu sieben Kasten bzw. Unterkasten decken ca. 20 bis 30 verschiedene Aufgabenfelder ab. Den Soldatinnen an einem Ende der Größenskala mit ihren großen Mandibeln und kräftigen Muskeln kann man ohne weiteres das Attribut »gigantisch« zusprechen. Eine Mini-Arbeiterin, die kleinste Form der Arbeiterin, hingegen bringt nur ein Zwei- oder Dreihundertstel einer Super-Major-Ameise auf die Waage und ist kaum größer als deren Kiefer.

Jede Ameise in den verschiedenen Unterkasten macht ihren Job, der in der Regel mehrere Aufgaben umfasst, und ist dafür bestens angepasst. Ein Bautrupp ist mit Erdarbeiten an der riesigen Nestburg (siehe Kapitel »Nur die Spitze des Eisbergs«) beschäftigt. Mithilfe ihrer kräftigen Mundwerkzeuge graben die Tiere fortwährend neue Gänge und Kammern für die Pilzzucht und die Brut. Kundschafterinnen suchen die Umgebung nach Sträuchern und Bäumen bzw. Gräsern ab, die geeignet sind, abgeerntet zu werden. Haben sie erntereife Pflanzen gefunden, legen sie eine Duftspur zum Fundort. Dieser Spur folgen die starken Arbeiterinnen bis zum Objekt der Begierde. Die einzelnen Schritte der Blatternte und -verarbeitung sind fein aufeinander abgestimmt und wie am Fließband organisiert. Zuerst schneiden Erntearbeiterinnen, bei manchen Arten sind das die großen, bei anderen die mittelgroßen Tiere, mit ihren messerscharfen Zangen ein halbrundes Fragment aus einem Laub- oder Blütenblatt. Dabei haken sie sich mit einem Hinterbein an der Blattkante ein und drehen sich während des Schneidens um ihre Achse. Nur eine Mandibel dient als (unbewegliches) Schneidemesser, die andere übernimmt die Funktion der Schnittführung: Sie bewegt sich seitlich immer ein Stück weiter, sticht dann in das Blatt ein, verankert ihre Position und zieht sodann den schneidenden Kiefer zu sich heran. Das Schneiden erfordert eine sehr kräftige Mandibelmuskulatur. Dementsprechend machen allein die Kiefernmuskeln der schneidenden Ameisen mehr als ein Viertel ihres Gesamtgewichts aus. Außerdem ist das Blattschneiden Schwerstarbeit, es verbraucht viel mehr Energie als das Tragen von Lasten und ist die energieintensivste Aktivität bei den Blattschneiderameisen überhaupt. Um es sich etwas einfacher zu machen, vibrieren die schneidenden Ameisen oft mit ihrer Gaster, indem sie sie heben und senken, sie stridulieren. Auf diese Weise wird das Blatt in Schwingungen versetzt und das Schneiden erleichtert. Außerdem werden so weitere Erntearbeiterinnen in der näheren Umgebung angelockt und dazu motiviert, bei der Ernte des hochwertigen Blattes zu helfen.

Nach einer bis sieben Minuten ist ein Blattstück ausgeschnitten. Dann schultert es die Blattschneiderin und trägt es nach Hause, oder aber, was nicht gerade selten vorkommt, sie lässt es zu Boden fallen, wo gewöhnlich schon eine (mittelgroße bzw. große) Arbeiterin wartet, das Fragment hochwuchtet und es mithilfe ihrer Mandibeln wie ein Segel über dem Kopf haltend in Richtung Nest marschiert. Das Gewicht der »Beute« kann dabei durchaus das Zehnfache der Masse der Trägerin betragen. Bei einigen Arten der Blattschneiderameisen legen die Trägerinnen entlang des Pfades ein oder mehrere Zwischenlager an und die Arbeiterinnen bilden Ketten aus zwei bis fünf Trägerinnen pro Pflanzenstück, wobei das letzte Tier die längste Strecke zu überwinden hat. Es formen sich Reihen mit bis zu zehn Tieren nebeneinander, dicht gedrängt wie bei einer Parade. So entstehen gut erkennbare, etwa handbreite Miniaturautobahnen, die häufig tief in den Boden einschneiden. Spezielle Straßenarbeiterinnen halten diese Straßen beständig von einwachsender Vegetation und störenden Hindernissen frei.

Mit diesen Straßenarbeiten sind etwa fünf Prozent der Außendienstlerinnen ununterbrochen beschäftigt. Für das Volk lohnt sich dieser Einsatz, weil so vor allem die Trägerinnen freie Bahn haben, viel schneller laufen und dadurch mehr Material befördern können. Die Pfade werden über mehrere Monate oder sogar Jahre genutzt. Sie gehören zum Territorium der Kolonie und werden daher auch vehement verteidigt. Auf den Straßen herrscht reges Treiben. Viele Tiere bewegen sich dabei vom Nest weg, eine ähnliche Anzahl läuft auf das Nest zu, meist beladen mit einem Stück eines Laub- oder Blütenblattes. Schließlich gelangt die Karawane nach 50 oder 100, bisweilen auch erst nach 250 Metern an ihr Ziel: das Nest, die unterirdische Metropole.

Am Nesteingang nehmen die etwas kleineren Gärtnerinnen die Blattstücke in Empfang und schneiden sie in immer kleinere Stücke, bis die Teile schließlich nur noch etwa einen Millimeter Durchmesser haben. Ein Team um Robert Schofield an der University of Oregon in Eugene fand heraus, dass die Arbeiterinnen mit ihren Mandibeln eine Strecke von sage und schreibe 2,9 Kilometern schneiden müssten, um ein Pflanzenstück von einem Quadratmeter Fläche in ausreichend kleine Fragmente zu zerteilen. Das Erstaunliche dabei war: Fast 90 Prozent der Schneidearbeit findet innerhalb des Nestes statt. Danach übernehmen noch kleinere Arbeiterinnen die Stücke, bearbeiten sie mit ihrem Kiefer und fügen sie einem Haufen ähnlichen Materials hinzu. Dieses ist das Nährsubstrat für den Kulturpilz, dessen Hyphen das Substrat in einem dichten Geflecht als graue, flaumige Masse durchwuchern. Solch ein Pilzgarten ist in etwa so groß wie eine Grapefruit und von einem System von Tunnelröhren durchzogen, weshalb es Ähnlichkeiten mit einem Badeschwamm besitzt. Die »Löcher« bilden gleichzeitig die Brutkammern für die Larven und die Puppen. Das Nest eines ausgewachsenen Blattschneiderameisenvolks kann über

1.000 Pilzkammern beherbergen. Damit der Pilz gedeiht, müssen eine hohe Luftfeuchtigkeit und tropische Temperaturen herrschen, weshalb das Klima in den Kammern fein reguliert wird (siehe Kapitel »Nur die Spitze des Eisbergs«).

Am Pilz selbst kommen Mini-Arbeiterinnen zum Einsatz: Sie entnehmen Mycel (Pilzfäden) aus ihrem Pilzgarten und beimpfen damit die frischen Pflanzenschnipsel. Danach fügen sie dem neu angelegten Beet Dünger hinzu – ihre Fäkalien bzw. Ausscheidungen aus einer der Drüsen ihrer Gaster. Mit eigens in ihren Metapleuraldrüsen produzierten Wachstumshormonen fördern sie das Gedeihen des Pilzes. Zudem helfen spezielle Bakterien, die Stickstoff aus der Luft fixieren können, der Kultur zu gedeihen. Soweit bekannt kultivieren alle Blattschneiderameisen den gleichen Pilz, *Leucoagaricus gongylophorus* (manchmal auch als *Leucocoprinus gongylophorus* bezeichnet), einen Verwandten der Champions, der aber so gut wie nie einen Champignonhut entwickelt. Ameise und Pilz leben dabei in einer engen Symbiose, beide Organismen sind vollständig aufeinander angewiesen und können ohne den Partner nicht existieren. Die wechselseitige Abhängigkeit zwischen Blattschneiderameisen und ihrem Pilz ist eine der erfolgreichsten Symbiosen, die die Evolution jemals hervorgebracht hat.

An seinen Hyphenenden bildet der Pilz kolbenförmig verdickte Bereiche, sogenannte Gongylidien, die reich an Fetten und Kohlenhydraten sind, während die Hyphen ansonsten mehr Proteine enthalten. Die kleinen Gärtnerinnen ernten vor allem diese Gongylidien und fressen sie oder füttern damit ihre größeren Nestgenossinnen sowie die Larven. Für die Tiere innerhalb des Nestes bildet *Leucoagaricus* die Hauptnahrungsquelle, die Larven sind sogar gänzlich daran gebunden. Die Erntearbeiterinnen hingegen decken ihren Energiebedarf wohl hauptsächlich über den Pflanzensaft, den sie aus den frisch geschnittenen Pflanzenteilen gewinnen. Die Pilzzüchterinnen haben also eine Methode erfunden, mit der frische Pflanzenteile, die die Ameisen nicht verdauen können, in verwertbare Nahrung umgewandelt werden, indem sie darauf ihre »Feldfrüchte« anbauen. Damit haben sie es geschafft, eine nahezu unerschöpfliche Nahrungsquelle zu erschließen.

Doch die Symbiose und damit die Existenz der gesamten Kolonie werden durch allerlei Schädlinge bedroht. Daher pflegen die Blattschneiderameisen ihren Pilzgarten sehr emsig: Ohne Unterlass kontrollieren die Mini-Arbeiterinnen ihre Kulturen und entfernen Sporen und Hyphen schädlicher Schimmelpilze. Sind größere Stellen befallen, werden diese Areale gejätet: Die Arbeiterin reißt ganze Stücke heraus und entsorgt sie in einer eigenen Abfallkammer. Ulrich Maschwitz und sein Team entdeckten, dass das Sekret der Metapleuraldrüsen bei *Atta sexdens* auch antibiotische Substanzen enthält, die das Wachstum von Bakterien bzw. die Keimung fremder Pilzsporen hemmen. Die Ameisen stellen ihre Antibiotika also selber her. Interessanterweise haben die Miniaturgärtnerinnen im Vergleich zu ihren größeren Nestgenossinnen besonders große Metapleuraldrüsen. Äußerst hartnäckig ist allerdings der Schadpilz *Escovopsis*, der als Parasit in den Pilzgärten lebt und sie in kurzer Zeit zerstören würde – wenn den Ameisen nicht eine weitere »chemische Keule« zur Verfügung stünde. Diese Mittel werden aber nicht von den Tieren selber produziert, sondern von bestimmten Actinobakterien der Gattung *Pseudonocardia*. Auch diese Bakterien leben mit verschiedenen Blattschneiderameisenspezies in Symbiose, und zwar auf deren Kutikula, also der Außenhaut der Insekten. Als weißlicher Flor überziehen sie bestimmte Körperstellen, vor allem die Vorderbrust der Tiere. Sie leben von Sekreten, die die Ameisen aus speziellen Drüsen ausscheiden. Im Gegenzug stellen die Bakterien verschiedene antibiotische Substanzen her, die extrem wirksam gegen *Escovopsis* sind, aber *Leucoagaricus* keinen Schaden zufügen. Diese Schädlingsbekämpfungsmittel bewahren nicht nur den Speisepilz vor Erregern, sondern auch die Tiere selbst vor Infektionen mit krank machenden Pilzen. Um die Vitalität ihrer Pilzgärten zu erhalten, wenden Blattschneiderameisen also eine Kombinationstherapie mit mehreren Wirkstoffen an.

Die kleinsten Ameisen, die zahlenmäßig immer am stärksten vertreten sind, haben gleich mehrere verantwortungsvolle Aufgaben: Sie kümmern sich nicht nur um die lebenswichtigen Pilzgärten, sondern auch um den Nachwuchs in den Brutkammern. Die Babysitter lecken die Eier und schützen sie so vor Krankheitserregern, außerdem füttern sie die Larven und hegen die Puppen.

Neben den Arbeiterinnen in ihren unterschiedlichen Gestalten gibt es dann noch die Monarchin. Ein Volk der Blattschneiderameisen zählt zwar oft mehrere Millionen Mitglieder, hat bemerkenswerterweise aber nur eine Königin. Diese ist riesig! Bei der Art *Atta cephalotes* beispielsweise wird sie bis zu 35 Millimeter lang und wiegt das 700-Fache ihrer kleinsten Töchter. Nach einem sehr abenteuerlichen Leben in der Jugendzeit – dem Hochzeitsflug und der selbstständigen Nestgründung (siehe Kapitel »Das Ameisenjahr«) – bewegt sie sich nicht mehr vom Fleck, wenn sie mit der Eiablage begonnen hat, und wohnt für den Rest ihres zehn bis 15 Jahre dauernden Lebens in einer zentralen Kammer. Hier ist sie permanent von Helferinnen umringt, die sie betüteln. Ihre Töchter füttern sie mit Nähreiern, belecken und pflegen sie und entsorgen ihre Exkremente, während »Ihre Majestät« nur noch damit beschäftigt ist, Eier zu legen, im Durchschnitt etwa 20 pro Minute. Die Arbeiterinnen verteilen die Eier sodann im gesamten Pilzgarten und übernehmen ihre Betreuung. Die Königin bringt in ihrem Leben bis zu 200 Millionen Nachkommen hervor, von denen die weit überwiegende Mehrheit als Arbeiterinnen tätig ist. Stirbt die Königin, bricht der ganze Staat zusammen, da keine Arbeiterin ihre Aufgabe übernehmen kann.

Bei den Blattschneiderameisen hat sich also ein ausgefeiltes System der Arbeitsteilung etabliert. Die Verteilung der Aufgaben wird einerseits von den anatomischen Merkmalen (Größe, besonders der Kiefer) der Arbeiterinnen bestimmt, andererseits von deren Alter. Die einzelnen Unterkasten sind meist für mehrere Aufgabenbereiche zuständig und dabei verhältnismäßig flexibel. Das zeigte sich auch in einem Experiment, in dem verschiedenen Blattschneiderameisen eine Mangofrucht angeboten wurde. Erstaunlicherweise übernahmen die Tiere mit den größten Mundwerkzeugen, also die Soldatinnen, die Schneidearbeit und die kleineren Tiere den Abtransport der Stücke – dies vermutlich deshalb, weil solch eine Frucht schwierig so zu zerteilen ist, dass die Stücke groß genug sind, damit sich der Transport ins Nest lohnt. Der Flexibilität sind allerdings natürliche Grenzen gesetzt. So ist eine Mini-Arbeiterin aufgrund ihrer kleinen Mundwerkzeuge nicht in der Lage, ein Blatt zu schneiden, während eine große Arbeiterin für die Pflege der Pilzgärten viel zu »grobmotorisch« ist.

Allgemein gilt jedoch, dass junge Tiere den Großteil ihrer Zeit im relativ sicheren Nest verbringen und sich dort an verschiedenen Aufgaben beteiligen – bis auf die Soldatinnen. Die sitzen meist nur herum, bis sie tatsächlich benötigt werden. Ältere Arbeiterinnen widmen sich zunehmend risikoreicheren Aufgaben außerhalb des Nestes: Nestaus- und Straßenbau, Nahrungsbeschaffung, Verteidigung des Nestes und des Futterterritoriums. Die Minis im fortgeschrittenen Alter sorgen dafür, dass die Duftspur zu den Futterplätzen nicht verloren geht. Zudem übernehmen sie eine kuriose Schutzaufgabe. Sie klettern, animiert durch die Trägerinnen, auf die frisch geschnittenen Pflanzenteile und reisen so per

Anhalter auf den Segeln mit. Dort schützen sie ihre Schwestern vor den Angriffen parasitischer Buckelfliegen, die den wehrlosen Trägerinnen ihre Eier auf den Nacken legen wollen. Die aus diesen Eiern schlüpfenden Larven dringen nämlich in den Ameisenkörper ein, um ihr Opfer von innen heraus aufzufressen. Die Leibwächterinnen fungieren quasi als lebende Fliegenklatschen und verhindern die Eiablage, indem sie die Fliegen mit ihren Beinen und Kiefern abwehren. Faszinierenderweise findet man das »Trampen« der winzigen Ameisen anscheinend nur in Gebieten, in denen Buckelfliegen vorkommen.

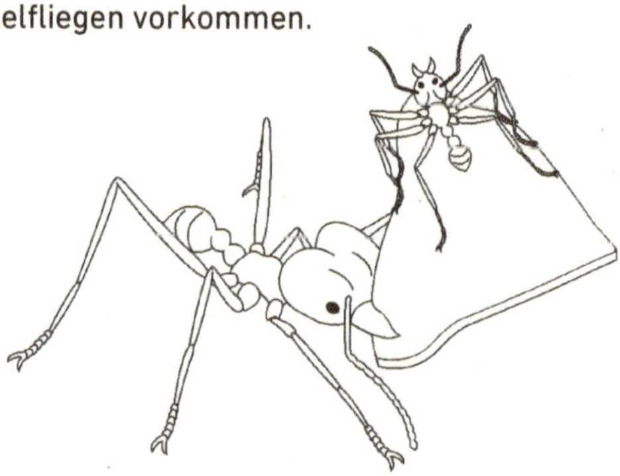

***Abb. 9:** Eine Transportameise trägt ein frisch geerntetes Blattstück zum Nest. Eine Mini-Arbeiterin »trampt« mit, um ihre Schwester gegen den Angriff räuberischer Buckelfliegen zu verteidigen.*

Im Laufe der Zeit nutzen sich die Mandibeln der Blattschneiderinnen ab, mit der Folge, dass die Schneidearbeit doppelt so lang dauert und das Zweifache an Energie benötigt. Solche Tiere wechseln dann ihren Aufgabenbereich und werden zu Trägerinnen. So können sie sich weiterhin für ihr Volk nützlich machen. Ähnliches kann man bei der »Müllabfuhr« einer Kolonie beobachten. Arbeiterinnen tragen den Abfall in ihrer Mundtasche, fachsprachlich Infrabuccaltasche genannt, in die Abfallkammern oder auf einen

Müllhaufen außerhalb des Nestes. Zwar produzieren sie antibiotische Stoffe in diesen Mundtaschen, dennoch haben sie viel mit infektiösem Material zu tun. Deshalb übernehmen diesen Dienst ausschließlich Tiere, die ohnehin nicht mehr lange zu leben haben.

Der Frauenstaat

Wir haben jetzt viel von Arbeiterinnen, von ihrer unterschiedlichen Gestalt und ihren Aufgaben gehört. Wo aber sind eigentlich die Männer im Ameisenstaat? Nun – es gibt sie nicht ständig, sondern nur zu bestimmten Zeiten, nämlich dann, wenn auch Jungköniginnen im Volk entstehen, die Begattungspartner brauchen. Die Männchen lassen die Weibchen, mit Ausnahme der Königinnen natürlich, für sich arbeiten. Sie faulenzen rum und lassen sich päppeln, füttern und versorgen. Sie spielen keine Rolle im Staat, gehen keiner Arbeit nach, beteiligen sich nicht an den sozialen Aktivitäten und sind für nichts zu gebrauchen, außer dafür, die Jungköniginnen zu begatten (siehe Kapitel »Das Ameisenjahr«). Ameisenmänner sind in der Regel geflügelt und haben wie die Drohnen der Honigbiene relativ gut entwickelte Augen, um sich beim Flug besser orientieren zu können. Eine größere Kolonie produziert zwar einige Tausend männliche Tiere, doch diese überdauern meist nur sehr kurze Zeit. Sind sie nach ein paar Wochen alt genug, schwärmen sie auf dem sogenannten Hochzeitsflug zu Begattungsplätzen aus, um eine »Prinzessin« zu erobern. Mit der erfolgreichen Begattung haben sie ihre Funktion erfüllt, danach sterben sie. Tatsächlich ist die Ameisenkolonie also ein reiner Frauenstaat.

Aber wie wird überhaupt festgelegt, ob sich aus einem Ei später eine Königin, eine Soldatin oder vielleicht ein Männchen entwickelt? Im Gegensatz zu uns Menschen erfolgt bei Hautflüglern die Bestimmung des Geschlechts nicht über

Geschlechtschromosomen, sondern darüber, ob ein Ei befruchtet ist oder nicht. Aus befruchteten Eiern entwickeln sich weibliche, aus unbefruchteten Eiern männliche Tiere. Nachdem sie sich auf dem Hochzeitsflug meist mit mehreren Männchen gepaart hat, speichert die junge Königin deren Spermamasse in der Samentasche in ihrer Gaster. Will sie nun für weibliche Nachkommen – Arbeiterinnen oder Jungköniginnen – sorgen, versieht sie die Eier auf dem Weg vom Eierstock zur Geschlechtsöffnung mit einigen Spermien aus ihrer Spermathek. Ohne die Zugabe von Spermien bleiben die Eier unbefruchtet und es entstehen männliche Tiere. So kommt es, dass eine männliche Ameise keinen Vater, aber einen Großvater und eine Arbeiterin zwar zahlreiche Nichten (und auch Neffen), aber niemals Töchter hat. Unter bestimmten Voraussetzungen legen auch Arbeiterinnen Eier, die aber immer unbefruchtet sind, weshalb sich daraus nur Männchen entwickeln können.

Viel komplexer als die Entstehung des Geschlechts ist jedoch die Bestimmung der Kasten. Die weitere Differenzierung befruchteter Eier hängt von verschiedenen Faktoren ab. Entsprechend der Vielfalt der Arten wirken sie in unterschiedlichen Kombinationen. Zwar sind einzelne Fälle beschrieben, bei denen eine genetische Steuerung festgestellt worden ist, beispielsweise bei bestimmten Arten der Ernteameisen *Pogonomyrmex*. Dabei scheint es sich aber eher um Ausnahmen zu handeln. Bei der überwiegenden Mehrheit der Ameisenspezies sind die Unterschiede zwischen Königinnen und Arbeiterinnen nur zu einem geringen Teil genetisch bedingt und es entscheiden vor allem die Umweltbedingungen während der Larvenzeit über das weitere Schicksal der Tiere.

Meist spielen Nahrungsfaktoren während der Larvalentwicklung die wesentliche Rolle für die gestaltliche Ausprägung der Kasten. Bei der Kahlrückigen Waldameise sind, ähnlich wie bei der Honigbiene, die Art und die Menge der

Larvennahrung von entscheidender Bedeutung für das spätere Schicksal der Larve. Erhält sie ausreichende Mengen hochwertigen Futters von den Brutpflegerinnen, also den jungen Arbeiterinnen, kann die Larve sich zu einer Königin entwickeln. Diese Nahrung besteht aus Sekreten bestimmter Futtersaftdrüsen, speziell aus den im Kopf gelegenen Hinterschlunddrüsen. Die Futtersäfte werden durch die Mobilisierung von Reservestoffen in den Körpern der Brutpflegerinnen gebildet. Die Menge des verabreichten Futters hängt eng mit der Zahl der Brutpflegerinnen zusammen. Wird ein bestimmtes Zahlenverhältnis von pflegenden Arbeiterinnen zu Larven nicht erreicht, entwickeln sich diese ausschließlich zu Arbeiterinnen. Diese nahrungsbedingte Weichenstellung der Entwicklung einer weiblichen Larve erfolgt jedoch nur in einer bestimmten sensiblen Phase. Bei Waldameisen sind das die ersten drei Tage der Larvenperiode, danach ist die Richtung nicht mehr umkehrbar.

Bei mehreren Gattungen wie *Formica*, *Myrmica* und *Pheidole* entstehen Königinnen bevorzugt aus Wintereiern, die größer als die Sommereier sind und mehr Plasma enthalten. Ohne hochwertige Nahrung entwickeln sich jedoch auch aus Wintereiern nur Arbeiterinnen.

Außerdem spielt die Nesttemperatur eine Rolle. In den gemäßigten nördlichen Breiten entwickeln sich die Larven der Gattungen *Formica* und *Myrmica* unter für das Larvenwachstum optimalen Temperaturen eher zu Königinnen, ist es nicht warm genug, entstehen Arbeiterinnen. Andererseits ist für eine Entwicklung von Geschlechtstieren oftmals eine vorhergehende Kühlung der Brut (also eine Überwinterung) notwendig.

Eine fruchtbare Königin in der Nähe der Larven verhindert durch bestimmte Pheromone (siehe unten) die Entstehung weiterer Königinnen. Bei Waldameisen ziehen sich die Königinnen, nachdem sie im Frühjahr im oberen Bereich des Nestes Eier abgelegt haben, in die tieferen Bereiche des Nestes zurück. In der Folge kann die Brut im oberen Teil sich zu Geschlechtstieren entwickeln. In ähnlicher Weise hemmt bei manchen Ameisenspezies die Anwesenheit einer größeren Zahl von Soldatinnen die Entstehung weiterer Soldatinnen. *Pheidole* hält in ihren Kolonien den Anteil an Soldatinnen gewöhnlich konstant bei fünf bis zehn Prozent. Dabei verhindern die Mitglieder der großen Unterkaste über ein hemmendes Pheromon, dass es zu viele Soldatinnen im Staat gibt. Treffen die Arbeiterinnen bei der Futtersuche auf Artgenossinnen einer fremden Kolonie oder fällt die Zahl der Soldatinnen aus irgendeinem Grund, kann das Volk recht schnell die Entwicklung neuer Majores in die Wege leiten.

Neueren Studien zufolge sind aber auch epigenetische Ursachen für manche Kastenunterschiede verantwortlich. Spezielle Wirkstoffe sorgen dafür, dass bestimmte Gene mehr oder weniger gut abgelesen werden können. Bei den kleinen Arbeiterinnen der Rossameise *Camponotus floridianus* kommt es dadurch zu einer stärkeren Ausschüttung besonderer Botenstoffe im Gehirn als bei den Soldatinnen. Dies führt zu deutlichen Verhaltensunterschieden zwischen den beiden Unterkasten: Die Arbeiterinnen erkunden die Umgebung und schaffen Nahrung herbei, während die Soldatinnen weniger emsig sind und kaum das Nest verlassen.

Eine für alle – alle für eine

Ameisen leben in Staaten zusammen, sie sind eusozial. Darin liegt der Schlüssel zu ihrem großen evolutionären und ökologischen Erfolg. Durch die zum Teil sehr ausgefeilte Kooperation und Arbeitsteilung entstehen Synergieeffekte: Die Gesamtheit – der Ameisenstaat – ist deutlich leistungsfähiger als die Summe seiner Teile – die einzelnen Ameisen.

Eine einzelne Ameise ist vergleichsweise einfach strukturiert, sie hat ein winziges Gehirn, aber durch Kommunikation und Rückkopplung mit ihren Nestgenossinnen entsteht die sogenannte Schwarmintelligenz. Die Angehörigen einer Kolonie leben nicht einfach in einer Wohngemeinschaft, in der jede macht, was sie will, sondern sie arbeiten mit- und füreinander. Die Königin sorgt für die Nachkommen (Geschlechtstiere), indem sie sich auf das Eierlegen kapriziert, die Arbeiterinnen sorgen für die Pflege und Aufzucht des Nachwuchses, damit die Geschlechtstiere sich schließlich paaren und neue Staaten gründen können.

Die unglaublichen Fähigkeiten der Blattschneider-, Treiber- und Weberameisen gründen nicht auf komplexen Verhaltensweisen einzelner Koloniemitglieder, sondern auf der engen Kooperation vieler Nestgenossinnen, auf der Kraft des Kollektivs. Vor allem große, gut organisierte Ameisenstaaten werden deshalb in der Fachwelt als Superorganismus bezeichnet. Dabei wird der Insektenstaat mit einem Organismus und die Individuen (alle Koloniemitglieder) oder Gruppen von Tieren (Kasten) werden mit Körperzellen oder bestimmten Organen verglichen: Die Königin entspricht den Fortpflanzungsorganen (Keimdrüsen), die Arbeiterinnen dem somatischen Gewebe, das Nest bildet die Haut bzw. das Skelett, dem Immunsystem entsprechen die Wächterinnen und Soldatinnen etc. Angewendet auf die Blattschneiderameisen lassen sich so die Pilzgärten analog zum Pansen der Rinder interpretieren. Für einen Ameisenstaat sind drei Dinge entscheidend: der Abschluss der Gruppe nach außen, die Kommunikation der Gruppenmitglieder und die Lösung von Konflikten zwischen einzelnen Bestandteilen der Gruppe. Für die Lösung der Probleme in allen drei Bereichen stellen chemische Informationen die wesentliche Grundlage dar.

Die Chemie muss stimmen
Wir schützen unseren Körper gegen Keime und andere schädliche Einflüsse aus der Umwelt durch eine mehr oder weniger undurchlässige Haut sowie durch unser Immunsystem. Auch die Ameisen verhindern – obwohl das nicht immer hundertprozentig klappt (siehe Kapitel »Untermieter im Frauenstaat«) –, dass fremde Ameisen oder andere Tiere in ihren Staat eindringen. Am Nesteingang warten Wächterinnen, die entscheiden, wer reinkommen darf. Um diese Entscheidung zu treffen, muss eine Wächterin wissen, wer Freund und wer Feind ist bzw. wer zur Kolonie gehört und wer nicht. In der Regel streicht sie kurz mit ihren Antennen über das Einlass begehrende Tier. Innerhalb von Sekundenbruchteilen erkennt die Wächterin eine Nestgenossin anhand des Duftgemisches, das ihren Körper umgibt. Tiere derselben Kolonie haben einen einheitlichen Familienduft, den Koloniegeruch.

Gebildet wird diese »Duftmarke« aus einem Gemisch verschiedener Kohlenwasserstoffe, die überall in der wachsartigen Schicht der Kutikula (siehe Kapitel »Ein Umzugstag«) verteilt sind. Kohlenwasserstoffe weisen eine hohe strukturelle Vielfalt auf. Inzwischen sind über 1.000 dieser chemischen Verbindungen aus der Kutikula verschiedener Spezies isoliert worden, einzelne Arten können 100, 200 oder noch mehr verschiedene Kohlenwasserstoffe auf ihrem Außenskelett tragen. Durch die verschiedenen Kombinationen und variablen Mischungsverhältnisse der einzelnen Stoffe entstehen einzigartige Düfte. So wie wir anhand unserer charakteristischen Fingerabdrücke erkannt werden können, kann darum eine Ameise eine Nestgenossin am Duft erkennen. Frisch aus der Puppe geschlüpfte Ameisen besitzen anfangs noch keinen »Stallgeruch«, sondern entwickeln ihn erst in den ersten acht bis zehn Tagen. Die Verbindungen werden innerhalb des Körpers synthetisiert und gelangen dann über die

Hämolymphe (das »Blut« der Insekten) auf die Kutikula des Tieres. Außerdem werden diese Kohlenwasserstoffe in nur bei Ameisen zu findenden Postpharyngealdrüsen, die sich am Hinterkopf befinden, gespeichert. Bei der Pflege des eigenen Körpers oder der von Nestgenossinnen verteilen die Ameisen die Verbindungen gleichmäßig über die gesamte Außenhaut. Neben dem gegenseitigen Putzen sorgt aber auch der orale Austausch von Futter (Trophallaxis, siehe unten) für eine koloniespezifische Mischung der jeweils individuellen Düfte. Außerdem trägt die Königin mit ihren Geruchsstoffen zum Koloniegeruch bei, in kleinen Kolonien in höherem Maße als in großen. Insgesamt verändert sich das Stoffgemisch und damit der Geruch mit der Zeit, denn er wird auch von Umweltfaktoren, etwa der aufgenommenen Nahrung oder der Nestumgebung, beeinflusst, und er variiert mit der genetischen Ausstattung, dem Alter und der Kaste der Tiere. Beispielsweise unterscheiden sich bei der Roten Ernteameise (*Pogonomyrmex barbatus*) sowie bei *Camponotus vagus* die verschiedenen Arbeiterinnen- bzw. Altersgruppen eindeutig in ihren Kohlenwasserstoffprofilen.

Die Wahrnehmung der Düfte erfolgt über spezielle Geruchssensillen in den Antennen. Sie können ein breites Spektrum an kutikulären Kohlenwasserstoffen erkennen und selbst kleinste Unterschiede in deren Zusammensetzung identifizieren. Ameisen besitzen also ein ausgesprochen feines Näschen.

In Studien war dieses Erkennungssystem allerdings einfach zu manipulieren, indem die Duftstoffe einer Ameise von der Oberfläche abgewischt und auf eine andere aufgetragen wurden. In der Folge hat die Wächterin die fremde Ameise ohne Weiteres in das Nest gelassen. So etwas gibt es aber auch in der Natur. Sogenannte parasitische Ameisen können sich quasi geruchlich als Nestgenossinnen tarnen und schaffen es so, in fremde Nester einzudringen (siehe Kapitel

»Untermieter im Frauenstaat«). Allerdings sind dem nicht alle Arten völlig schutzlos ausgeliefert. Evelien Jongepier und Susanne Foitzik fanden heraus, dass *Temnothorax longispinosus* die Variabilität der für den Koloniegeruch verantwortlichen Kohlenwasserstoffe erhöhte, wenn die sklavenmachende Art *Protomognathus americanus* im selben Lebensraum vorkommt. Damit macht sie es dem Parasiten schwerer, den Nestgeruch zu imitieren.

Das A und das O ist Kommunikation

Damit ein Insektenstaat bestehen kann, muss er seinen Informationsstand über die Umwelt immer up to date halten. Nur so ist er in der Lage, rasch auf veränderte Bedingungen zu reagieren. Das setzt voraus, dass Mitglieder dieses Staates ihre Wahrnehmungen anderen signalisieren können und in der Folge ein sinnvolles Handeln ausgelöst wird. Ohne Kommunikation ist keine Kooperation möglich, deshalb müssen Ameisen ständig miteinander »sprechen«. Nur setzen sie dabei keine Wörter, sondern chemische Signale ein. Bei Ameisen hat dieser Kommunikationsweg die überragende Bedeutung erlangt. Daneben verständigen sie sich über bestimmte Berührungen und Bewegungen sowie durch akustische bzw. Vibrationssignale.

Für die chemische Verständigung nutzen Ameisen verschiedene Pheromone, Botenstoffe, die sie in ihren zahllosen Drüsen produzieren und die der innerartlichen Kommunikation dienen. Manche dieser Drüsen kommen sogar ausschließlich bei Ameisen vor. Der Informationsgehalt kann durch die Vermischung von Pheromonen aus verschiedenen Drüsen, anhand unterschiedlicher Konzentrationen eines Botenstoffs sowie durch eine vom Kontext abhängige Bedeutung eines Pheromons bestimmt werden. Die Rote Feuerameise beispielsweise verwendet in ihrer Kommunikation rund 20

Signale, von denen 18 chemischer Natur sind. Unter den Insekten sind Ameisen die Spezialistinnen für chemische Kommunikation. Man unterscheidet Alarmpheromone, die im Rahmen der Verteidigung und des Beutefangs abgegeben werden, Rekrutierungspheromone zur Mobilisierung von Nestgenossen (beispielsweise bei einem Umzug der Kolonie), Spurpheromone, die den Weg zu einer Nahrungsquelle weisen, und Sexualpheromone, die zum gegenseitigen Finden der Geschlechtspartner notwendig sind.

Alarmpheromone werden eingesetzt, um die Nestgenossinnen schnell auf eine Gefahrenquelle, beispielsweise einen Feind, aufmerksam zu machen, damit eine gemeinsame Abwehrreaktion erfolgen kann. Waldameisen verspritzen in diesem Fall Ameisensäure aus ihrer Giftdrüse. Sofort eilen mehrere Arbeiterinnen herbei und traktieren den Feind mit ihrem Gift. Alarmsubstanzen werden artabhängig in Drüsen am Vorderende (Mandibeldrüsen) oder am Hinterende des Tieres (Giftdrüsen, Dufour'sche Drüse, Pygidialdrüsen) produziert und umfassen ein weites Spektrum chemischer Verbindungen. Mittels Alarmpheromonen informieren sich Ameisen auch gegenseitig, wenn Teile des Nestes eingestürzt sind. Die herbeigerufenen Arbeiterinnen beginnen auf der Stelle, das eingestürzte Material abzutragen und darunter verschüttete Nestgenossinnen auszugraben.

Spezies, die eher einer jagenden Lebensweise nachgehen, müssen rasch handeln können, wenn ein Beutetier entdeckt worden ist. Zunächst durchstreifen Kundschafterinnen das Gebiet. Werden sie fündig, teilen sie dies ebenfalls über ein Alarmpheromon ihren Nestgenossinnen mit und rekrutieren zur Unterstützung weitere Arbeiterinnen. Waldameisen spritzen beim Angriff Ameisensäure auf das Beuteobjekt. Dies veranlasst andere Jägerinnen der Kolonie herbeizulaufen und bei der Überwindung der Beute helfend einzugreifen.

Finden die Scouts eine eher beständige, ertragreiche Nahrungsquelle, legen sie auf dem Heimweg eine Duftspur bis zum Nest. So sind sie in der Lage, ihren Nestgefährtinnen mitzuteilen, wohin diese laufen müssen, um an das Futter zu gelangen. Je mehr Spurpheromon vorhanden ist, umso mehr Ameisen folgen der Spur, und je mehr Ameisen sich auf den Weg machen, umso stärker wird die Pheromonspur. Dabei genügen meist schon geringste Mengen der Spursubstanz, um ein Spurfolgeverhalten auszulösen. So reicht bei der grasschneidenden Art *Atta vollenweideri* ein Milligramm des Pheromons, das entspricht der in einer Kolonie vorhandene Menge, aus, um eine Arbeiterin 60-mal um die Erde zu schicken. Indem sie verschiedene Duftsubstanzen in unterschiedlichen Mengen nutzen, können manche Spezies sogar genauere Angaben zu Qualität und Entfernung der Nahrungsquelle machen. Spurpheromone sind häufig sehr flüchtig und folglich nur kurze Zeit wahrnehmbar. Das ist durchaus sinnvoll, denn solange die Nahrungsquelle ausgebeutet wird, wird die Spur immer wieder durch die zurückkehrenden Tiere erneuert. Ist das Angebot erschöpft, brauchen auch keine Arbeiterinnen mehr zu dieser Stelle zu laufen. Soll der Weg zu dauerhafteren Nahrungsquellen markiert werden, werden Duftspuren gelegt, die aus anderen Substanzen bestehen und somit über einen längeren Zeitraum hinweg wahrnehmbar sind. Dies findet man etwa bei der Glänzendschwarzen Holzameise, die Wegmarkierungen zu ihren Rindenlausherden legt, und natürlich bei den oben beschriebenen Blattschneiderameisen, die ganze Bäume entlauben.

Sexualpheromone, die von den Jungköniginnen abgegeben werden, spielen eine wichtige Rolle bei der Partnerfindung auf dem Hochzeitsflug. Mithilfe eines weiteren Pheromons animiert die Königin ihren Hofstaat, sie zu pflegen und nicht von ihrer Seite zu weichen. Bei manchen Ameisenarten stimulieren die Larven über chemische Signale die Arbeiterinnen zur Futterbeschaffung.

Die Kommunikation über Pheromone ist zwar die wichtigste Art der Informationsübermittlung, doch gibt es bei Ameisen auch eine Verständigung über taktile Signale. Eine weit verbreitete Verhaltensweise ist das Futterbetteln. Eine hungrige Ameise betrillert eine heimkehrende Futterholerin mit schnellen Schlägen ihrer Antennen und streicht ihr gleichzeitig mit ihren Vorderbeinen über die Mundpartie. Daraufhin würgt die angebettelte Ameise einen Tropfen nährstoffhaltiger Flüssigkeit aus ihrem Kropf hervor. Dieser wird sofort von der hungrigen Nestgenossin aufgeleckt. Diese Art von Futteraustausch wird als Trophallaxis bezeichnet. Honigtau wird ausschließlich durch Trophallaxis in der Kolonie verteilt. Außerdem kann der Futteraustausch auch Bestandteil der Rekrutierung zu einer Futterquelle sein.

Aus unterschiedlichen Gründen kann es für ein Volk notwendig werden, den Standort des Nestes zu wechseln, also mit Sack und Pack umzuziehen. Zunächst halten Kundschafterinnen nach einem neuen Nistplatz Ausschau. Hat eine Ameise eine geeignete Stelle gefunden, kehrt sie ins Nest zurück. Bei Waldameisen beispielsweise rempelt sie dann eine Nestgenossin und hält sie fest. Damit fordert sie sie auf, die typische Tragehaltung einzunehmen, nämlich die Gaster einwärts zu klappen und die Gliedmaßen eng an den Körper zu legen. So trägt die Kundschafterin ihre Nestgefährtin zum neuen Neststandort. Ist die Getragene von der Qualität des Platzes überzeugt, übernimmt sie nach der Rückkehr ins Nest ihrerseits das Verhalten der Kundschafterin, rempelt und trägt eine Arbeiterin zum Nestplatz usw. Ist irgendwann eine bestimmte »Überzeugungsschwelle« erreicht, haben sich also genügend Koloniemitglieder zugunsten des neuen Standorts entschieden, erfolgt schließlich der Umzug. Bei den Rossameisen wird das Trageverhalten initiiert, indem die rekrutierende Ameise sich einer Nestgefährtin nähert, ruckartig vor- und zurückzuckt, sie mit ihren Mandibeln packt und ein Stück mitzieht. Dann hebt sie die Arbeiterin leicht an und dreht sich um. In der Folge nimmt die Nestgenossin die Trageposition ein.

Andere Ameisenarten nutzen im Zusammenhang mit Nestumzügen auch den Tandemlauf. Die Kundschafterin gibt aus ihrem Stachel ein Sekret ab und fordert eine andere Ameise dazu auf, sie an der Gaster oder den Hinterbeinen zu berühren. Lässt sich die Arbeiterin dazu animieren, laufen beide Ameisen, die rekrutierende vorne, die ortsunkundige dicht dahinter, in stetem Kontakt bis zum Ziel. Der Tandemlauf wird bei manchen Spezies auch beim Lotsen zu Futterquellen und bei sklavenhaltenden Ameisen bei Raubzügen praktiziert. Ebenso können andere taktile Elemente wie Kopfwackeln und Berührung mit den Antennen die Futterrekrutierung unterstützen. Solch ein Wackelverhalten kann man beispielsweise bei der Grauschwarzen Sklavenameise beobachten.

Ameisen haben keine Ohren oder vergleichbare Organe, die auf Luftschwingungen ansprechen. Dennoch erzeugen sie oftmals Geräusche, etwa Klopf-, Trommel- oder Zirplaute. Diese werden allerdings als feine Vibrationen des Untergrunds, auf dem sie sich befinden, wahrgenommen. Die Sinnesorgane für Vibrationen sind extrem leistungsfähig und liegen in den Beinen der Ameisen. Über Klopf- und Trommellaute verständigen sich vor allem holzbewohnende Ameisen, etwa die Braunschwarze Rossameise, bei Störungen des Volks. Sie schlagen dann mit bestimmten Körperteilen auf den Untergrund. Mit Stridulations- oder Zirplauten animieren z.B. Blattschneiderameisen ihre Nestgenossinnen zum Schneiden eines Blattes. Sie erzeugen dieses Geräusch, indem sie einen dünnen Schaber an ihrer Taille gegen eine fein gerillte Oberfläche des Hinterleibs reiben.

Außerdem teilen die Blattträgerinnen den Mini-Arbeiterinnen durch Stridulationslaute mit, wenn sie bereit sind zum Abmarsch, worauf eine der kleinen Schwestern als Anhalterin auf das Blattstück klettert. Diese Rufe werden aber auch eingesetzt, wenn Arbeiterinnen durch einstürzende Nestkammern verschüttet oder von einer feindlichen Ameise festgehalten werden. Die so alarmierten Helferinnen beginnen sofort damit, die Verschütteten auszugraben bzw. sie greifen die Ameise an, die ihre Nestgenossin festhält.

Von wegen konfliktfreie Zone

Ameisen- wie auch Bienenstaaten galten sehr lange als konfliktfreie »Organisationen«, in denen alle Individuen zusammenarbeiten, mehr oder weniger mit dem Ziel, das Gesamtwohl des Staates gemeinsam zu erhöhen. Jedoch zeigten wissenschaftliche Studien verschiedentlich, dass die Angehörigen des Staates durchaus ihre eigenen Interessen verfolgen. Und diese Interessen können gegeneinander konträr sein. Ist ein Staat polygyn, also sind mehrere fortpflanzungsfähige Königinnen anwesend, entsteht ein Konflikt darüber, wer die meisten Eier legen darf. Zwischen Königin und Arbeiterinnen herrscht ein Konflikt darum, wer Männchen produzieren darf. Denn oft sind die Arbeiterinnen durchaus in der Lage, unbefruchtete Eier zu legen, aus denen sich Männchen entwickeln. Wenn aber sämtliche Arbeiterinnen mit dem Eierlegen beschäftigt wären, kümmerte sich natürlich keine mehr um die Brut und das Staatsgefüge bräche auseinander. Deshalb genießt die Königin das Privileg der Fortpflanzung. Indem sie die von ihr stammenden Eier mit ihrem Parfüm, einem speziellen Mix aus Kohlenwasserstoffen, markiert, hemmt sie die Fruchtbarkeit der Arbeiterinnen. Der königliche Duft fungiert gewissermaßen als chemisches Verhütungsmittel. Wagt es dennoch eine Arbeiterin, Eier zu legen, werden diese von den Nestgenossinnen kurzerhand verspeist, weil sie nicht das Duftsignal der Königin tragen. In einem Ameisenstaat kann es jedoch auch zu aggressiven Interaktionen kommen. Ameisen verfügen über ein reiches Repertoire an diesbezüglichen Verhaltensweisen. Das agonistische Verhalten kann sowohl von Königinnen als auch von Arbeiterinnen ausgehen und gegen Mitglieder der eigenen oder einer anderen Kaste gerichtet sein. Da wären Antennengefechte zu nennen, dabei schlagen sich die Ameisen (Königinnen oder solche, die es werden wollen) gegenseitig mit ihren Antennen, sowie Beißereien, Stachelgefechte, gegenseitiges Schütteln, Hüftstöße, Zerren an den Gliedmaßen und »Isolation«. Manchmal töten Arbeiterinnen männliche Larven und begehen damit Brudermord. Gelegentlich kommt es auch dazu, dass ein Tier oder wenige Tiere getötet oder zumindest aus der Kolonie hinausgeworfen werden.

DAS AMEISENJAHR

Als ich mit Herrn Helbig das erste Mal ein Ameisennest umsiedelte, war es September. Ich war in diesen intensiven Tagen sehr eifrig dabei, Neues über die kleinen Hügelbewohner zu erfahren. Ich staunte damals darüber, wie tief so ein Ameisennest in den Boden hineinreicht und wie viele Tiere noch in den tiefsten Nestschichten herumwuseln. Ich dachte nicht einmal darüber nach, ob Ameisen immer im Herbst umgesiedelt werden müssen oder, wenn nicht, zu welcher Jahreszeit man am besten ein neues Zuhause für sie sucht. Heute weiß ich, wie sehr es von der Jahreszeit abhängig ist, welchen Aufwand wir betreiben müssen, um den überwiegenden Teil eines Volks sicher in den Säcken zu verstauen. Und ich weiß, wie sehr der Umsiedlungszeitpunkt im Jahr darüber entscheiden kann, ob eine Neuansiedlung erfolgreich ist oder nicht.

Ameisen sind wechselwarm. Sie halten daher Winterruhe. Dem einen oder anderen aufmerksamen Waldspaziergänger wird sicher schon aufgefallen sein, wie verlassen, leblos und oft auch zerwühlt so ein Waldameisennest im Winter aussieht. Die Tiere befinden sich in dieser Zeit mindestens einen halben Meter unter der Erdoberfläche, zusammengedrängt in Gängen und Kammern. Sie kommen nicht ans Tageslicht und wenn ein Specht oder ein Wildschwein in der Nestkuppel nach Nahrung sucht, verteidigen sie das Nest nicht und reparieren auch den Schaden nicht.

Die Situation ändert sich, sobald die Tage wieder wärmer werden. Vielleicht haben einige von Ihnen auch schon einmal gesehen, wie sich in den ersten sonnigen und warmen Frühlingstagen die faszinierenden Sonnungstrauben auf den Nestkuppeln von Waldameisen bilden. Die

Ameisen kommen dann aus dem Nest und wärmen sich in der Sonne. Es entsteht ein Gebilde aus Tausenden eng aneinander gedrängten und sich bewegenden Tieren, das aussieht wie ein eigenständiges Individuum. Sonnungstrauben künden vom Erwachen des Volks nach dem kühlen Winter. Ich bin immer ganz aufgeregt, wenn ich bei uns zu Hause am Ameisennest auf dem Spielplatz meiner Kinder nach der ersten Sonnungstraube Ausschau halte. Ja, ich fiebere diesem Ereignis richtig entgegen.

Eine Sonnungstraube erinnert mich oft an einen dicht bevölkerten Strand am Mittelmeer. Als ich einmal im zeitigen Frühjahr mit einer Praktikantin unterwegs war und wir uns die Sonnungstrauben auf einem prächtigen Ameisennest genauer anschauten, kam auch prompt die Bemerkung: »Wow, die drängen sich da echt so eng wie die Urlauber am Teutonengrill auf Malle.« Aber die Ameisen sonnen sich nicht, um braun zu werden und sich zu erholen. Im Superorganismus Ameisenvolk wird auch hier das für das Individuum Angenehme mit dem für alle Nützlichen verbunden. Eng beieinander gedrängt und unter den wärmenden Strahlen der Frühlingssonne erwärmen sich die Tiere auf Temperaturen von bis zu 40 Grad Celsius. So erhitzt krabbeln sie zurück ins Nest und werden dort zur »Wärmflasche«. Denn im Nest ist es ja noch kalt. Noch hat es die Sonne nicht geschafft, den Waldboden und damit auch das Nest zu erwärmen. Man nennt dieses Verhalten der Ameisen auch das »Wärmetragen«. Indem die Tiere immer wieder in die Sonne gehen, sich aufwärmen und die Wärme im Nest wieder abgeben, schaffen sie es, dort schneller Temperaturen zu erzeugen, die es möglich machen, das Brutgeschäft wieder aufzunehmen und in ein neues Ameisenjahr zu starten.

Für Ameisenumsiedler ist diese Zeit des Jahres die beste, wenn es darum geht, ein Volk an einen neuen

Standort zu bringen. Im ganz zeitigen Frühjahr, wenn die Sonnungstrauben zu beobachten sind, befinden sich fast alle Tiere in den oberen Nestteilen. Ja, man kann sogar das große Glück haben und eine begattete Königin auf der Nestkuppel finden, was im späteren Jahr praktisch nicht mehr vorkommt. Dann halten sich die Königinnen in tieferen, sichereren und kühleren Nestschichten auf. Bei einer Umsiedlung im zeitigen Frühjahr müssen wir deshalb nicht ganz so tief graben und haben den Großteil der Bevölkerung wortwörtlich »sehr schnell im Sack«.

Und eine frühe Umsiedlung hat noch einen weiteren Vorteil. Die Temperaturen fallen nachts zu dieser Jahreszeit noch deutlich auf einstellige Werte, liegen manchmal sogar unter null Grad Celsius. Daher halten sich fast alle Tiere im Nest auf und die Arbeiterinnen streunen nachts nicht draußen herum. Kommen wir im Morgengrauen, können wir also sehr sicher sein, dass fast alle Tiere zu Hause und oben im Nest sind. Beginnen wir dann mit der Umsiedlung, dann stellt sich ein fast unbeschreibliches Gefühl ein: In jeder Handvoll Neststreu wimmelt es buchstäblich von Zigtausenden Tieren. Zu keiner anderen Jahreszeit kann man mit einem Griff eine so gewaltige lebendige Masse in seinen Händen halten. Ich spüre bei diesem kribbelnden Gewimmel eine unglaubliche Verbundenheit mit dem Leben, dem Neuaufbruch im Frühjahr und der Freude am Dasein, die diese Tiere ausstrahlen.

Königinnen auf Wanderschaft

Wenn mit den Sonnungstrauben langsam auch die Temperatur im Nest wieder steigt, beginnen die Königinnen mit der Eierablage und die Arbeiterinnen gehen daran, die erste Brut heranzuziehen. Die Schnelligkeit, mit der diese Entwicklung vonstatten geht, kann überraschen und verblüffen. Im Frühjahr des Jahres 2018 fanden wir, obwohl es bis Ende März sehr kalt gewesen war, bereits am 11. April in einem gut besonnten Nest der Kahlrückigen Waldameise die ersten wunderschönen und großen Geschlechtstierpuppen. Das sind die Puppen der neuen, jungen Königinnen und der Männchen, die ein Ameisenvolk in jedem Frühjahr heranzieht, damit beide gemeinsam zum Hochzeitsflug aufbrechen können. Diese Puppen sind deutlich größer als die der Arbeiterinnen. Es sind wunderbar ebenmäßige Gebilde, die da behutsam eingestapelt liegen in sorgfältig ringsherum drapierter Neststreu. Zwei Wochen später registrierten wir dann, dass die ersten geflügelten Geschlechtstiere geschlüpft waren. Man findet dabei nur selten beide Geschlechter in einem Nest. Ein Ameisenvolk zieht entweder junge Königinnen oder aber Männchen heran. Auf mich wirken die geflügelten Geschlechtstiere wie kleine Elfen, so zart und durchsichtig sind die Flügel. Bei den jungen Königinnen glänzt der rötliche Hinterleib bereits wie das Kleid eines Edelfräuleins. Jasmin spricht dann auch stets von den »Prinzessinnen«.

Nach dem Schlüpfen brechen die Geschlechtstiere bald zum Hochzeitsflug auf. Kann man diesen beobachten, was selten ist, dann wird man Zeuge eines magischen Momentes. Aus einer Nestkuppel steigen Scharen zarter Wesen auf wie eine Wolke aus silbriger Bewegung. Ein mystisch-erhabenes Schauspiel, das mir Gänsehaut macht. Allerdings geht es für die jungen Königinnen dann sehr viel weniger erhaben weiter. Nach dem Hochzeitsflug fallen den Prinzessinnen nämlich ihre zauberhaften Flügelchen ab. Die jungen, während des Hochzeitsfluges frisch begatteten Prinzessinnen müssen sich nun ein eigenes Nest suchen und dort um Aufnahme bitten. Und zwar zu Fuß! Das führt an lauen Frühlingstagen zu einem ganz speziellen Phänomen. Besonders in der Nähe von größeren Waldameisenkolonien wandern dann Hunderte Jungköniginnen durch den Wald, um ein neues Zuhause zu finden.

So siedelten wir einmal an einem warmen Morgen Mitte Mai ein Nest der Kahlrückigen Waldameise um, das zu einer großen Kolonie aus zahlreichen Nestern gehörte. Tausende Tiere krabbelten auf dem Waldboden umher. »Mama, eine Königin! Die läuft hier einfach so rum! Was machst du denn hier, du Todesmutige?«, hörte ich Jasmin sagen. »Schnell, ein Königinnenglas!«, rief sie. Ich erklärte ihr, dass wir unmöglich wissen konnten, zu welchem Volk diese junge Königin gehörte und ob sie überhaupt schon irgendwo aufgenommen worden war. Jasmin aber gefiel der Gedanke, die niedliche kleine Prinzessin am Entnahmestandort zurückzulassen, gar nicht, zumal wir nach und nach Dutzende weiterer wandernder Jungköniginnen entdeckten. Überall auf den Waldwegen stolzierten sie umher, auf der Suche nach einem neuen Volk, das sie irgendwann einmal beherrschen könnten. Jasmin hielt das nicht aus. Sie holte ein Königinnenglas heraus, malte mit schwarzem Edding ein großes X (für unbekannt) auf den Deckel, und sammelte die umherziehenden Königinnen ein. »Das hier kommt in ein paar Wochen alles weg. Wenn wir sie hierlassen, werden sie definitiv sterben«, erklärte sie mir, und ich musste ihr natürlich Recht geben. Später setzten wir die kleinen Prinzessinnen an einem schönen Waldweg im Bundesforst wieder aus, damit sie sich hier in Sicherheit ein neues Nest suchen konnten. Das ist möglich, weil die meisten Ameisenvölker polygyn sind, also mehrere Königinnen haben. Es werden jedes Jahr einige Jungköniginnen in die große Ameisenfamilie integriert, oder als Jungköniginnen eines anderen Volks »adoptiert«. Aber das Schicksal der wandernden Königinnen ist dennoch alles andere als gewiss: Von mehreren Tausend Prinzessinnen, die im Wald herumwandern, schafft es nur eine, ein Nest zu finden, in dem man sie haben will.

Wenn es kommt, kommt es dicke

Im Sommer und vor allem im Hochsommer setze ich Nester nur dann um, wenn die Temperaturen nicht ganz so hoch sind und kein Regen vorhergesagt ist. Da solche Fenster aber nicht ganz so häufig sind, bemühen wir uns immer, möglichst bis Ende Mai mit den anstehenden Umsiedlungen fertig zu sein. Im Jahr 2018 war uns das auch planmäßig gelungen, als mich an einem Tag Mitte Juni der Chef eines Planungsbüros anrief und eine Frage hatte, die rückblickend betrachtet unsere Arbeit für das ganze Jahr auf den Kopf stellen sollte. Ob wir noch Ameisennester auf einer Leitungstrasse, die von Norden nach Süden durch ganz Brandenburg gebaut werden solle, umsiedeln könnten, fragte er. Ich entgegnete: »Wie viele Nester sind es denn und wann müssen wir fertig sein?« »Wir wissen noch nicht, wie viele Nester es sind, unsere Mitarbeiter kartieren gerade. Fertig muss alles Mitte August sein.« Ich war verblüfft: Auf meine Frage, warum er jetzt erst anrufe, erhielt ich die Antwort, dass man bisher nicht an die Ameisen gedacht habe und es jetzt leider schnell gehen müsse.

Ich ließ mir die Daten geben und überprüfte im Netz den Trassenverlauf: Oh je, meistens ging es durch Wald, und ich wusste bereits, dass es an der einen oder anderen Stelle Ameisennester gab, weil ich einen Teil des Gebietes bereits kannte. Außerdem hatte ich schon eine Ahnung, was uns erwarten würde, wenn dort ameisenunerfahrene Kartierer die Nester erfassen sollten. Das waren ohne Zweifel Fachleute auf ihrem Gebiet, aber man muss sich gut mit Ameisen auskennen, wenn man Ameisennester finden und auch die Art sicher bestimmen will. Ich vermutete, dass es um die 200 Nester oder mehr gehen würde.

Das war nicht zu schaffen! Die Auftragsbücher meiner Firma waren voll. Nach dem Abschluss der Umsiedlungen hatte ich drei wundervolle Projekte in Angriff nehmen wollen, die meiner zweiten Leidenschaft Raum geben würden: der Renaturierung von Tagebauflächen und der Wiederansiedlung von seltenen und vom Aussterben bedrohten Pflanzen. Da wir außerdem Wildpflanzensamen produzieren, unterliegen wir zudem dem gleichen Rhythmus wie andere Landwirtschaftsbetriebe auch. Im Sommer haben wir alle Hände voll zu tun. Auch ohne Ameisenumsiedlungen leisten meine Mitarbeiter und Mitarbeiterinnen im Sommer dadurch schon viele Arbeitsstunden. Ich hatte ihnen versprochen, im Sommer 2018 anders als im Jahr davor, als wir an der A10 und der A24 viele Umsetzungen machten, nicht so viel unterwegs zu sein. Und jetzt das!

Nun gut, ich versuchte also, andere Umsetzer zum Mitmachen zu bewegen. Leider mit wenig Erfolg. Die meisten waren schon ausgebucht oder beruflich zu sehr in Anspruch genommen. Zu guter Letzt sagte uns glücklicherweise eine Umsetzerin vom Landesforst zu, zumindest 13 Nester übernehmen zu können, aber reichen würde das nicht. Ich sagte also meinem Kontakt beim Planungsbüro, dass wir den Auftrag unmöglich in so kurzer Zeit würden abwickeln können, und schlug vor, einige Nester noch in diesem Jahr und die restlichen im folgenden Frühjahr umzusetzen. Das gehe nicht, war die Antwort. Der Bau würde Mitte August beginnen und zwar an allen Bauabschnitten gleichzeitig. Es sei höchstens bis Ende August Zeit und der Auftraggeber habe bereits eine artenschutzrechtliche Ausnahmegenehmigung beantragt, die ihm voraussichtlich auch erteilt werden würde. Für uns hieß das: Entweder Hunderte Nester in zwei Monaten mitten im Sommer umsetzen, oder die Tiere sterben lassen.

Notfallrettung – ein tödliches Risiko

Ich leitete also eine Notfallaktion zur Umsiedlung in die Wege, stellte Saisonkräfte ein, vergab einen Teil meiner Aufträge an Unterauftragnehmer und schwor alle Mitarbeiter für den Ameiseneinsatz ein: Ca. 300 Nester waren kartiert worden, und wir fanden bei den Umsetzungen zusätzlich mehr als 100 Nester, die die Kartierer übersehen hatten. Zwar mussten von den kartierten Nestern nicht alle umgesetzt werden, weil die Arten zum Teil nicht geschützt waren, aber wir standen vor einer riesigen Herausforderung, die durch das Wetter des Sommers 2018 nicht einfacher wurde.

Die Temperaturen erreichten in Brandenburg in diesem Jahr Rekordmarken. Schon früh um vier Uhr, wenn wir an den Nestern ankamen, war es 15 bis 20 Grad Celsius warm. Am Tag arbeiteten wir bei Temperaturen von über 40 Grad in der Sonne, 35 Grad im Schatten. Wir standen von vier Uhr morgens nicht selten bis 18 Uhr abends im Gelände und siedelten zum Teil riesige Ameisennester um. Jasmin grub während dieser Aktion ein Nest mit 325 Säcken, also ca. 1,75 Tonnen Material, aus. Und Mathias, unser Senior-Umsiedler mit Kettensägenschein, hatte regelmäßig Nester mit über 150 Säcken Nestmaterial und riesengroßen Stubben auf dem Tagesplan. So viele Stunden bei so großer Hitze eine so schwere Arbeit zu verrichten ist kein Zuckerschlecken. Wir alle waren bald körperlich und mental vollkommen erledigt und ich bin meinen Mitarbeitern unendlich dankbar, dass sie diese Strapazen mit mir gemeinsam auf sich genommen haben, für die Tiere und für mich.

Was für uns Menschen sehr anstrengend ist, das kann für die Ameisen aber tödlich sein. Im Sommer ist gut ein Drittel der Tiere eines Nestes zu jeder Stunde des Tages, auch nachts, im Wald unterwegs. Wenn wir also in dieser Zeit ein Nest umsiedeln, lassen wir immer, anders als bei einer Umsiedlung im zeitigen Frühjahr, viele Tausende Ameisen zurück, die zum Zeitpunkt der Umsiedlung im Wald ihrer Arbeit nachgehen. Einen Teil davon können wir zwar durch das Aufsammeln der Restbevölkerung in den Tagen nach der Umsiedlung noch retten, aber bei Weitem nicht alle.

Viel schlimmer und gefährlicher für Ameisen ist aber die Hitze. Um das zu erklären, ist ein kleiner Ausflug in die Biologie notwendig. Proteine sind neben Lipiden, Kohlenhydraten und Nukleinsäuren einer der fundamentalen Grundstoffe des Lebens. Im menschlichen Körper und auch bei Ameisen übernehmen sie viele wichtige Funktionen, wie z.B. den Aufbau oder die Reparatur von Zellen. Sie fungieren auch als Enzyme, also Biokatalysatoren. Enzyme sind wichtig, weil sie Millionen von Abläufen im Körper in die Wege leiten. Ohne Proteine also kein Überleben. Das Problem ist nun, dass Proteine (vor allem Enzyme) – bis auf wenige Ausnahmen – bei Temperaturen über 40 Grad Celsius anfangen zu denaturieren. Sie müssen sich das vorstellen wie beim Kochen eines Eis: Das flüssige Eiweiß wird durch Hitze fest und hart. Das bedeutet, dass sich die Proteinstruktur auflöst. Passiert das in einem Körper, wird oft das ganze Molekül nutzlos und genau deshalb ist auch sehr hohes Fieber für einen Menschen so lebensbedrohlich.

Wenn nun im Sommer die Temperaturen sehr hoch steigen, verkriechen sich die Ameisen normalerweise in die Tiefen ihres Nestes. Auch die Königinnen sind dann tief unten in den kühleren Sektoren anzutreffen. Bei einer Umsiedlung aber zerstören wir ihr Nest und holen sie hervor. Dann liegen sie und ihre Töchter dicht an dicht eingebettet in reichlich Neststreu in großen Papiersäcken auf einem Hänger, im ungünstigsten Fall für mehrere Stunden. Wenn wir nicht darauf achten, dass die Säcke nie der direkten Sonneneinstrahlung ausgesetzt sind, sterben die Tiere, die darin gefangen sind. Aber auch ohne direkte Sonne ist für die Ameisen diese Zeit nicht nur unangenehm, sondern gefährlich.

Nach der Ansiedlung ziehen die Tiere im Sommer außerdem sehr häufig noch einmal um. Bei Ansiedlungen im Frühling bleiben neun von zehn Völkern in dem von uns gebauten Nest, im Sommer aber bauen sich fast alle Völker ein neues. Der Grund dafür ist einfach: Ein fertiges Nest hat ein ausgeklügeltes System zur Wärmeregulation, die ein von uns gebautes nicht bieten kann. Deshalb besteht die Gefahr einer Überhitzung. Wir bauen die Nester im Sommer zwar deutlich tiefer und decken sie teilweise sogar mit Reisig ab, um einem zu großen Temperaturanstieg entgegenzuwirken, aber den Ameisen genügt das oft nicht. Sie können das einfach besser und fangen lieber selber noch einmal neu an. Fast kein Nest von den über 200 Nestern, die wir im Sommer 2018 umsiedelten, blieb darum am von uns ausgesuchten Ansiedlungsstandort. Die Tiere suchten sich vielmehr alte Stubben, Moospolster oder Reisighaufen, wo sie schnellstmöglich Unterschlupf und Schutz vor der Hitze finden konnten. Für mich war das alles deprimierend. Denn obwohl ich die Erklärung für dieses Verhalten kannte, zweifelte ich dann doch an meinen Fähigkeiten.

Dieser große Einsatz im Sommer 2018 war für uns alle darum nicht leicht. Abends lag ich oft im Bett und hoffte inständig, dass es bald kühler werden würde und wir es schafften, alle Nester zu retten. Das ist uns schließlich auch gelungen, aber es hat sehr viel Kraft gekostet, zu manchem gereizten Wortwechsel geführt und gelegentlich flossen auch Tränen der Erschöpfung.

Notumsiedlung

Finden Umsiedlungen spät im Jahr im September und Oktober statt, dann spricht man nicht mehr von Rettungs-, sondern von Notumsiedlungen. Das hört sich dramatischer an, als es häufig ist. Wir haben viele gute Erfahrungen mit Umsiedlungen im September gemacht, wenn es danach noch mehrere Wochen warm und trocken war. Ein Septembernest werde ich mein Lebtag nicht vergessen. Es hat sich mir tief in die Seele gebrannt, weil es die bisher schrecklichste Erfahrung für mich als Ameisenumsiedlerin bereithielt. Bevor ich davon erzähle, muss ich kurz erklären, warum wir hin und wieder Ameisen auch im Herbst umsiedeln. Manchmal kommt es einfach vor, dass ein Ameisennest bei der Planung einer Baumaßnahme übersehen und es erst kurz vor Beginn der Arbeiten entdeckt wird. Oftmals vergehen aber auch Monate oder gar Jahre zwischen Planung und Realisierung von Baumaßnahmen. In dieser Zeit ändert sich die Anzahl und Lage der Ameisennester, vor allem weil die Tiere recht mobil sind und sich innerhalb von wenigen Tagen ein neues Nest mitten im Baufeld etablieren kann, das eben noch nicht da war, als die Nester während der Planungsphase kartiert wurden. Dann geht der Bau los – und mit einem Mal ist da ein Nest.

Handelt es sich um ein Bauvorhaben von öffentlichem Interesse, dann gibt es nun zwei Möglichkeiten. Entweder wird das Nest umgesetzt oder es wird eine artenschutzrechtliche Ausnahmegenehmigung bzw. Befreiung beantragt, die die Zerstörung des Nestes legalisiert. Sie können sich vorstellen, dass Baumaßnahmen an Autobahnen, Deichen, von Leitungstrassen oder an Bahnschienen nicht wegen eines einzelnen oder auch wegen mehrerer Ameisennester gestoppt werden angesichts der Höhe der Bausummen, um die es da oft geht.

Auch bei dem Nest, von dem ich jetzt erzählen möchte, gab es nur diese beiden Möglichkeiten. Der Bauherr hatte aber klar entschieden, dass wir es auf jeden Fall noch versuchen sollten. Es war ein Nest der Wiesen-Waldameise. Wie für die Art charakteristisch lag es in einem dichten grasigen Bestand und hatte eine flache Nestkuppel. Ob es deshalb im Planungsprozess einfach übersehen wurde oder sich erst nach der Kartierung angesiedelt hatte, ließ sich nicht sagen. Klar war nur, dass die Baumaßnahme unmittelbar bevorstand und erst die Herpetologen, die Zauneidechsen abfingen, dieses Nest bemerkt und gemeldet hatten.

Am 21. September 2016 rückten wir also zu viert an. Dabei waren Mathias, der sich damals noch in der Ausbildung zum Ameisenumsiedler befand, unsere Lena, die bei uns ein freiwilliges ökologisches Jahr machte, und David, ein Student aus Eberswalde, der sehr ameiseninteressiert ist und bei uns ein Praktikum absolvierte.

Die ersten Minuten der Umsetzung verliefen normal. Wir packten die Neststreu in die beschrifteten Säcke und brachten diese zum Auto, das gut 600 Meter entfernt geparkt war, weil wir nicht dichter an das Nest heranfahren konnten. Der Ansiedlungsort lag am Rande des Baufeldes, ca. 300 Meter entfernt vom Originalneststandort am Fuße einer großen, schönen alten Eiche. Als die Neststreu langsam in den mineralischen Untergrund überging, bemerkte ich, dass der trockene Lehmboden extrem verdichtet war. Wer einen Garten mit derartigem Boden hat, wird wissen, was das bedeutet. Der an sich schon harte Lehm lässt sich bei Trockenheit kaum bearbeiten. Ist er zudem noch verdichtet, ist das Graben eine Qual und kaum möglich. Das Substrat war so fest, dass wir mit dem Spaten immer nur wenige Millimeter in den Boden eindringen konnten. Schnell hatte ich nicht mehr genug Kraft und Mathias musste mich ablösen. Wir fragten uns, wie die Ameisen es wohl geschafft hatten, in diesem harten Material ein ganzes Nest anzulegen. Ich bewunderte sie einmal mehr für diese Leistung.

Nachdem er einige Zentimeter tiefer gegraben hatte, hörte ich Mathias sagen: »Guck dir mal die Tiere hier in diesem Gang an, die kleben förmlich aneinander und die Gaster sind total fett und prall.« Ich hatte schon davon gelesen, dass sich Ameisen, die in die Winterstarre eintreten, in kleinen Gruppen zusammenfinden, sich aneinander festhalten und kleine Knäuel bilden. Gesehen hatte ich das so deutlich aber noch nie. Hier war klar: Die Tiere hatten schon ihre Winterruhe begonnen. Die Ameisen, die wir oben in der Neststreu gesehen hatten, waren die Wächter oder Nachhut, die noch alles dicht machten, bevor auch sie sich für die Überwinterung zurückzogen. Dass die Tiere so prall waren, lag daran, dass sich die Gaster im Herbst mit Nährstoffen füllt, bis sich die Häute zwischen den einzelnen Segmenten des Hinterleibes so weit auseinander ziehen, dass die Gaster schwarz-hellbeige gestreift aussieht. Diesen Nährstoffvorrat benötigen die Tiere für die ersten Aufgaben nach der Winterruhe.

Jetzt hatten wir ein gewaltiges Problem: Um in den harten Boden zu kommen, mussten wir teilweise starken Druck ausüben, um Material abzustechen. Aber schon geringer Druck reichte aus, um die prallen Gaster der Ameisen, die wir vorfanden, zum Platzen zu bringen. Ich war tief erschüttert, als ich die ersten davon sah. Eine breiige, weißliche Masse quoll aus ihnen hinaus. Nun arbeiteten wir ganz behutsam Millimeter um Millimeter. Zwar verletzten wir dabei nur noch wenige Tiere, aber in den Säcken kam es durch das Gewicht des Materials weiterhin zum Platzen einiger Gaster. Wir füllten jeden Sack nur noch mit wenig Material, aber so gut wir auch aufpassten, immer wieder passierte das Unaussprechliche einigen Tieren. Auch beim Tragen gingen wir mit äußerster Achtsamkeit und Behutsamkeit zu Werke. Dennoch behielten die verwendeten Säcke viele Fettflecken zurück. Irgendwann reichte es mir. »Ich kann das nicht mehr«, sagte ich zu Mathias. »Der Boden wird einfach nicht lockerer. Lass uns aufhören. Die Grube ist schon groß. Hier werden die Tiere nicht bleiben, auch nicht die, die schon in der Winterruhe sind. Wenn sie rauskommen und in den nächsten Tagen hier irgendwo ein neues Nest bauen, können wir sie mit deutlich weniger Schaden bergen.«

So machten wir es dann auch. Zur Umsiedlung der Restbevölkerung kam Mathias zusammen mit Lena einige Tage später noch einmal wieder. Mathias erzählte, dass die Restbevölkerung ein neues schönes Nest gebaut hatte, das sich sehr leicht aufnehmen ließ. Und er berichtete auch hocherfreut: »Das angesiedelte Nest war richtig aktiv, die Nestkuppel ist schon schön ausgebaut und ich habe auch Tiere beim Futterholen entdeckt.« Hatte das Volk das Martyrium also gut überstanden? Ich war nicht sicher. Immer wieder kamen mir die geplatzten Ameisen vor Augen. Hatten wir in bester Absicht ein Volk dem Untergang geweiht?

Beruhigt war ich erst, als Frau Friedel, die für das Projekt die ökologische Baubegleitung verantwortete, im Jahr darauf berichtete, dass sich das Nest hervorragend entwickele, wachse und gedeihe. Es war also alles gut gegangen und seitdem steht für mich fest, dass ich weiterhin Ameisen im September umsiedeln werde. Aber nur, wenn es nicht anders geht. Zuerst versuche ich die jeweiligen

Akteure davon zu überzeigen, den Tieren Zeit bis nach der Winterruhe einzuräumen.

Dass die Winterruhe keine völlig aktivitätsfreie Zeit ist, lernte ich im Jahr 2016 in der Prignitz. Hier besuchte ich am 12. Dezember zwei Nester der Kahlrückigen Waldameise. Nach der Ansiedlung hatte ich bei einer Stippvisite bei einem der Nester festgestellt, dass sich ein kecker Grünspecht eins der Nester als Nahrungsquelle auserkoren hatte. Ich ertappte ihn auf frischer Tat. Prinzipiell habe ich nichts gegen Grünspechte. Sie könnten ohne die Plünderung von Ameisennestern nicht überleben. Aber wir hatten das Nest im September erst angesiedelt. Die Tiere hatten es also schwer genug. Da sollte nicht auch noch die Nestkuppel zerwühlt und die Zahl der Arbeiterinnen dezimiert werden. Ich hatte deshalb im November diesen einen Hügel mit Kiefernreisig so abgedeckt, dass sich der Grünspecht nicht mehr am Nest zu schaffen machen konnte. Auf dem Rückweg von einem Besprechungstermin fuhr ich also schnell mal nach den Nestern gucken. Und siehe da: Der Grünspecht hatte das andere Nest, das ich nicht abgedeckt hatte, entdeckt und sich hier auch bedient. Was ich dann aber sah, rührte mich: Bei Temperaturen um die zehn Grad Celsius versuchte ein Trupp von Ameisen, den Schaden zu beheben und das Nest wenigstens notdürftig auszubessern. Sie bewegten sich ganz schwerfällig und langsam, fast wie sehr alte müde Menschen. Ich half ihnen, indem ich die Spechtlöcher schloss und auch diesem Nest einen Kiefernreisigschutz verpasste. Beide Völker haben den Winter dann gut überstanden und waren auch im Jahr 2018 noch voller Leben.

Ein Ameisenvolk im Jahreslauf

Das Leben einer Ameise ist mehreren wiederkehrenden äußerlichen Zyklen wie auch inneren Rhythmen unterworfen. Gerade in unseren gemäßigten Breiten schwanken Temperatur und Feuchtigkeit im Jahresverlauf stark. Die Natur bietet darum nicht zu jeder Zeit die für die Entwicklung eines Ameisenvolks idealen Bedingungen. Die Ameisen haben im Lauf der Evolution darauf reagiert und sich an den Ablauf der Jahreszeiten angepasst. Über das Jahr gesehen macht ein Waldameisenvolk in Deutschland mehrere Phasen durch, die oben schon angedeutet wurden, die jetzt aber noch etwas genauer in den Blick kommen sollen.

Nachkommen zuerst

Sobald im Spätwinter, meist im Februar oder auch erst im März, die Sonne wieder an Kraft gewinnt und mit ihren Strahlen den Hügel des Nestes etwas erwärmt, lösen sich die ersten Arbeiterinnen aus ihrer Winterstarre, in der sie die letzten Monate dicht zusammengedrängt in tief gelegenen Kammern ihres Erdnestes ausharrten. Die sogenannten Weckerinnen, das sind Arbeiterinnen, die etwas weniger empfindlich auf Kälte reagieren, werden als Erste aktiv und schauen sich kurz um, ob der Nesthügel den Winter gut überstanden hat. Ihre Aufgabe ist es nun, die noch kältestarren Nestgenossinnen aus der Tiefe des Nestes weiter nach oben in Richtung Wärme zu bringen. Langsam regt sich dann immer mehr Leben im Volk. Nimmt die Dauer des Sonnenscheins weiter zu, findet sich Tier um Tier auf der Oberfläche der Nestkuppel ein. Bald drängen sich die Arbeiterinnen dicht an dicht auf der von der Sonne beschienenen Seite des Hügels. Es bilden sich die Sonnungstrauben, von denen wir schon gehört haben, und manchmal liegen in einer solchen Traube mehreren Lagen Ameisen übereinander.

Durch das Bad in der Sonne erwärmen sich die kleinen Insekten erst einmal selbst und bringen so langsam auf Betriebstemperatur. Haben sie genügend Wärme gespeichert, krabbeln sie in das Nest zurück, um dort die Wärmeenergie an das Nestinnere, wo die Nestbautätigkeiten jetzt beginnen, abzugeben. Dieses Hin und Her wiederholen sie mehrmals, um die gesamte Nestkuppel möglichst rasch zu erwärmen. Ein warmes Nest ist schließlich die Voraussetzung für die Aufzucht der ersten Brut. Die Sonnungsperiode kann dabei je nach Wetterlage mehrere Wochen dauern.

In dieser Phase wagen sich sogar die Majestäten des Ameisenvolks, die Königinnen, an die Oberfläche des Nestes. Auch sie tanken die Frühlingswärme, verschwinden nach einigen Tagen aber für den Rest des Jahres wieder im Nest, wo sie sofort mit der Eiablage beginnen. Abhängig davon, ob es sich um eine polygyne oder monogyne Ameisenart handelt, kann die Anzahl der gelegten Eier sehr unterschiedlich sein. Bei der Kahlrückigen Waldameise, deren Völker oft Hunderte von Königinnen beherbergen, legt jede Königin nicht mehr als 30 Eier am Tag. Die Königin der Roten Waldameise dagegen, die die einzige im Volk ist, legt zwischen März und Anfang September etwa 300 Eier täglich. Ist das Volk, in dem die Königinnen leben, bereits voll entwickelt und ausgewachsen, dann entstehen aus dem ersten Schub an Eiern, den sogenannten Wintereiern, die Geschlechtstiere. Abhängig davon, ob die gelegten Eier befruchtet oder unbefruchtet sind (siehe Kapitel »Frauenpower!«), reifen Königinnen oder Männchen heran. Dass die Geschlechtstiere so früh im Jahr gezogen werden, hat einen guten Grund: Sie sollen die Grundlage für neue Völker und Kolonien schaffen und das können sie nur, wenn die Möglichkeit dafür da ist, nämlich im Sommer. Später im Jahr schlüpfende Königinnen dagegen hätten nur noch geringe Chancen, einen neuen Staat zu gründen.

Wintereier sind ein wenig größer und nährstoffreicher als die später im Jahr gelegten Sommereier. Wenn ein Ei ihren Eileiter passiert, entscheidet die Königin darüber, ob das Ei befruchtet wird oder nicht. Allerdings scheint die Samenpumpe, die Spermien aus der Samentasche der Königin in die Eiröhre befördert, erst bei Temperaturen ab 19 Grad Celsius ihren Dienst zu tun. Liegt die Nesttemperatur im Frühling noch unter dieser Schwelle, gleitet das Ei an der Samenpumpe vorbei, ohne befruchtet zu werden, und es entwickelt sich daraus ein Männchen (siehe Kapitel »Frauenpower!«).

So lässt sich auch das oftmals zu beobachtende Phänomen erklären, dass aus gut besonnten Ameisennestern meist nur Jungköniginnen schwärmen, während sich in den Nestern, die mehr im Schatten liegen, oft nur Männchen entwickeln.

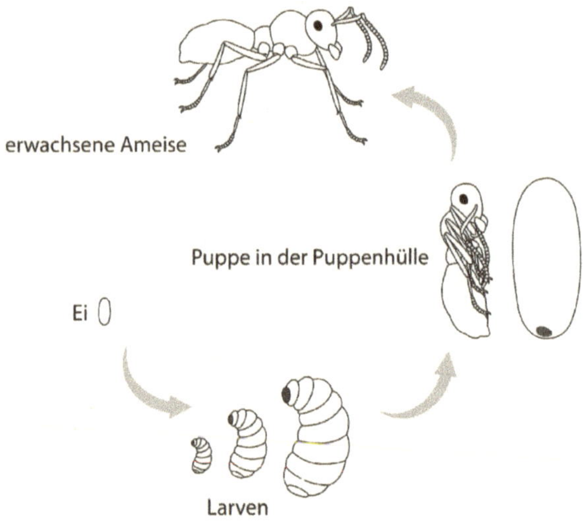

***Abb. 10:** Entwicklung einer Ameise vom Ei über mehrere Larvenstadien und einer Puppe zum erwachsenen Tier.*

Zur Eiablage streckt sich die Königin und hebt ihren Hinterleib etwas an. Eine Arbeiterin betastet ihn mit ihren Fühlern, nimmt das austretende, nicht einmal einen Millimeter große Ei mit den Mandibeln ab, beleckt es und trägt es zum Eilager. Hier herrschen optimale Bedingungen für die Entwicklung des Eis in Bezug auf Temperatur und Feuchtigkeit: 21 bis 25 Grad Celsius und hohe Luftfeuchtigkeit. Brutpflegerinnen belecken und speicheln die Eier hier wiederholt ein. Auf diese Weise halten sie sie sauber und verhindern, dass sie austrocknen. Ändern sich die klimatischen Bedingungen im Nest, was aufgrund von Wetterwechsel und Niederschlägen häufiger passiert, dann werden die Eier innerhalb des Nestes auch umgelagert.

Im Ei entwickelt sich die Larve, die schließlich die Eihülle sprengt und schlüpft. Ameisenlarven sind madenförmig, sie sind sehr weich und haben weder Beine noch Augen. Zudem zeigen sie eine anatomische Besonderheit: Ihr Darm endet blind, d.h., er hat keine Verbindung zum After. Die Larven können somit unverdauliche Nahrungsbestandteile nicht aus dem Körper ausscheiden. Der Kot wird vielmehr in einem Kotsack gesammelt, der erst bei der Umwandlung zur Puppe abgestoßen wird. Der Kotsack hat hygienische Vorteile: Die Brutkammern, in denen ja sehr viele Larven versorgt werden, werden nicht mit deren Kot verunreinigt. Dadurch wird eine übermäßige Besiedlung mit (schädlichen) Mikroorganismen verhindert. Wie das Ei, so wird auch die Larve feucht gehalten, mit den Mandibeln vorsichtig aufgenommen und an die für sie jeweils optimalen Lagerungsplätze im Nest getragen.

Die Aufzucht der Geschlechtstierlarven übernehmen Arbeiterinnen, die speziell für diesen Zweck im Herbst reichlich gefüttert worden sind und so im Fettkörper ihres Hinterleibs ein Reservestoffdepot anlegen konnten. Dieses Depot ist absolut notwendig, denn zu einer solch frühen Zeit im Jahr ist meist noch keine Nahrung außerhalb des Nestes verfügbar.

Wie effektiv diese Methode der Vorratsspeicherung für das Heranziehen von Geschlechtstieren ist, kann man bei der Kahlrückigen Waldameise in Finnland beobachten. Hier schwärmen die Geschlechtstiere unmittelbar nach dem Abschmelzen des Schnees. Die gesamte Jugendentwicklung verläuft also unter einer geschlossenen Schneedecke, ohne dass Futter von außen in das Volk eingetragen werden kann. Die Larvenpflegerinnen füttern ihre Schützlinge vielmehr mit einem hochwertigen Futtersaft, der sogenannten Ameisenmilch, aus speziell dafür vorgesehenen Drüsen. Die Nährstoffreserven für die Saftproduktion haben sie sich im vorangegangenen Herbst angefressen und den Winter über aufbewahrt. Auch die Königin erhält solche nährstoffreichen Sekrete.

Durch das Kraftfutter gut »gemästet«, wächst und gedeiht die Larve, was dazu führt, dass sie sich gelegentlich häuten muss, weil sie nicht mehr in ihr altes »Kleid« passt. Bei Ameisen kommen artabhängig drei bis sechs Larvenstadien vor, vier sind wohl die Regel. Bei einigen Ameisenspezies gibt es ein interessantes Phänomen: In bestimmten zeitlichen Abständen sondern die Larven über den Mund ein wenig klare Flüssigkeit ab. Die Brutpflegerinnen sind ganz begierig danach und lecken sie sofort auf. Bei der Pharaoameise, die im 19. Jahrhundert aus Asien nach Europa eingeschleppt worden ist, dient diese Flüssigkeit sogar als Königinnennahrung. Hier füttert der »Säugling« also seine Mutter ...

Mit der letzten Häutung entsteht aus der Larve die Puppe. Im Puppenstadium findet die Umwandlung von der Larven- in die Erwachsenengestalt des Tieres, die Metamorphose, statt. Ameisen durchlaufen eine vollständige Metamorphose, d.h., in der Puppe strukturiert sich das Tier völlig um. Von außen betrachtet ist diese Phase ein Ruhestadium, die Puppe ist bewegungslos und nimmt keine Nahrung mehr auf. Im Inneren der Puppenhülle jedoch läuft der Stoffwechsel auf Hochtouren: Kein Stein bleibt auf dem anderen. Im Grunde verdaut die Larve sich selbst und baut ihre Organe vollständig neu auf. Es bilden sich die Gliedmaßen, die Augen, die Fühler und bei den Geschlechtstieren auch die Flügel.

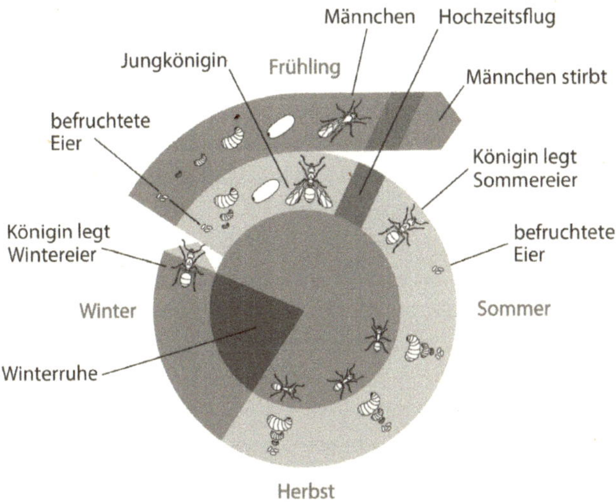

Abb. 11: *Der Lebenszyklus bei Waldameisen. Nach der Winterruhe legt die Königin Wintereier, aus denen die Geschlechtstiere schlüpfen. Nach dem Hochzeitsflug sterben die Männchen; die begatteten Jungköniginnen gründen ein eigenes oder kommen in einem schon bestehenden Nest unter. Jetzt legt die Königin nur noch befruchtete Sommereier, aus denen die Arbeiterinnen schlüpfen. Spätestens im November fallen alle Nestbewohnerinnen in Winterstarre.*

Alle Jugendstadien der Ameisen werden von Brutpflegerinnen bewacht und bei Gefahr in Sicherheit gebracht. Die

Brutpflegerinnen sorgen auch dafür, dass sich die Larven und Puppen immer an einem Lagerplatz befinden, der den individuellen Temperatur- und Feuchtigkeitsansprüchen der verschiedenen Entwicklungsstufen entspricht, wobei die Eier am kühlsten gelagert werden und die Puppen am wärmsten. Die Puppenbetreuerinnen unterstützen die »fertigen« Ameisen schließlich auch beim Schlupf aus dem Kokon. Die leeren Puppenhüllen schaffen sie gemeinsam mit anderen Abfällen auf einen Haufen außerhalb des Nestes.

Die Ameisen, die quasi zum zweiten Mal das Licht der Welt erblickt haben (im Inneren des Nestes ist es allerdings stockdunkel), einmal nach dem Schlupf aus dem Ei und jetzt nach dem Schlupf aus der Puppenhülle, sind nun erwachsen. Zwar kommt es im Laufe ihres Erwachsenenalters noch zu Veränderungen des Körpers und auch des Verhaltens, aber das Tier kann sich nun nicht mehr häuten und damit nicht mehr größer werden. Eine kleinere Larve wird so zu einer kleinen Ameise, die zeitlebens klein bleibt.

Die Entwicklungsdauer vom Ei bis zum voll entwickelten Insekt schwankt von Art zu Art und ist vor allem von Umweltfaktoren abhängig. In den gleichbleibend warmen Nestkuppeln der Waldameisen dauert die Entwicklung von Geschlechtstieren nur vier bis sechs Wochen. Zahlreiche andere heimische Spezies, deren Nester beispielsweise keine Hügel mit Wärmespeicherfunktion besitzen, benötigen für die Aufzucht von Geschlechtstieren länger. Häufig überwintern dann die Larven und verwandeln sich erst im folgenden Jahr zu erwachsenen Tieren. Nach dem Schlupf bleiben die Geschlechtstiere noch ein paar Tage im heimischen Nest und starten dann, bei günstigen Wetterbedingungen, zum sogenannten Hochzeitsflug (siehe unten).

Erhaltung des Volkswohls

Mit dem Beginn der Vegetationszeit beginnen auch die Außendienstarbeiterinnen mit ihren Ausflügen in die Umgebung. Waldameisen sind dabei hauptsächlich tagsüber unterwegs, andere Spezies, etwa die Braunschwarze Rossameise oder die Glänzendschwarze Holzameise sind tag- und nachtaktiv. Die wichtigste Aufgabe der Mitarbeiterinnen im Außendienst ist die Futterbeschaffung.

Die Futtervorlieben können je nach Art der Ameisen sehr speziell oder auch höchst undifferenziert mit sämtlichen Abstufungen dazwischen sein. Blattschneiderameisen sind beispielsweise ausgesprochene Nahrungsspezialistinnen, während Waldameisen Gemischtköstlerinnen sind. Sie ernähren sich vorwiegend von Honigtau, daneben von erbeuteten Gliederfüßern (Insekten, auch Ameisen (!), Spinnen) und nur zu einem geringen Teil von Baumsäften, Aas, Pilzen und Elaiosomen, den fettreichen Anhängseln mancher Pflanzensamen (siehe Kapitel »Traumjob Ameisenhegerin). Der Futtereintrag an Honigtau liegt bei der Roten Waldameise übers Jahr gesehen bei ungefähr 60 Prozent, bei der Kahlrückigen Waldameise bei 80 Prozent und bei der Schwachbeborsteten Gebirgswaldameise in Finnland sogar zwischen 78 und 92 Prozent. Waldameisen sind in ihrer Ernährung folglich auf Honigtau angewiesen. Daher ist es ganz wesentlich für sie, fortwährend Zugang zu Blattlauskolonien zu haben. Die Zusammensetzung des bevorzugten Futters ändert sich jedoch im Jahresverlauf. Besonders zu Beginn der Vegetationsperiode sind Waldameisen vorwiegend räuberisch. Mit den erbeuteten Tieren decken sie den anfänglich hohen Proteinbedarf ihrer Kolonien. Später im Jahr spielt dann die Beziehung zu Blatt-, Wurzel- oder Baumläusen eine immer größere Rolle bei der Nahrungsbeschaffung. Durch die Beobachtung der Starkbeborsteten Gebirgswaldameise in Irland stellte man z.B. fest, dass die heimkehrenden Futtersammlerinnen von März bis April zu 60 Prozent mit Insekten »beladen« waren und zwischen Mai und September zu 80 Prozent mit Honigtau.

Sobald sich Puppen im Nest befinden, bringen die Sammlerinnen auch bevorzugt Harzstückchen von ihren Streifzügen mit. Dieses Harz wird zum überwiegenden Teil in die Brutkammern gebracht. Da Harz effektiv gegen Bakterien und Pilze wirkt, dient es den Ameisen als wirksame Prophylaxe der Brut gegen Krankheitserreger.

Der Sommer dient vor allem der Aufzucht von Arbeiterinnen. Die Brutpflegerinnen füttern die aus den Sommereiern geschlüpften Larven nur noch aus dem Kropf. Diese Larven erhalten also kein spezielles Kraftfutter mehr. Darum entwickeln sich aus den befruchteten Eiern auch lediglich Arbeiterinnen. Die frisch geschlüpften Arbeiterinnen lassen sich zunächst ein paar Tage päppeln und übernehmen noch keine Aufgaben im Nest. Danach sind sie primär im Innendienst mit der Brutpflege, der Versorgung der Königin, der Zerkleinerung und Weitergabe von Nahrung und dem Bewachen der Eingänge beschäftigt. Ältere Arbeiterinnen gehen in den Außendienst, melken Blattläuse und tragen Beute und Nistmaterial zum Nesthügel. Dabei entfernen sie sich relativ weit, oft einige hundert Meter vom Nest.

Im Spätsommer beginnt ein Volk mit dem Ausbau des unterirdischen Nestteils für die Überwinterung. Durch emsige Grabtätigkeit werden die Überwinterungskammern hergerichtet. Das lässt sich gut am frischen Erdauswurf am Rand der Ameisenhügel erkennen. Zudem wird nun verstärkt Nahrung eingetragen, die vor allem an relativ frisch geschlüpfte Arbeiterinnen verteilt wird. Diese lagern den Nahrungsüberschuss als Reservestoffe im Fettkörper ein. Diese Jungarbeiterinnen sind es, die im kommenden Frühjahr für die Versorgung der Brut mit Nahrung verantwortlich sind. Die ältere Generation muss den Winter ohne große Fettreserven überstehen.

Die Aktivitätsphase des Ameisennestes endet meistens im Oktober, mit Ausnahme der Uralameise, die auch bei Temperaturen von vier Grad Celsius noch aktiv sein kann. Spätestens im November ziehen sich alle Nestbewohnerinnen in die tiefer gelegenen Kammern zurück, nachdem sie die Eingänge fest verschlossen haben. Waldameisen überwintern ohne Brut und ohne Geschlechtstiere, da die Königin bereits im Spätsommer (September) die Eierproduktion einstellt und sich alle Entwicklungsstadien bis zum Winter zu Arbeiterinnen entwickelt haben. Viele andere heimische Ameisenarten überwintern allerdings mit Larven. Bei vier Grad Celsius beginnt die Winterruhe. Die Ameisen liegen dann, in kleinen Gruppen eng aneinander gekuschelt, in den Überwinterungskammern und erscheinen erst wieder mit den ersten Sonnenstrahlen im folgenden Frühjahr.

Während die hügelbauenden Waldameisen oft mehrere Jahre an einem Neststandort bleiben, wechselt die Blutrote Raubameise je nach Saison ihren Standort, sie baut ein Winternest und ein Sommernest. Das Volk zieht also jedes Frühjahr und jeden Herbst um, entweder in das alte Domizil oder es sucht sich ein ganz neues Zuhause. Das Sommernest legt die Blutrote Raubameise an sonnigen Stellen an, während ihr Winternest im Schatten liegt.

Bei Waldameisen überwintern viele Arbeiterinnen mehr als einmal, sie werden etwa zwei bis drei Jahre alt. Königinnen dagegen übertreffen bezüglich der Lebensdauer die Arbeiterinnenklasse bei Weitem, sie werden bis 20 oder sogar 25 Jahre alt und gehören damit zu den langlebigsten Insekten, die wir kennen.

Schwarmflug – hinaus in die weite Welt

Ein besonderes Ereignis in jedem Ameisenjahr ist der Schwarmflug der Geschlechtstiere, von dem wir oben schon etwas gehört haben. Bereits etwa fünf Wochen nach der Eiablage können die geflügelten Geschlechtstiere auf der Nestoberfläche erscheinen, bei der Kahlrückigen Waldameise ist dies meist Mitte Mai, teilweise auch schon im April der Fall, bei der Roten Waldameise durchschnittlich 20 Tage später. Das große Ereignis des Schwarmflugs kündigt sich schon Tage, bevor das eigentliche Geschehen stattfindet, an: Die ganze Kolonie spielt verrückt. Das gesamte Volk hat genau auf diesen Moment hingearbeitet. Und der Paarungsflug muss präzise abgestimmt und unbedingt zum richtigen Zeitpunkt stattfinden, sonst verfehlen sich unter Umständen die Geschlechtspartner und die ganze Anstrengung der Kolonie wäre vergeblich gewesen. Der Zeitpunkt des Hochzeitsflugs ist dabei spezifisch für jede Ameisenart. Er hängt von der Jahreszeit, von der Witterung und von der Tageszeit ab. Am besten sind schwülwarme Tage mit wenig Wind in den Mittags- bis Abendstunden. Herrschen die richtigen Bedingungen, strömen Tausende geflügelter Geschlechtstiere unter der Mithilfe von Scharen hektischer Arbeiterinnen aus den Nestern und fliegen los, die Männchen in der Regel etwas früher als die Weibchen. Der Abflug erfolgt zeitgleich bei allen Kolonien einer Art in der Umgebung. So mischen sich die Geschlechtstiere vieler Kolonien und es wird Inzucht vermieden. Aber wie das so ist mit der Leidenschaft: Bei der Kahlrückigen Waldameise kommt es, wenn Männchen und Königinnen zugleich herangezogen wurden, bereits auf der Nestkuppel zum Äußersten und die Kopulation findet nicht erst nach Erreichen eines Paarungsplatzes statt.

Mit dem Abheben in die Luft beginnt ein Lotteriespiel. Viele Tiere werden es gar nicht erst bis zum anvisierten

Paarungsplatz schaffen. Stattdessen landen sie in den Mägen von Vögeln oder von anderen Räubern, fallen ins Wasser und ertrinken oder verfliegen sich und sterben.

Die, die es schaffen, sammeln sich an markanten Geländepunkten wie Waldlichtungen, Steilhängen, Hügelkuppen, auffälligen Baumkronen oder hohen Gebäuden. Meistens kommen die Männchen zuerst an und erwarten die Prinzessinnen, die ihnen mithilfe von Duftstoffen ihre Bereitschaft zur Paarung signalisieren. Vor allem bei Ameisenarten mit kleinen Männchen findet die Begattung im Flug statt, die Weibchen fliegen dann in die über dem Platz kreisenden Schwärme von Männchen hinein. In der Luft formen vor allem große Schwärme der Schwarzen Wegameise immer wieder Säulen, die wie eine Rauchwolke aussehen können und schon manchen Alarm bei der Feuerwehr ausgelöst haben. Die Begattung kann aber auch wie z.B. bei den Waldameisen auf einer festen Unterlage, beispielsweise auf Pflanzen oder am Boden, erfolgen. Das Geschehen auf solchen Paarungsplätzen ist spektakulär: Die Luft ist pheromongeschwängert, und ein Meer Abertausender Insektenleiber wabert in- und übereinander, um eine Partnerin bzw. einen Partner zu ergattern. Ein Männchen kann durchaus mehrere Partnerinnen begatten, verbraucht dabei aber recht schnell seinen Spermienvorrat. Weibchen aus polygynen Kolonien kopulieren meist nur mit einem Partner. Prinzessinnen hingegen, die aus monogynen Kolonien mit einer großen Volksstärke stammen, lassen sich immer mit mehreren Männchen ein. Das ist notwendig, damit sie einen möglichst großen Vorrat an Sperma sammeln können, der für das ganze Leben als eierlegende Königin reichen muss. Die Jungkönigin speichert die übertragenen Spermien in ihrer Spermathek, einer Art Samenbank, in der die Spermien jahrelang ohne Funktionsverlust aufbewahrt werden können.

Die große Herausforderung: ein eigenes Volk

Wenn nach einiger Zeit die Erschöpfung einsetzt, verlassen die Tiere langsam den Ort der wilden Paarungsorgie. Die Männchen haben mit ihrer Samenspende ihr Soll erfüllt. Auf sie wartet der Tod. Für die Jungköniginnen hingegen beginnt nun der Ernst des Lebens: Sie brauchen ein Volk, müssen es also irgendwie schaffen, eine Kolonie zu gründen. Manche fliegen noch ein Stück, andere bleiben in der Nähe ihres Heimatnestes. Wieder am Boden brechen sie ihre Flügel an einer Sollbruchstelle an den Flügelwurzeln ab. Sie brauchen sie ab jetzt nicht mehr, ja, sie wären nur hinderlich in dieser kritischsten Phase ihres Leben. Sie suchen nach einem geeigneten Neststandort.

Jungköniginnen aus polygynen Kolonien haben es da am einfachsten. Die meisten gehen in ihr eigenes Nest zurück, manche werden in einem Nachbarnest aufgenommen. Häufig werden sie von Artgenossinnen aus fremden Völkern, die auf der Nahrungssuche sind, »aufgelesen«. Die Arbeiterin untersucht die junge Königin zunächst mit ihren Fühlern. Wenn sie mit dem Untersuchungsergebnis zufrieden ist, trägt sie die neue Königin in das Nest, wo diese sozusagen adoptiert wird. Von nun an wird sie von den Arbeiterinnen gehegt und gepflegt und unterstützt die anderen Königinnen bei der Eiproduktion. Starke Völker spalten sich manchmal auch auf und bilden ein Zweignest in einiger Entfernung vom Mutternest. In dieses neue Nest ziehen eine oder mehrere Königinnen und ein Teil der Arbeiterinnen ein. Sie bleiben in Verbindung mit dem Mutternest und können ihrerseits wieder Spaltnester begründen. Diese Strategie ermöglicht es, einen Lebensraum nach und nach mithilfe eines dichten Netzes polydomer Kolonien (d.h., mehrere Nester gehören zu einer Kolonie) zu besetzen. Keine wichtige mitteleuropäische Art verfolgt diese Strategie ausschließlich, alle heimischen Waldameisen tun das aber zumindest gelegentlich.

Manche Arten wie die Kahlrückige Waldameise gründen sogar fast alle ihre Nester über eine Zweignestbildung.

Jungköniginnen der hügelbauenden Waldameisen sind – im Gegensatz zu den meisten europäischen Ameisenarten – nicht in der Lage allein und nur auf sich gestellt ein Nest zu gründen. Sie machen sich erst gar nicht die Mühe, die erste Generation ihrer Nachkommen selber großzuziehen, sondern nutzen die Hilfe sogenannter Hilfs- oder Sklavenameisen. Dieses Verhalten wird als temporärer Sozialparasitismus bezeichnet. Für die Nachkommen monogyner Nester – die man häufiger bei der Roten sowie bei der Wiesen-Waldameise findet – ist dieses Verhalten sogar das Mittel der Wahl, um zu einem eigenen Volk zu kommen. Die begattete Jungkönigin sucht dabei nach dem Paarungsflug nach Nestern einer geeigneten Wirtsart, die meist nahe verwandt mit ihr ist. In der Regel handelt es sich um eine Art aus der Untergattung *Serviformica* (wörtlich also in etwa »Waldameisendienerin«). Die Rote Waldameise nutzt hauptsächlich die Grauschwarze Sklavenameise (*Formica fusca*) für die Koloniegründung, die Rotrückige Sklavenameise (*Formica cunicularia*) wiederum ist ein beliebter Wirt für verschiedene Sozialparasiten. Ist die Königin fündig geworden, versucht sie in das Nest einzudringen. Gelingt ihr das, wird die Wirtskönigin beseitigt, entweder durch den ungebetenen Gast selbst oder häufig sogar durch die Arbeiterinnen der Hilfsameisen, die die eingedrungene Königin möglicherweise aufgrund spezieller Drüsenabsonderungen attraktiver finden als die eigene. Nun kann die Putschistin mit der Eiablage beginnen und das annektierte Volk zieht ihre Brut auf. Nach und nach sterben die Wirtsarbeiterinnen aus und die Nachkommen der eingedrungenen Königin übernehmen das Ruder. So wird aus einer gemischten Kolonie ein eigenständig existierendes Volk, das nur noch aus Töchtern der eingedrungenen Königin besteht. Diese Kolonie ist nun ohne fremde Hilfe lebensfähig. Im Laufe der Zeit erfolgt dann auch der Umbau des Nestes in die arttypische Form. Temporär sozialparasitische Ameisen sind also nur in der Koloniegründungszeit auf die Hilfe anderer Ameisen angewiesen.

Sozialparasiten können unter Umständen aber auch selbst parasitiert werden. So wird die selbstständig gründende Schwarze Wegameise von der Gelben Schattenameise befallen, bei der wiederum die Glänzendschwarze Holzameise gerne eindringt und das Nest übernimmt.

Die Läusehirtin

Waldameisen decken einen Großteil ihres Nahrungsbedarfs über Honigtau. Den holen sie sich einfach bei sogenannten Honigtauerzeugerinnen wie Blatt-, Rinden-, Schild- oder Wurzelläusen ab. Solche Läuse ernähren sich von Pflanzensäften und stechen dafür mit ihrem Rüssel die Siebröhren der Pflanzen an, auf denen sie sitzen. Die in diesen Leitungsbahnen der Pflanze zirkulierende Flüssigkeit gelangt daraufhin unter Druck in den Nahrungskanal der Tiere. Der Pflanzensaft besteht überwiegend aus verschiedenen Zuckern. Andere wichtige Nährstoffe wie Aminosäuren sind dagegen nur in geringer Konzentration enthalten. Daher müssen die Läuse große Mengen an Flüssigkeit aufnehmen, um ihren Bedarf an den unterschiedlichen Nährstoffen zu decken, wobei sie gleichzeitig mehr Zucker aufnehmen als sie benötigen. Dieser muss wieder raus aus der Laus. Der Pflanzensaft passiert also im Schnelldurchlauf das Verdauungssystem der Läuse und wird in Form von flüssigem, stark zuckerhaltigem Kot, eben dem Honigtau, wieder ausgeschieden – ein buchstäblich gefundenes Fressen für die naschsüchtigen Krabbler.

Weil Honigtau vor allem als Energielieferant für viele Ameisenarten, etwa auch die Waldameisen, unverzichtbar ist, hat sich im Laufe der Evolution des Öfteren eine enge

Verbindung, eine Symbiose, zwischen Ameisen und Läusen entwickelt. Die Ameisen betätigen sich erfolgreich als Viehhüterinnen und halten die Honigtauerzeugerinnen in kleinen Herden auf verschiedenen krautigen Pflanzen, Sträuchern und Bäumen. Dabei kommunizieren sie mit ihren Nutztieren, indem sie deren Hinterleib betasten und betrillern. Wird eine Laus auf diese Weise ermuntert, reagiert sie mit der Absonderung der süßen Kost. So melken die Ameisen ihr Vieh regelrecht, um an den Leckerbissen zu gelangen. Im Gegenzug verteidigen sie ihre Schützlinge vor Parasiten und Fressfeinden wie Marienkäfer- oder Schwebfliegenlarven, Wanzen und Florfliegen und transportieren ihre Nutztierherde zu neuen Weidegründen. Und auch die Pflanzensauger senden Nachrichten an ihre Pflegerinnen. Mit einem speziellen Zucker im Honigtau kann eine Blattlaus signalisieren: »Bitte unbedingt schnell mal den Hintern abwischen, damit ich hier nicht anklebe!« Denn ohne diesen Putzdienst würde der Honigtau schnell überhandnehmen und bei vielen Blattlausarten die rückwärtige Leibesöffnung verkleben oder sie sogar bewegungsunfähig machen. In einer dicht sitzenden Lausherde könnte das durchaus zu Erstickungsfällen führen.

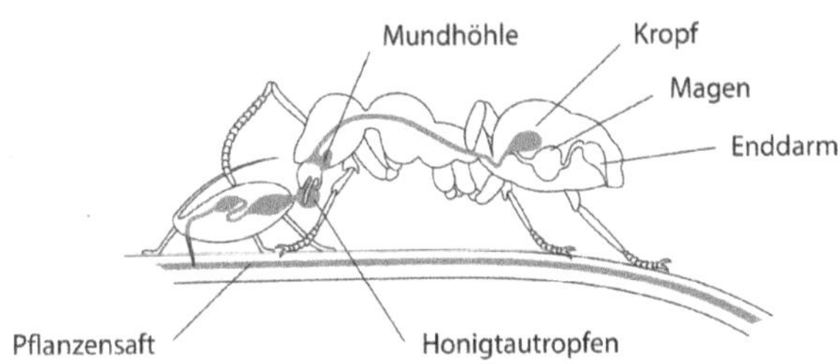

***Abb. 12:** Eine Ameise melkt eine Laus (Längsschnitt). Die Laus zapft die Leitungsbahn eines Blattes an und saugt Pflanzensaft. Einen Großteil davon scheidet sie als Honigtautropfen wieder aus. Die Läusehirtin leckt den Honigtau auf und speichert ihn in ihrem Kropf.*

Die Ameisen haben außerdem noch einen weiteren Vorteil durch die Läuseherden, die sie halten: Die Läuse vermehren sich in der Obhut von Ameisen schneller. Wenn die Herde zu groß wird, dann kann es durchaus sein, dass die ein oder andere Laus nicht nur den Honigtau, sondern auch gleich das Leben los wird und auf dem Speiseteller der Ameisen landet.

Ameisen können für viele Menschen lästig sein. Manche stört es, wenn sie ihre Straße über Terrasse oder Balkon führen und, zugegeben, nicht sehr erfreulich ist es, wenn eine Kolonie den Zucker im Küchenschrank der Ferienwohnung als unerschöpfliche Nahrungsquelle entdeckt hat. Aber wussten Sie, dass auch die Ameisen mit ungebetenen Eindringlingen zu tun haben, die es sich in ihrem Zuhause gemütlich machen? Von diesen sonderbaren und manchmal sehr kreativen Typen soll in diesem Kapitel die Rede sein.

Von Asseln und Ameisen

Ich erinnere mich an ein großes Ameisennest an der A10, das Mathias und ich umsiedeln wollten. Wir kamen kurz vor Sonnenaufgang am Nest an, bereiteten alles vor, und ich begann die oberste Neststreu abzunehmen. Aber was war das? In meinen Händen hielt ich zwar das übliche Material aus Stöckchen und Nadeln, aber darin krabbelten nur sehr, sehr wenige Ameisen. Auch Mathias hatte das bemerkt: »Sieht ja nicht so lebendig aus«, stellte er fest. Ich griff mir noch ein paar Handvoll Neststreu, konnte aber auch darin nicht mehr Ameisen entdecken und war besorgt. Das Nestmaterial war nicht nur ohne Ameisen, es wirkte auch völlig verpilzt. Wir gruben noch etwas weiter und dann wurde es ein bisschen gruselig: Aus mehreren Abschnitten des Nestes kamen plötzlich unzählige graue Asseln gekrabbelt. Die Sache war klar. »Wir brauchen gar nicht weiter zu machen, das hat keinen Sinn«, sagte ich zu Mathias. »Dieses Nest ist verlassen oder fast schon abgestorben. Lass uns mal in der Nähe suchen, ob wir ein neues Nest finden. Die sind vielleicht umgezogen.«

Mathias buddelte noch ein bisschen weiter, musste mir dann aber zustimmen: »Ja, du hast Recht, es sind ja kaum Ameisen da und hier ist auch alles voller Asseln.« Wir schütteten den bereits gefüllten Sack wieder auf das Nest und packten alles ein. Wir wussten: Ein Nest, in dem wir nur vereinzelt Ameisen sehen und in dem es vor Asseln nur so wimmelt, ist nicht mehr vital.

Wir dachten zumindest, das zu wissen, bis wir auf ein ganz außergewöhnliches Volk trafen. Besonders war schon die Lage dieses Nestes. Es lag an einer Autobahn, an der ein befreundeter Fachkollege die Kartierung vorgenommen hatte. Er hatte also die Lage der Ameisennester erfasst und die geografischen Lagedaten, wie wir sie auch von den Navis unserer Autos kennen, in eine digitale Karte übertragen. Timothy hatte wirklich keines übersehen. Er ist ein enthusiastischer Ameisenumsiedler, sehr kundig und unglaublich genau in seiner Arbeit. Er hatte so sorgfältig gesucht, dass ich einige der von ihm gefundenen Nester kaum selbst fand. Einige Tage zuvor war ich 45 Minuten herumgestolpert, bis ich das von ihm markierte Nest endlich entdeckt hatte. Man muss dazu wissen: Die Daten, die wir mittels Satellit auf unsere Geräte bekommen, sind auf etwa 20 Meter ungenau. Ein Nest kann also auf einer Fläche von etwa 1.200 Quadratmetern um den markierten Punkt herum liegen. Ist das Nest klein und das Gelände unübersichtlich, dann kann es schon einmal länger dauern, bis man ein Nest wiederfindet. Normalerweise schlagen wir darum immer markierte Holzpflöcke in der Nähe eines Nestes in den Boden. So erkennt man die Standorte dann auch aus der Ferne.

Der Koordinatenpunkt des Nestes, das ich nun suchte, lag am Rand eines sehr dichten Gebüsches aus Rosen, Weißdorn und anderen stachligen Sträuchern am Fuße der Autobahnböschung. »In dem Gebüsch ist das Nest ganz sicher nicht, da ist es viel zu dunkel«, dachte ich und suchte das Gelände vor dem Gehölz ab, sah aber einfach kein Nest. Ich war ratlos. Wo konnte dieses Nest nur sein? Es musste eines geben, denn ich sah schöne, große Waldameisen im Gras rumkrabbeln. Die mussten ja irgendwo wohnen! Es war zum Mäusemelken: Ich würde den Ameisen folgen müssen, die gerade vom Futterbaum kamen. Gedacht, getan und schon war die Überraschung groß: Entgegen meiner Vermutung marschierten die Tiere mitten in das dunkle Gehölz hinein. Es half nichts, ich musste mich hinterherquälen. Und tatsächlich! Dort im Dunkeln, geschützt von Hunderten Dornen, lag ein großer, wunderschön symmetrisch geformter Nesthügel, auf dem es von fleißigen Arbeiterinnen nur so wimmelte. Ich lachte und fragte mich: »Wie hat Tim dieses Nest nur gefunden?« Ein paar Tage später während eines Telefonates klärte er mich auf: Er habe keinen auf Ameisensuche abgerichteten Hund, wie ich Spaßes halber vermutet hatte, sondern sei einfach ein paar Ameisen hinterhergelaufen, die er im Gras entdeckt hatte. – »Aha«, dachte ich, »so macht er das also …«

So versteckt wie das Nest war, so schwierig war es auch, es zu bergen. Es lag ja an der Autobahnböschung. Auf der einen Seite war also die Autobahn und auf der anderen Seite ein breiter, tiefer Graben am Fuße der Böschung, der voll Wasser stand, weil es in den Tagen zuvor stark geregnet hatte. Am einfachsten wäre es gewesen, vom Standstreifen der Autobahn aus zu arbeiten. Aber das zu organisieren ist für uns praktisch unmöglich. Wir können ja nicht eben einmal rechts ranfahren, die Warnblinkanlage anstellen und loslegen. Wir müssen vielmehr eine verkehrsrechtliche Anordnung beantragen und den Einsatz ganz präzise und minutiös mit der Autobahnmeisterei abstimmen. Außerdem muss die Baustelle, denn als solche wird eine Ameisenumsiedlung auf dem Standstreifen behandelt, fachgerecht gesichert werden, was durchaus bedeuten kann, dass die Autobahn um eine Spur für uns eingeengt wird. Damit müssen wir eine Firma beauftragen, die Verkehrssicherungsmaßnahmen auf der Autobahn durchführen darf. Diese Firmen haben genau wie die Autobahnmeistereien einen straffen und gut organisierten Zeitplan. Und straffe Zeitpläne sind der Ameisenumsiedlerin natürlich eher fremd. Ich kann vorher nicht sicher sagen, ob wir ein Nest in zwei, acht oder zehn Stunden eingepackt haben werden. Und wenn ein ganzer Abschnitt geräumt werden soll, dann können aus zwei geplanten Tagen auch mal vier werden, selbst dann, wenn es keinen Wetterumschwung gibt und wir plötzlich buchstäblich im Regen stehen.

Die Standspur war hier also keine Option. Wir mussten irgendwie über den Graben und von da zum Auto. Alles, was wir aber zum Brückenbau hatten, waren ein paar zwei Meter lange Bohlen, die wir für den Fall der Fälle stets auf dem Hänger liegen haben. Sie passten nicht wirklich. Zwar konnten wir den Graben überbrücken, aber die Brücke selbst lag etwas unter Wasser. Wir würden mit den Säcken in der Hand über einen wackligen Steg durchs Wasser waten müssen. Lena, die an diesem Tag meine Helferin war, ist gertenschlank und sie schaffte es ganz gut rüber zum Ameisennest, ohne dass sich die Balken bogen. Das Wasser reichte nur bis zur Hälfte ihrer Gummistiefel. Bei mir gaben die Bretter deutlich stärker nach und das Wasser kam bis in die Stiefel. Toll! Da blieb mir nur, augenzwinkernd die Chefin raushängen zu lassen: »Tja Lena, dann wirst du wohl nachher die schweren Säcke alle allein über die Bohlen tragen müssen.«

Jetzt waren wir aber beim Nest und konnten mit der Entnahme beginnen. Ich nahm die Neststreu auf und begann, diese in die Säcke zu packen. »Abgesehen von der ungemütlichen Lage und vom abenteuerlichen Hinweg eigentlich ein ganz gewöhnliches Nest«, dachte ich. Als ich beim dritten Sack aber etwas genauer hinsah, war ich verdutzt: Warum waren da so viele Ameisen und gleichzeitig so viele Asseln? Das Nest wirkte vital, war voller Leben und sehr gut in »Schuss«. Aber was machten dann die ganzen Asseln hier? Als die Neststreu langsam in den Sandboden überging, stieß ich auf den ersten Seitengang mit Brutkammer. »Lena, schau mal, so viele Puppen!« Aber was war hier los? Viele der Puppen bewegten sich und fingen an, wegzukrabbeln. Ich schaute wieder genauer hin und entdeckte, dass neben den eigentlichen Puppen nochmal genauso viele kleine weiße Asseln in der Brutkammer herumwuselten. Eine wahre Asselinvasion!

Ich bin ja von meiner Ausbildung her Botanikerin und kenne mich abgesehen von Ameisen mit Gliederfüßern nicht wirklich sehr gut aus. Entsprechend verwirrt war ich: Wachsen Asseln eigentlich? Gibt es also Asselkinder, die langsam größer werden? Sind diese weißen Asseln ohne Pigmente also vielleicht der Nachwuchs der grauen Asseln, die ich schon so zahlreich in der Neststreu gefunden hatte? Und was machen die in den Brutkammern der Ameisen? Ich war ziemlich ratlos und notierte im Umsiedlungsprotokoll: »Brutkammern voller Asselkinder.« Denn in jeder einzelnen der vielen Brutkammern und Seitengänge, die wir noch freilegten, entdeckten wir unzählige kleine, weiße Asseln. Das konnte ich mir so nicht erklären. Später fanden wir auch in den Nestern der Restbevölkerung jedes Mal Asseln. Scheinbar handelte es sich hier um eine dicke Freundschaft, die auch unsere Umsiedlungsaktivitäten nicht stören konnte.

Am Ansiedlungsort entwickelte sich das »Asselnest« dann ganz prächtig. Bei der Erfolgskontrolle im Frühjahr

2018 staunte ich über den wunderbaren Nesthügel, der sich inmitten von Blaubeerkraut der Sonne entgegenreckte. Mich kribbelte es in den Fingern. Am liebsten hätte ich mal nachgeschaut, ob in dem Nest immer noch so viele Asseln lebten. Schließlich hatten wir die ja alle auch mit umgesetzt. Aber nur aus Wissbegierde ein Nest zu stören, kommt natürlich nicht infrage. Deshalb kann ich Ihnen leider nicht berichten, ob die Freundschaft noch immer fortwährt. Bei der Jahresversammlung der Brandenburgischen Ameisenschutzwarte erzählten wir dann aber den anderen Umsiedlern vom Asselnest. Die meisten bestätigten, dass auch sie schon Asseln in Nestern gefunden hätten, wenn auch nicht in der von mir beschriebenen Anzahl. Ein Umsiedler meinte, dass wenige Asseln im Nest oftmals geduldet würden, weil sie Kot und Abfall im Nest vertilgen. Hatte das Asselnest, das wir umgesiedelt hatten, wegen seiner Lage vielleicht ein Abfallproblem, das die Ameisen mithilfe der Asseln lösten? Ich weiß es nicht und vermutlich wird diese Frage unbeantwortet bleiben müssen.

Mutig zupacken

Eine Vielzahl von Asseln sind in einem Ameisennest die Ausnahme. Es gibt aber zahlreiche Beispiele von Tieren, die entweder friedlich im Ameisennest leben oder sich als Parasiten ins Nest einschleichen. Von den berüchtigten Büschelkäfern in den Nestern der Blutroten Raubameisen habe ich Ihnen ja schon im Kapitel »Von Punks und Blondinen« berichtet. Auch die winzigen gelben Gastameisen, die ich bisher ausschließlich in den Nestern der Strunkameise gefunden habe, sind Ihnen in diesem Kapitel schon begegnet. Die auffälligsten Gäste, die wir in fast jedem Waldameisennest finden, sind die großen weißen Larven der Rosenkäfer, die sich von verrottetem Pflanzenmaterial in den Ameisennestern ernähren. Diese Engerlinge sind lohnende Leckerbissen für Wildscheine. Sie sind unter anderem der Grund dafür, dass Ameisennester so oft zerwühlt werden. Trotzdem siedeln wir die Rosenkäferlarven immer achtsam mit um, wenn wir sie in den Nestern finden.

Aber nicht immer wissen wir, was wir vor uns haben, wenn wir Mitbewohner in einem Ameisennest finden. Einmal haben wir eine Kolonie der Kahlrückigen Waldameise aus dem Vorfeld des Tagebaues Reichwalde geborgen. Es handelte sich um einen prächtigen Nestverband mit 17 großen »Gründonnerstagsnestern«. Wir benötigten mehrere Tage für die Umsiedlung. In jedem Nest war ein Stubben und an jedem dieser Stubben klebten unzählige wunderschön geformte, jedoch ausnahmslos leere Kokons. Mathias meinte, dass es sich um Kokons von Larven des Vierpunktkäfers handeln könnte. Die Larven dieses Käfers bauen sich eine interessant geformte Hülle aus Kot und ernähren sich von der Ameisenbrut. Nach einer Recherche im Internet war aber klar, dass es sich bei unseren Kokons nicht um solche von Vierpunktkäfern handelte. Auch die Fachexperten, an die wir die Fotos schickten, konnten uns nicht weiterhelfen. Wir wissen bis heute nicht, wer es sich da bei den Ameisen gemütlich gemacht hatte.

Einen kleinen Schrecken bekomme ich immer, wenn ich Blindschleichen in Ameisennestern finde. Ich versuche dann, sie schnell zu packen, damit wir auch diese schönen Reptilien aus dem Baufeld in Sicherheit bringen können. Besonders berührt hat mich das erste Waldameisennest, in dem wir eine Blindschleiche fanden. Es lag bei Elsterheide im Norden Sachsens inmitten des Lausitzer Seenlandes. Ich arbeitete dort mit meiner Mitarbeiterin Michaela zusammen. Plötzlich entdeckte ich eine große Blindschleiche zwischen der Neststreu. Kurz war ich perplex, dann schnappte ich mir das geschmeidige Tier. Michaela war zuerst etwas panisch, hielt mir dann aber tapfer den Sack auf, damit ich das Reptil hineinpacken konnte. Es sollte aber noch besser kommen. Als ich weitere Neststreu aufnahm, fand ich vier kleine, eng miteinander verschlungene Blindschleichen inmitten des Ameisennestes. Ich war verwundert: Ich hatte schon fast sieben Jahre lang Ameisennester umgesiedelt, diese Tiere aber bisher in keinem Nest vorgefunden. Der Anblick der kleinen Blindschleichen rührte mich – ein Nest im Nest sozusagen. Wir setzten die Babyblindschleichen und die große Blindschleiche mit um. Vermutlich hatten die Schleichen von der wohligen Wärme im Nest profitiert. Vielleicht ernährten sie sich auch von den Ameisen und deren Puppen und Larven. Dass das Schuppenkleid der Schleichen für die Ameisen und deren Gift undurchdringlich ist, konnten wir uns gut vorstellen. Inzwischen haben wir Blindschleichen in vier anderen Waldameisennestern gefunden und auch andere Umsiedler berichteten davon. Waldameisennester spielen also auch als Lebensstätte für andere Tierarten eine entscheidende Rolle. Ihr Erhalt und Schutz inkludiert damit auch den Erhalt anderer Spezies.

Traumhaus für trickreiche Eindringlinge

Ameisenkolonien wirken von außen wie Festungen, die nur schwer einzunehmen sind. Sie sind oft mächtige ober- und/oder unterirdische Bauten, deren Tore extrem gut bewacht sind. Gelangt man jedoch an der Wache vorbei in das Innere des Nestes und kann sich in irgendeiner Form mit den angestammten Bewohnerinnen arrangieren, hat so ein Ameisennest vielerlei Vorzüge: Es bietet Schutz vor Feinden und harschen Umweltbedingungen, eine gute mikroklimatische

Umgebung sowie Nahrung in Hülle und Fülle, seien es Vorräte, eingetragene Beute, Abfälle oder die Brut der Ameisen – Bedingungen wie im Schlaraffenland. Ein Ameisennest ist also hoch attraktiv, nicht nur für die Ameisenart, die darin wohnt. Da liegt es nahe, dass auch fremde Arten alles daran setzen, den Festungsring zu überwinden und sich Zutritt zu verschaffen. Und tatsächlich haben im Laufe der Evolution unzählige Gliederfüßer – unter anderen Ameisen, Schmetterlinge, Käfer, Springschwänze, Schaben, Fliegen, Asseln, Felsenspringer, Spinnen, Tausendfüßer – ganz unterschiedliche und zum Teil sehr raffinierte Strategien entwickelt, sich eine Eintrittskarte zu beschaffen, um sich mehr oder weniger unbemerkt in ein Ameisennest einzuschleichen. Dass dies offenbar bereits vor über 50 Millionen Jahren gelang, als die Ameisen praktisch noch am Anfang ihrer Karriere standen, zeigt ein Bernsteinfund aus Indien. In dem versteinerten Harz ist ein zu den Kurzflüglern gehörender Käfer konserviert, der bereits viele charakteristische Merkmale seiner heutigen Verwandten zeigt, die allesamt unter Ameisen leben. Es handelt sich um den ältesten bekannten Vertreter parasitischer Insekten. Als die Ameisen ihren Siegeszug über die Erde antraten, befanden die Kurzflügler sich demnach schon fest an ihrer Seite …

Die Bindung einer Spezies an Ameisen bezeichnet man als Myrmekophilie. Manche Arten sind dabei nur harmlose Untermieter und richten im Ameisenvolk keinen Schaden an, andere dagegen nutzen die mehr oder weniger freiwillige Gastfreundschaft der Ameisen rigoros aus, ohne Rücksicht auf Verluste. Die meisten der bekannten myrmekophilen Insekten leben frei in den Territorien der Ameisen. Sie profitieren davon, dass es in der näheren Umgebung eines Ameisennestes kaum Fressfeinde gibt, in einigen Fällen erhalten sie auch direkten Schutz durch ihre Wirtsameisen. Eine Vielzahl an Spezies lebt aber auch innerhalb eines Nestes, nicht selten sogar mehrere nebeneinander. So wurden beispielsweise bei Waldameisen 125 von Ameisen abhängige Gliederfüßerarten gefunden, vier Fünftel davon Käfer. Bei einer Untersuchung von zwölf Nestern der Kahlrückigen Waldameise in Finnland wurden 1.562 Individuen aus 70 Spezies gezählt.

Myrmekophile suchen zwar die Nähe der Ameisen, sind allerdings nicht immer willkommene Gäste. Daher haben sie im Laufe der Zeit allerlei Tricks entwickelt, um sich vor den Angriffen der Ameisen zu schützen: Sie halten sich an weniger belebten Stellen im Nest auf oder fliehen an Orte, die für die Ameisen unzugänglich sind, sie verhalten sich unauffällig, können sich tarnen oder haben besondere Schutzapparate ausgebildet, um den Attacken der Hausbesitzerinnen standzuhalten. Manche Untermieter können sogar mit den Ameisen auf akustische, taktile und vor allem auf chemische Art und Weise kommunizieren. Die chemische Kommunikation erfolgt dabei durch die Ausschüttung nahrhafter, besänftigender oder erregender Sekrete und ist das von den Myrmekophilen bevorzugte Mittel, um das Verhalten der Ameisen zu manipulieren.

Gastameisen und Inquilinen

Einige kleine, nur wenig wehrhafte Ameisen bauen ihre Nester gern im geschützten Nestbereich sehr viel größerer, dominanter Ameisenarten. Die Völker dieser kleinen Ameisen sind meist individuenarm und benötigen wenig Wohnraum. Sie genießen den Schutz des viel größeren Ameisenvolks, werden von diesem aber nur wenig beachtet bzw. toleriert. Die Gastameise nutzt zwar das Nestterritorium der großen Ameise, lebt aber ansonsten relativ unabhängig von ihr. Sie verfügt noch über eine Arbeiterinnenkaste, die Futtersuche, Brutpflege und Nestbau übernehmen kann. Ihre

Nestkammern legt die Gastameise getrennt von denen der Wirtsameise an. Solch ein Leben als Gast wird als Xenobiose bezeichnet. Die einzige Gastameise Mitteleuropas ist die Braunglänzende Gastameise (*Formicoxenus nitidulus*). Sie lebt vorwiegend in den großen Nestkuppeln verschiedener Waldameisen. Ein Völkchen umfasst 20 bis 150 Tiere und findet leicht in kleinen, für die Wirtstiere unzugänglichen Hohlräumen Platz. Ein Wirtsnest kann mehr als 50 dieser Zwergvölker beherbergen. Die Braunglänzende Gastameise trägt ein chemisches Abschreckungsmittel auf ihrer Kutikula, das sie für die Wirtsameisen ungenießbar macht. Sie selber kann aber einen wesentlichen Teil ihrer Ernährung durch direktes Anbetteln einer Wirtsameise bestreiten oder dadurch, dass sie sich in den Futteraustausch zweier Wirtsarbeiterinnen einmischt. Sie klettert dabei, ohne behelligt zu werden, auf den Kopf eines der beiden sich fütternden Tiere und saugt an dem großen Nahrungstropfen, der zwischen den Mundregionen von Spenderin und Empfängerin austritt.

Während Gastameisen ihren Wirten kaum Schaden zufügen, gibt es unter Ameisen aber auch parasitische Spezies, die andere Arten unterwandern und dort lebenslang auf deren Kosten in einer Art Pflegeheim leben. Solche Ameisenarten nennt man Inquilinen. Diese Sozialparasiten haben ihre Arbeiterinnenkaste mehr oder weniger komplett aufgegeben, weil sie sie einfach nicht mehr brauchen. Im Wesentlichen besteht solch ein »Volk« also aus einer Königin, die nur noch Geschlechtstiere produziert, während sie bei der Wirtsart schmarotzt. Sie ist vollständig in das Wirtsvolk integriert, verbringt hier ihr gesamtes Leben und nutzt die gleichen Dienstleistungen wie die eigentliche(n) Königin(nen) des Volks. Eine besondere Form der Inquilinen findet man bei der »Huckepackameise« *Teleutomyrmex schneideri*, die in Mitteleuropa bisher nur im Wallis gefunden wurde. Die fertile Königin lebt angeklammert auf dem

Rücken der Wirtskönigin (Gattung *Tetramorium*) und fügt ihre Eier direkt in die Produktionskette der Wirtskönigin ein, bis zu zwei in der Minute. Offenbar sondert sie aus mehreren Körperdrüsen Sekrete ab, die dafür sorgen, dass sie von den Arbeiterinnen ständig umsorgt wird. Will sie gefüttert werden, rutscht sie nach vorne in die Kopfregion der Wirtskönigin und bekommt dort die Nahrung, die sonst an die eigentliche Herrscherin des Volks verfüttert würde.

Ameisen und Bläulinge – Täuschen und Tarnen

Drei Viertel der weltweit vorkommenden Arten aus der Schmetterlingsfamilie der Bläulinge (Lydinidae) stehen in einer Beziehung zu Ameisen. Das bedeutet: Die Raupen brauchen in irgendeiner Form die Nähe und Unterstützung eines Ameisenvolks. Diese Beziehungen reichen von relativ schwachen Bindungen bis zur völligen Abhängigkeit. Dabei kommen Symbiose und Parasitismus mit allen Zwischenstufen vor. Manchen Bläulingen ist es »egal«, mit welcher Ameisenart sie eine Beziehung eingehen, andere sind auf eine oder wenige Arten spezialisiert. Abhängig davon sind die Anpassungen an das Leben mit Ameisen mehr oder weniger ausgefeilt. Manchmal bewachen die Ameisen die Futterpflanze der Raupe, ein anderes Mal sondern die Raupen süße Sekrete als Nahrung für die Ameisen ab, bisweilen ernähren sich die Raupen von den Larven der Ameisen.

Die Raupen des Storchschnabel-Bläulings und des Silbergrünen Bläulings beispielsweise leben jeweils auf Futterpflanzen, auf die diese Arten spezialisiert sind. Über Lockstoffe aus besonderen Drüsen locken sie Ameisen an. Sobald eine Ameise sie mit ihren Antennen berührt, sondern sie ein süßes Sekret ab, nach dem die Ameisen ganz verrückt sind. Die Bläulingsraupe dient den Ameisen also als Honigtauquelle. Beim Silbergrünen Bläuling winken die

Raupen den Ameisen sogar mit zwei Fortsätzen am Hinterleib zu, um sie anzulocken. Als Gegenleistung verteidigen die Ameisen »ihre« Raupen gegen Feinde und verhindern so, dass parasitische Wespen Eier in die Raupen legen. Das Sekret scheint dabei so attraktiv auf Ameisen zu wirken, dass der Bläuling fast immer eine ganze Leibgarde um sich hat. Als Raupenbewacher fungieren verschiedene Arten aus den Ameisengattungen *Lasius*, *Tetramorium* und *Myrmica*.

Bei den genannten Arten der Ameisenbläulinge frisst die Raupe nur anfangs auf ihrer Futterpflanze. Nach der zweiten oder dritten Häutung, nach denen sie immer noch klein und leicht ist, krabbelt sie auf den Boden und wartet darauf, von einer Arbeiterin bestimmter Knotenameisenarten aus der Gattung *Myrmica* gefunden und adoptiert zu werden. Die Warterei ist riskant. Kommt eine Ameise der falschen Art vorbei, wird die Raupe mit großer Wahrscheinlichkeit von dieser Ameise überwältigt und als Beute ins Nest gebracht. Kommt jedoch die richtige Ameisenart vorbei, kommt es beim Quendel-Ameisenbläuling (manchmal auch Thymian-Ameisenbläuling genannt) sowie beim Hellen Wiesenknopf-Ameisenbläuling zu einem komplizierten Adoptionsritual: Die Raupe sondert aus der »Honigtaudrüse« Sekrettropfen ab, die die erregte Ameise sofort aufnimmt. Dann melkt die Ameise die Raupe noch bis zu vier Stunden weiter. Irgendwann richtet sich die Raupe auf und krümmt sich zu einem S. Dieses Signal scheint typisch für Ameisenlarven zu sein, denn jetzt packt die Ameise die Raupe und trägt sie in das Nest. Die Raupen des Lungenenzian-Ameisenbläulings und des Kreuzenzian-Ameisenbläulings dagegen werden innerhalb kürzester Zeit von der Arbeiterin adoptiert. Dies erreichen die Raupen, indem sie den Nestgeruch der Ameisenlarven imitieren und auf ihrer Kutikula zahlreiche Kohlenwasserstoffe tragen, die typisch für die jeweilige Ameisenart sind. Sie tragen also eine Tarnkappe, die Ameise erkennt sie nicht als Fremde. Je besser diese chemische Tarnung ist, umso schneller erfolgt die Adoption. Im Ameisenbau werden die Raupen von Lungenenzian- bzw. Kreuzenzian-Ameisenbläuling in die Brutkammer gebracht und dort von den Ameisen wie ihre eigene Brut gepflegt. Die Brutpflegerinnen lecken die Schmetterlingsraupen sorgfältig, füttern sie und entfernen den Kot. Diese beiden Arten der Bläulinge gelten darum als die Kuckucke unter den Schmetterlingen. Nur gelegentlich vergreifen sich die Raupen an den Eiern und jungen Larven der Ameisen.

Die Raupen der Quendel- und des Hellen Wiesenknopf-Ameisenbläulings sind da ganz anders drauf. Sie ernähren sich als reine Bruträuber. Sie sind insgesamt weniger integriert im Ameisenvolk und halten sich oft in der Peripherie des Nestes auf. Damit der Betrug möglichst nicht auffliegt, wagen sie sich nur in die Brutkammern, um sich an den Ameisenlarven gütlich zu tun. Mit diesem Verhalten schädigen sie ihre Wirte natürlich erheblich. Man schätzt, dass die Larve eines Wiesenknopf-Ameisenbläulings 350 Arbeiterinnenlarven gefressen hat, bevor sie sich verpuppt. Dann hat sie auch 98 Prozent an Gewicht zugelegt. Wenn man bedenkt, dass die Volkstärke der Wirtsameisen zwischen knapp 700 und 1.500 Tieren liegt, ist das für die Ameisenkolonie eine erhebliche Belastung. Die Bläulingsraupen überwintern sogar im Ameisennest und verpuppen sich elf bis 23 Monate nach der Adoption auch dort. Nach dem Schlupf verlassen die fertigen Schmetterlinge dann aber schnellstmöglich den Bau, um nicht von den Ameisen angegriffen zu werden, denn nun tragen sie keinen Duftschutzmantel mehr.

Bläulingsraupen können ihre Gastgeberinnen allerdings nicht nur durch ihr Verhalten und durch chemische Signale in die Irre führen. Sie können das Verhalten der Ameisen auch mit akustischen Signalen manipulieren, ihnen also regelrecht dazwischenfunken. Denn die Raupen und auch die Puppen sind in der Lage, Töne zu erzeugen, die dem Stridulieren der Ameisenköniginnen sehr ähnlich sind und sich anhören wie eine Art Quietschen. Was es damit auf sich hat, entdeckte eine internationale Arbeitsgruppe um Francesca Barbero an der Universität Turin im Jahr 2010. Sie zeichnete die akustischen Signale der Raupen des Kreuzenzian-Ameisenbläulings auf, spielte sie Ameisen vor und analysierte deren Verhalten. Es zeigte sich, dass die »Kukucksraupen« die königlichen Töne imitieren konnten, und dies sogar in einer größeren Lautstärke als die Monarchin. Die Arbeiterinnen reagierten darauf entsprechend und zogen die Bläulinge der Königin sogar vor. Damit ließen sich andere Laborbeobachtungen erklären, nach denen Bläulingsraupen bei Störungen am Nest als Erste von den Arbeiterinnen in Sicherheit gebracht wurden und die Brutpflegerinnen bei Nahrungsknappheit einige ihrer eigenen Larven töteten und sie an die Schmetterlingsraupen verfütterten.

Einmal ins Ameisennest gelangt, kommen Kreuzenzian- und Lungenenzian-Ameisenbläuling also gut über die Runden – sollte man meinen. Doch Gefahr droht von außerhalb des Nestes, denn es gibt in diesem Spiel von Tarnung, Täuschung und Betrug noch eine dritte Partei. Im Gegensatz zu den Ameisen erkennen die scharfen Sinne einer bestimmten Schlupfwespe, wenn sich eine Bläulingslarve in einem Ameisennest befindet. Dort sollte sie für die Schlupfwespe eigentlich unerreichbar sein, wenn man bedenkt, dass an den Eingängen des Nestes wehrhafte Wachtposten stehen. Aber auch die Schlupfwespe hat einen chemischen Trick und greift zu einem gezielten Ablenkungsmanöver: Mithilfe von vier Signalstoffen löst sie einen heftigen Kampf der Ameisen untereinander aus, der bis zu 80 Prozent der Bewohnerinnen der Ameisenkolonie außer Gefecht setzt. Es entsteht eine allgemeine Verwirrung, die dazu führt, dass die Nesteingänge unbewacht sind. Diese Chance nutzt die Schlupfwespe und dringt unbemerkt in das Nest ein. Dort injiziert sie ihre Eier in die Bläulingsraupen, in denen jetzt die Nachkommen der Schlupfwespe heranwachsen. Elf Monate später schlüpfen dann die erwachsenen Wespen aus den Puppen der Schmetterlinge.

Von sprachbegabten Eindringlingen und Wegelagerern – weitere Ameisengäste

Bläulinge sind bei Weitem nicht die einzigen, die sich trickreich einen Zugang zum Ameisennest ergaunern. Fachleute schätzen, dass 10.000 bis 20.000 Insekten myrmekophil sind. Besonders viele Beispiele dafür findet man bei den Käfern und dort vor allem bei den Kurzflüglern, den Fühlerkäfern und den Stutzkäfern. Auch in dieser Tiergruppe existieren alle möglichen Formen der Beziehungen und diverse Tricks und Strategien, um im Ameisennest unerkannt zu bleiben.

Der Fühlerkäfer *Passus favieri* beispielsweise lebt gut integriert in Kolonien von *Pheidole pallidula*, einer Knotenameise, die auch in Südeuropa vorkommt. Er verbringt alle Lebensphasen in der Ameisenkolonie und paart sich auch dort. Der Käfer besitzt Drüsen an der Fühlerbasis, die mit Haarbüscheln besetzt sind. Die Drüsen produzieren eine Substanz, die anziehend auf die Wirtsameisen wirkt und sowohl von den kleineren Arbeiterinnen als auch von den Soldatinnen begierig aufgenommen wird. Der Käfer selbst ernährt sich vor allem von Ameisenlarven und gelegentlich von Arbeiterinnen, in die er ein Loch beißt und dann aussaugt. Sein Verhalten löst keinerlei Aggressionen seitens der Wirtsameisen aus. Nicht einmal die »angebissenen« Ameisen versuchen sich zu wehren. Möglicherweise können die Ergebnisse einer Studie dies erklären. Diese zeigte, dass auch *Passus* striduliert, also Geräusche von sich gibt, indem er ein Hinterbein über ein Feld auf seinem Hinterleib streicht. Er spricht auf diese Weise die Sprachen aller drei Kasten des Ameisenvolks: der Königin, der Arbeiterin und der Soldatin. Die imitierten Töne der Königin lösten bestimmte Verhaltensweisen bei den Arbeiterinnen aus, die sonst nur der Königin zuteil werden. Seine Sprachbegabung verhilft dem Käfer also zu einer höheren Stellung im Ameisenvolk.

Eine ungewöhnliche Körperform dient der Schwebfliegengattung *Microdon*, um bei Ameisen wohnen zu können und nicht hinausgeworfen zu werden. Die Larve sieht aus wie eine große Schildlaus oder eine Käferschnecke und ernährt sich nur von Ameisenlarven. Um möglichst wenig Aufmerksamkeit auf sich zu ziehen, bewegt sich die Schwebfliegenlarve ganz langsam und zieht mit ihren Mundwerkzeugen vorsichtig eine Ameisenlarve unter ihren Körper. Manchmal können die Ameisen die Brut dann noch rechtzeitig wegziehen. Befindet sich *Microdon* aber alleine in der Brutkammer, gleitet sie über eine Ameisenlarve, sticht diese mit den scharfen Mundwerkzeugen an, saugt den Körperinhalt aus und lässt die leere Hülle zurück. Eine einzige *Microdon*-Larve kann so in einer halben Stunde zehn Ameisenlarven vernichten. Sie selbst ist aber für die Ameisen nur schwer angreifbar ist. Aufgrund ihrer Körperform kann sich *Microdon* fest an den Untergrund drücken, sodass die Ameisen keinen Angriffspunkt für ihre Mundwerkzeuge finden. Zudem kann sie vermutlich auch den Nestgeruch nachahmen, denn entnimmt man eine *Microdon*-Larve einem Ameisennest und setzt es in ein anderes, dann wird sie dort sofort attackiert.

Der Glanzkäfer *Amphotis marginata* hat eine ganz andere Strategie, um von Ameisen zu profitieren. Er versucht sich als Wegelagerer. Tagsüber hält er sich an geschützten Stellen entlang der Straßen der Glänzendschwarzen Holzameise versteckt. Nachts lauert er den heimkehrenden Arbeiterinnen auf und stimuliert sie mithilfe von Fühlerschlägen, Futter hervorzuwürgen. Der Bettler stürzt sich darauf, wird jetzt aber sofort von der Ameise als Betrüger erkannt. Bevor sie aber angreifen kann, zieht der Käfer Beine und Fühler unter sein breites Rückenschild und drückt sich ganz flach auf den Boden. Die Ameise ist so nicht in der Lage, den Glanzkäfer zu packen und lässt wieder von ihm ab. Der Straßenräuber geht anschließend gemütlich weiter seines Weges auf der Suche nach einem neuen Opfer.

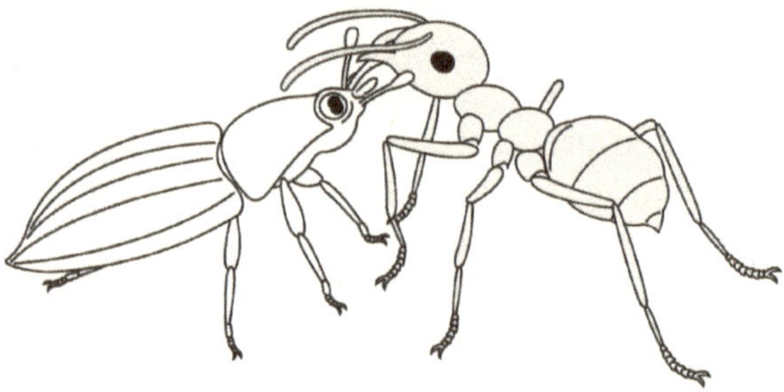

Abb. 13: *Der Glanzkäfer verhält sich wie ein Wegelagerer und passt eine heimkehrende Futterholerin vor dem Nest ab. Mit Fühlerschlägen erbettelt er etwas Honigtau, den die Ameise aus ihrem Kropf hervorwürgt.*

Die übergroße Mehrzahl der Myrmekophilen sind Gliederfüßer. Es gibt jedoch auch Beispiele für Beziehungen zwischen Wirbeltieren und Ameisen. So wurden etwa schon Eier der Schlangenart *Leptodeira annulata* in den Pilzgärten von Blattschneiderameisen gefunden. Die Eier waren ganz und gar in die Pilzkammern eingebettet und die Ameisen nahmen keinerlei Notiz von ihnen. Die warmen Bereiche der Ameisenkolonie wirkten wie Brutschränke. Als die kleinen Schlangen schlüpften, wurden die Jungtiere von den Ameisen nicht angegriffen. Offenbar trugen Eier wie Schlangen einen Duft, den die Ameisen nicht als fremd oder gar nicht wahrnahmen.

In Westafrika machte ein Forscherteam um Mark-Oliver Rödel eine andere erstaunliche Entdeckung. In einem unterirdischen Nest der Afrikanischen Stinkameise hüpfte ein Roter Wendehalsfrosch inmitten Tausender wehrhafter Ameisen frei herum, ohne auch nur ansatzweise behelligt zu werden. Die Stinkameisen werden bis zu 2,5 Zentimeter groß und sind rabiate Räuber. Normalerweise machen sie mit einem Lurch wie dem Wendehalsfrosch kurzen Prozess. Der Rote Wendehalsfrosch trägt allerdings einen Tarnmantel auf seiner Haut, einen Duftstoff, der die Ameisen von ihren Angriffen mit Mandibeln und Stachel abhält. Aus dem Sekret der Haut des Frosches konnten zwei Peptide isoliert werden, die offensichtlich sowohl die Aggressivität der Ameisen als auch ihr Fressverhalten hemmen. Denn als man Termiten mit den Peptiden einrieb, ließen die Stinkameisen angewidert von ihrer Beute ab.

Wenn es im Tierreich eine Olympiade geben würde, wären die Ameisen in zahlreichen Disziplinen sicher ganz vorne mit dabei. Sie sind z.B. unglaublich stark. Das 10-Fache ihres eigenen Körpergewichtes können sie tragen und sogar noch schwerere Lasten ziehen. Ameisenneulingen, die mich bei einer Umsetzung begleiten, fallen beim Anblick einer kleinen Arbeiterin, die allein ein Stöckchen trägt, das doppelt so groß ist wie sie selbst, regelmäßig fast die Augen aus dem Kopf. Und ich selbst empfinde dieses Staunen und spüre diese Begeisterung auch nach Jahren des Umgangs mit diesen besonderen Insekten immer noch wie am Anfang. Ameisen sind fleißig, loyal, stark, sehr ordentlich und unheimlich gut organisiert. Sie sind einfach toll!

Es haut mich immer noch um zu sehen, mit welcher Geschwindigkeit diese kleinen Tierchen ein so großes Nest bauen oder umstrukturieren können. Ich erinnere mich an eine meiner ersten eigenen Umsiedlungen in der Nähe von Bad Liebenwerda. Obwohl mir Herr Helbig sehr viel beigebracht hatte, gab es noch sehr viele Dinge, die ich selbst lernen und herausfinden musste. Wir hatten ein mittelgroßes Ameisennest an einem kleinen Waldweg in der Nähe von drei prächtigen Birken neu angesiedelt. Zuvor hatten wir wie immer die Umgebung gewissenhaft auf schon vorhandene Nester abgesucht. Als ich dann mit einer Praktikantin fünf Tage später mit der Restbevölkerung vom alten Standort zum neuen Nest kam, wurden wir überrascht. Am neuen Nest konnten wir nur noch sehr wenig Aktivität beobachten. Das Nest sah alles andere als gut aus. Zehn Meter entfernt aber gab es eine riesige Nestkuppel.

Ich war komplett verwirrt. Hatte ich dieses monströse Nest etwa übersehen, als ich die Umgebung abgesucht hatte? Hatte ich die Ameisen in der Nähe eines bestehenden Nestes angesiedelt? Das würde die geringe Aktivität im neu angesiedelten Nest erklären. Wenn man ein Ameisenvolk zu nah bei einem anderen Volk einsetzt, kann es passieren, dass sich die Völker bekriegen. Ein frisch umgesiedeltes Nest kann sich nur schwer gegen ein großes, schon vorhandenes Nest behaupten. Ich war mir aber eigentlich sicher, dass ich ein schon bestehendes und vor allem dieses riesige Nest entdeckt hätte.

Dann schaute ich mir die Sache genauer an. Und tatsächlich: Eine Ameisenstraße führte vom angesiedelten Nest zu der mysteriösen Kuppel, die Tage zuvor auf jeden Fall noch nicht dagewesen war. Einige Ameisen trugen andere Nestgenossinnen, manche schleppten Nestbaumaterial. Da schwante mir: Das umgesiedelte Volk hatte den von mir ausgewählten Standort nicht besonders gemocht und innerhalb weniger Tage zehn Meter weiter ein komplettes, neues Nest errichtet. 40 Zentimeter hoch und gut ausgebaut war die Nestkuppel schon!

Konnte das wirklich sein? Ich wollte ganz sichergehen und machte den »Freundschaftstest«: Wenn Ameisen aus dem gleichen Volk stammen, dann tragen sie denselben Duft am Körper (siehe Kapitel »Frauenpower!«). Tiere eines Staates können einander darum »gut riechen«. Also nahm ich einige Ameisen der Restbevölkerung vom alten Standort, die wir ja in den Säcken dabei hatten, und setzte sie an das große schöne Ameisennest. Wenn in diesem Nest die umgesiedelten Ameisen wohnten, dann müssten sie einander am Geruch erkennen und würden nicht übereinander herfallen. Und wirklich: Schnell kamen Wächterinnen und andere Arbeiterinnen an die Ausgesetzten heran. Die Tierchen berührten sich sanft mit den Fühlern und begrüßten sich dann freudig. Da war alles klar. Hier herrschte große Wiedersehensfreude. Die Umgesiedelten hatten sich tatsächlich einen neuen Standort gesucht und blitzschnell ein neues geräumiges Zuhause gebaut. Wie stark die Bindung der Bewohnerinnen eines Ameisennestes untereinander tatsächlich ist, wurde mir im Frühjahr 2018 sehr deutlich.

Leben im Asphalt

Dieses Frühjahr war sehr anstrengend für mich. Viel zu viel Arbeit, zu wenige Mitarbeiter und obendrein befand sich meine Firma in einer schwierigen Wachstumsphase. Und dann rief auch noch ein Mitarbeiter des Bundesforstbetriebs an und bat mich, ein einzelnes Nest der Roten Waldameise in einem Waldstück nicht mal einen Kilometer von meiner Firma entfernt umzusetzen. Ich konnte das nicht ablehnen. Das Nest lag schließlich auf dem Gelände der Gemeinde, in der ich arbeite, und außerdem: Was sollte aus den Ameisen werden, wenn ich nicht zusagte?

Am Tag der Umsetzung packte ich also noch vor dem Morgengrauen Spaten, Decken, Säcke, Werkzeug und meine älteste Tochter ins Auto. Gemeinsam mit meiner Koautorin Manuela, die mich für einige Tage bei meiner Arbeit begleitete, fuhren wir zum Umsiedlungsort. Dort erwartete uns die zuständige Revierförsterin, die unbedingt bei der Umsetzung dabei sein wollte. Und weil am Samstag der Kindergarten nicht geöffnet war, hatte diese noch ihren vierjährigen Sohn mitgebracht. Das freute mich: Der Kleine war schon ganz kribbelig und er würde sicher eine Menge Spaß haben, wenn er keine Angst vor Ameisen hat.

Wir machten uns also auf zum Nest, und als ich es sah, war ich ziemlich geschockt. Man hatte mich zwar informiert, dass eine alte Asphaltdeponie aus DDR-Zeiten beräumt werden sollte und dass das Nest dabei im Weg war. Ich hatte vorher auch ein Foto der Lokalität gesehen. Aber was ich jetzt sah, hatte mit dem, was das Foto zeigte, wenig zu tun. So kompliziert hatte ich mir das nicht vorgestellt! Die ganze Lichtung war mit großen, buckligen Hügeln aus aufgebrochenem, teils schon bewachsenem Asphalt bedeckt. Wir konnten mit dem Auto überhaupt nicht an das Nest heranfahren und mussten 100 Meter entfernt am Rand der Lichtung parken. Mühsam schleppten wir unsere Ausrüstung über die Asphaltberge bis ans hinterste Ende der Lichtung. Dabei war Vorsicht geboten, denn man konnte leicht ausrutschen und sich an den Asphalttrümmern verletzen. Mir grauste bei dem Gedanken, dass wir jeden Sack mit Sand und Ameisen diesen Weg würden zum Hänger schleppen müssen! Mist! Mist! Mist!

Das Nest lag mitten auf einem hohen Asphaltberg. Eine Eiche hatte hier vor Jahren Fuß gefasst, war dann aber abgestorben. Diesen abgestorbenen Stubben hatten die Roten Waldameisen als Nestkern erwählt. Und damit hatten sie einen optimalen Platz gefunden! Der Standort war nicht nur gut besonnt, der Asphalt speicherte auch noch hervorragend die Wärme und hielt sie im Nest. Außerdem schützten die Asphaltschichten den Nestkern vor hungrigen, wühlenden Wildschweinen und den gefürchteten Grünspechten. Die Nestkuppel befand sich nämlich über dem Asphaltberg. Dann folgten die tieferen Nestschichten, die zwischen den Asphaltablagerungen angesiedelt und damit für Räuber unerreichbar waren. Der Hauptteil der Ameisenwohnung lag tief unter den Bruchstücken im typischen hellen Lausitzer Karnickelsand.

Für mich hieß das: Brocken für Brocken freigraben, abkehren und zur Seite räumen. Vor allem der abgestorbene Stubben war schwer zu bergen, weil wir zuerst einmal den ganzen Asphalt, in dem sich Nestbestandteile befanden, abtragen mussten. Die Seitenwurzeln des Eichenbäumchens reichten zudem tief in den umgebenden Asphaltberg hinein. Schon nach kurzer Zeit war ich schweißgebadet und zugleich voller Sorge. Bei der Roten Waldameise hat ein Volk nur eine Königin. Diese durften wir keinesfalls zurücklassen oder verletzen. Ohne Königin wäre das Volk am neuen Standort dem Untergang geweiht. Dabei hatten wir keine Chance, die Monarchin im Gewimmel und Gewühle zu finden. Wir mussten sorgfältig sein und umsichtig. Das war alles, was wir tun konnten.

Schließlich war die Grube unter dem Asphalt 1,50 Meter tief und wir hatten 120 schwere Säcke voller Sand, Neststreu und panischen Ameisen über die Asphaltberge zum Anhänger geschleppt. Wir, die Erwachsenen, waren am Ende unserer Kräfte. Nur einer blieb im wahrsten Sinne des Wortes unermüdlich: Der kleine Sohn der Revierförsterin buddelte immer noch im Loch herum und legte furchtlos sogar noch einige Gänge voller Tiere frei. Er hatte allerdings auch keine Säcke schleppen müssen ...

War diese Umsetzung an sich schon ein Erlebnis gewesen, so sollte die Geschichte noch in bemerkenswerter Weise weitergehen.

Keine wird zurückgelassen

Wir bauten den Jänschwalder Ameisen ein wunderschönes Nest ca. 500 Meter entfernt von ihrem ehemaligen Standort. So meinte ich mir sicher sein zu können, dass das Volk auf keinen Fall einen Versuch unternehmen würde, in das alte Nest zurückzukehren. Sie würden es einfach nicht finden können, mussten wir Menschen doch ca. zwei Kilometer auf verschiedenen, verschlungenen Waldwegen herumkurven, um von einem Neststandort zum anderen zu kommen.

Aber schon als wir das erste Mal kamen, um die Restbevölkerung am alten Nest abzuholen und den Baufortschritt am neuen Nest zu überprüfen, erschienen mir einige Verhaltensweisen der Krabbler sehr merkwürdig. Ich entdeckte sowohl beim alten als auch beim neuen Nest eine große Ameisenstraße, aber weder einen Futterbaum noch ein neues Nest in der Nähe. Beides hätten die emsige Lauferei erklären können. Zugleich machte das neu angesiedelte Nest einen hervorragenden Eindruck. Die Ameisen hatten es schon großartig ausgebaut. Die Nestkuppel war schwarz vor sich sonnenden, umherkrabbelnden Tieren, die durch Dutzende neue Ein- und Ausgänge im Nest verschwanden oder ins Freie kamen. Sonderbar erschien mir dagegen die Situation am ursprünglichen Neststandort. Warum hatte die Restbevölkerung nicht wie sonst üblich hier ein neues Nest gebildet? Und wohin führte diese Ameisenstraße, die vom Nest wegführte, zuerst mit vielen Tieren, deren Zahl dann immer geringer wurde, bis sich die Straße ca. 50 Meter vom Nest entfernt scheinbar ganz verlor?

Bei meinem zweiten Besuch hatte sich nichts Wesentliches geändert. Die Ameisen bauten noch immer fleißig am angesiedelten Nest. Zum Futterbaum hatten sie sich jetzt eine alte Eiche auserkoren, die nur fünf Meter vom Nest entfernt stand. Am alten Standort krabbelten weiterhin viele Tiere umher, aber es war kein richtiges Nest auffindbar. Inzwischen hatten aber die Entsorgungsarbeiten auf der Baustelle begonnen und die Bagger arbeiteten sich in Richtung Ameisennest voran. Hatte ich ein kleines Nest mit Restbevölkerung übersehen und wurde das jetzt mit weggebaggert? Ich war unruhig.

Einige Tage später besuchte ich das Volk ein drittes Mal. Diesmal hatte ich meine Tochter Jasmin und ihren Freund Julian als Verstärkung mitgebracht. Jasmin fand auch schnell ein neues, aber winziges Nest mit Restbevölkerung an einem Stubben und barg es komplett. Das konnte aber nicht alles sein. Der geborgene Nestwinzling war viel zu klein für eine Restbevölkerung und diente offenbar eher als ein Tagesversteck. Bisher hatten wir damit kaum Restbevölkerung gefunden, was bei einem so großen, schwer umzusetzenden Nest sehr ungewöhnlich ist. Denn selbst wenn wir mit größter Sorgfalt fast alle Tiere im Nest einsammeln, krabbeln viele ja noch auf Futtersuche und Erkundungstouren im Gelände herum. Es müssten also noch mehr Tiere irgendwo zu finden sein. Und wir konnten ja auch beobachten, wie aufgeregte Tiere in weitem Umkreis um den alten Neststandort scheinbar konfus umherliefen.

Wir fanden keine Erklärung für unsere Beobachtungen und fuhren frustriert zum neu angesiedelten Nest, um die wenigen eingesammelten Zurückgebliebenen wieder mit ihren Schwestern zu vereinen. Die Wiedersehensfreunde war wie immer groß! Das neue Nest sah wunderbar aus. Aber wir bemerkten auch eine riesige Ameisenstraße, auf der ein reges Kommen und Gehen herrschte. Ankommende Ameisen trugen dabei oftmals Innendiestlerinnen vor sich her. Das war merkwürdig! Seit der Umsiedlung waren jetzt über zwei Wochen vergangen. Warum trugen dann Ameisen Innendienstlerinnen zum Nest? Ich hatte so etwas noch nie gesehen! Räumten die neu angesiedelten Ameisen irgendwo ein anderes Nest aus, was eigentlich nicht sein konnte? Was geschah hier?

Wir wollten unbedingt wissen, was das zu bedeuten hatte, und folgten der Ameisenstraße. Das war zunächst ganz einfach, weil die Tiere auf dem Waldweg liefen, der auch für sie am bequemsten zu begehen war. Doch nach ca. 100 Metern bogen sie in den Wald ab. Ich hatte schon eine Ahnung, dachte aber: »Das ist doch verrückt, so etwas wäre unmöglich. Die Tiere müssen einen neuen Neststandort oder Futterbaum auskundschaften.« Ich schaute auf die im Tablet gespeicherte Karte: »Jasmin, komm mal her: Guck mal, wir laufen genau auf das alte Nest zu, noch ca. 450 Meter. Ich will das jetzt wissen. Du verfolgst jetzt mit Julian die Ameisenstraße von hier aus und ich fahre mit dem Auto zum alten Neststandort und gehe von dort nochmal los und folge der Straße, die da anfängt.« Die beiden machten sich auf den Weg, immer mit der Nase fast am Waldboden, weil es schon dunkler wurde und die kleinen Krabbler immer schwerer zu entdecken waren. Ich eilte mit dem Tablet zum Auto zurück, um die zwei Kilometer zum alten Standort zu fahren. Dort angekommen meldete sich mein Mutterinstinkt: Wie doof war ich eigentlich! Ich hatte Jasmin und Julian wie Hänsel und Gretel kurz vorm Dunkelwerden in den Wald geschickt! Die beiden hatten kein Tablet dabei und damit keine Karte, mit der sie sich im Gelände orientieren konnten. Wir waren durch den halben Wald gefahren, um zum Ansiedlungsstandort zu gelangen. Sie wussten nicht einmal, in welcher ungefähren Richtung das alte Nest lag! Langsam bekam ich es mit der Angst. Wie sollte ich die beiden in dem dichten Waldstück wiederfinden, wenn sie sich verliefen? Sie durften auf keinen Fall weiter im Busch herumstolpern! Schnell wählte ich Jasmins Nummer. Ich hörte das Handy klingeln – sie hatte es im Auto liegen lassen. Was nun?

Zwischen dem neuen und dem alten Nest lagen Luftlinie nur 500 Meter. Ich hatte ja eine Karte, ich konnte also versuchen durch den Wald auf den neuen Standort zuzugehen und hoffen, die beiden unterwegs irgendwo zu treffen. Ich marschierte also los. »Jasmin!«, rief ich so laut ich konnte und schon leicht panisch. »Was ist?«, kam es zu meiner grenzenlosen Verblüffung sofort zurück. Die beiden standen nicht mal 50 Meter von mir entfernt zwischen den Bäumen.

Ich konnte es nicht glauben. Die Ameisen, denen Jasmin und Julian vom neuen Nest aus gefolgt waren, waren auf dem Weg zu ihrem alten Standort gewesen. Die Tiere liefen tatsächlich vom neuen Nest zum alten zurück, um ihre Schwestern ins neue Nest zu tragen. Sie mussten dabei mindestens jeweils 500 Meter hin- und wieder zurücklaufen – eine unglaublich weite Strecke für Waldameisen, die sich normalerweise höchstens in einem Umkreis von 300 Metern um ihr Nest herum bewegen. Eine Ameise konnte den Weg unmöglich an einem Tag schaffen. Darum hatten die Tiere sogar mehrere kleine »Zwischenstationen« eingerichtet, in denen die Wanderer Nahrung aufnehmen und sich eine Weile ausruhen konnten. Dort gab es offenbar Arbeiterinnen, die für die Futtersuche und Verköstigung zuständig waren. Sie können sich diese Zwischennester wie kleine Ameisen-Raststätten an der Ameisenautobahn vorstellen.

Ich war vollkommen verblüfft und gerührt. Diese unglaublichen Tiere liefen tagelang, um ihre Schwestern zu retten. Sie hätten das nicht tun müssen – die Königin und fast alle Arbeiterinnen waren schon im neuen Nest. Die wenigen Arbeitskräfte, die durch diese Unternehmung gewonnen wurden, wogen den zeitlichen und energetischen Aufwand der Rettungsaktion kaum auf. Doch sie vollbrachten eine Aufgabe, die in etwa so ist, als würde ich Sie bitten, von Hamburg bis München zu Fuß zu gehen und auf dem ganzen Rückweg doch bitte noch einen Kumpel huckepack zu nehmen! Warum machten sie das? Die einzige Erklärung für mich ist, dass sie ihre Schwestern lieben und sie bei sich haben wollten. Das Ameisenvolk lässt keine »Frau« zurück. Aber trotzdem stellen sich viele Fragen. Woher wussten die Tiere, wohin sie gehen mussten? Wie haben sie den alten Neststandort wiedergefunden? Woher kam die Idee, Raststätten einzurichten? Wieder einmal wurde mir deutlich, wie wenig wir über diese fantastischen Tiere und ihre Fähigkeiten wissen. Aber wie auch immer: Die Bewohnerinnen dieses Nestes tragen den Olympiasieg in der Disziplin Durchhaltevermögen davon. Kein Marathonläufer kann ihnen das Wasser reichen!

Die MacGyver unter den Ameisen

Die Ameisen eines anderen Nestes erwiesen sich vor einigen Jahren nach einer Umsetzung ebenfalls als sehr bemerkenswert. Auch hier kamen wir nach der Umsiedlung wieder zum Entnahmestandort zurück, um die Restbevölkerung einzusammeln. Diese einfallsreichen Tierchen hatten sich in der Zwischenzeit aber nicht wie üblich ein normales, kleines Nest gebaut. Oh nein, sie hatten eine viel kreativere Lösung für ihr Wohnungsproblem gefunden und sich um ein größeres, etwa 20 Zentimeter dickes Aststück gesammelt. Der Clou war: Der Ast war innen über die volle Länge hin hohl. Das Kernholz war von den Ameisen oder von anderen Tieren komplett entfernt worden, sodass ein Loch mit einem Durchmesser von ca. zwei Zentimetern entstanden war. In diesem Loch fanden wir nun nicht einfach nur dichtgedrängte Tiere. Nachdem wir den Ast, um ihn transportieren zu können, zersägt hatten, entdeckten wir in dem Hohlraum große, schön ordentlich zusammengerollte Weidenblätter. Und darin und in den so entstandenen Zwischenräumen lagen hübsch aufgereiht sehr viele Puppen der Restbevölkerung. Ob die Ameisen das Blatt selbst in den Hohlraum bugsiert hatten oder ob sie es darin vorgefunden hatten, das kann ich nicht sagen. Aber sie hatten mit seiner Hilfe eine bequeme und sichere Wiege gebaut. Eine Leistung, die bei einer Kreativitätsolympiade sicher mit einer Medaille belohnt werden müsste.

Die Grätzsche Goldmedaille für Nachhaltigkeit aber geht an ein Ameisenvolk aus Nordsachsen. Dieses hatte sein Nest an der Außenseite eines nicht mehr genutzten Bienenhauses gebaut. Die Familie, der die Hütte gehörte, hatte mich gebeten das Nest umzusiedeln und mir ein Foto der Örtlichkeiten geschickt. Das Nest sah auf dem Bild gar nicht so herausfordernd aus und ich dachte, dass ich die Umsetzung allein mit ein bisschen Hilfe der Grundstückseigentümer schon schaffen würde. Die Familie, die das Bienenhaus gerne wieder nutzen, aber die Ameisen nicht gefährden wollte, hatte mir ihre Hilfe beim Säckeschleppen zugesagt. Ich kam dann aber doch nicht allein. Markus, der Mann meiner Nichte, wollte schon ewig einmal mit zu einer Ameisenumsiedlung fahren und da sich genau dieses Nest in der Nähe seines Wohnortes befand, fragte ich ihn, ob er mich spontan zu dieser ehrenamtlichen Umsiedlung begleiten würde. Er wollte gerne, und das sollte sich als Glücksfall herausstellen, denn Markus ist ein ziemlich talentierter Handwerker.

Wir begannen also die kleine Nestkuppel zu bergen. Ich war verwundert. Hatte dieser Nesthügel auf den Fotos nicht erheblich größer ausgesehen? Auch im Boden war nicht viel zu holen, das Nest ging nicht einmal 50 Zentimeter tief in die Erde. Was konnte hier nur passiert sein?

Auf dem Foto, das ich von der Familie bekommen hatte, wimmelten Tausende Ameisen auf den Wänden des Bienenhauses herum und auch jetzt krabbelten unglaublich viele Tiere an der Wand empor. Wo war die Quelle für diese Invasion, wenn das Nest doch so klein war? Markus deutete auf ein kleines Fenster ca. 60 Zentimeter über der Stelle, wo 30 Minuten zuvor noch die Nestkuppel gewesen war. Lag da nicht Neststreu auf dem Fensterbrett? Wie war die denn dahin gekommen?

Wir suchten das Gelände um das Bienenhaus herum

ab, um sicherzugehen, dass die Ameisen nicht einfach umgezogen waren, fanden aber kein weiteres Nest. »Haben Sie denn hier ringsherum öfters Ameisen gesehen?«, fragte ich. »Und wie viele?« »Na klar, haben wir hier Ameisen gesehen!«, bestätigten die Eigentümer mir. Die Ameisen seien wohl sehr aktiv und zahlreich im näheren Umkreis des Bienenhauses vertreten. »Haben Sie denn schon Ameisen im Bienenhaus gesehen?«, fragte ich. »Ja, ja, das haben wir. Wir trauen uns ja wegen der Ameisen schon gar nicht mehr hinein.« Das war immerhin eine Spur.

Markus und ich fingen an, altes Gerümpel im verlassenen Bienenhaus zur Seite zu räumen, um vielleicht doch noch herauszufinden, wo die Ameisen sich versteckten. Die Wände waren bedeckt von kleinen Krabblern, die auch munter ihre Säure auf uns herabspritzten. Als aber alles Gerümpel weggeräumt war, war nichts zu sehen. Nichts, was nach einem Nest aussah, aber aus den Ritzen zwischen den Dielen kamen immer wieder Ameisen hervor. Also begannen wir, die Dielen abzunehmen. Wir fanden jetzt auch endlich etwas Nestmaterial mit einigen Tieren darin, aber ich war mir sicher, dass das noch nicht alles sein konnte. Wir hatten ja noch nicht einmal Brut entdeckt! Wo steckten die Ameisen, wo hatten sie ihren Nestkern?

Ich entschied mich, an einer kleinen Stelle der Wand die Innenverkleidung zu entfernen. »Oh Gott!!!« Der arme Markus kippte fast aus seinen dicken Arbeitsschuhen. Aus dem Loch in der Wand kam uns eine Lawine von Tieren, Puppen und Neststreu entgegen. Ich riss noch ein Stück der Verkleidung heraus und der nächste Ameisenschwall quoll aus der Wand heraus. Wir hatten den Nestkern gefunden: Die Ameisen hatten den Zwischenraum zwischen äußerer und innerer Verkleidung der Hüttenwand mit Neststreu gefüllt. Wir mussten nun also die komplette

Wandverkleidung nach und nach öffnen, die Tiere mit den Händen herausschaufeln, die Verkleidungsstücke abkehren und alles in den Säcken verstauen. Am Ende stand von dieser Wand nur noch der alte Holzrahmen mit der Außenverkleidung.

Und auch die Restbevölkerung dieses Nestes suchte sich anschließend einen ziemlich originellen Platz zum Leben: Sie zog unter den Komposthaufen, wo die Tiere zwar leicht, aber beileibe nicht angenehm zu bergen waren!

Klein, aber oho

Während ihrer über 100 Millionen Jahre andauernden Evolution haben Ameisen sich an sehr unterschiedliche Umweltbedingungen angepasst und konnten so eine Vielzahl ökologischer Nischen besetzen. Dabei haben sie ganz erstaunliche, manchmal kuriose oder gar bizarre Eigenschaften und Fähigkeiten entwickelt.

An sich sind Ameisen recht kleine Tiere. Bei den kleinen Krabblerinnen gibt es jedoch kleine, noch kleinere und ganz winzige »Ausgaben«. Die Größenunterschiede verschiedener Arten sind schier unglaublich: In der Kopfkapsel einer Soldatin der größten Art, der Riesenameise (*Camponotus gigas*) von Borneo, ist bequem Platz für ein ganzes Volk der kleinsten Spezies, etwa einer *Brachymyrmex* aus Südamerika oder einer *Oligomyrmex* aus Asien. Und sogar zwischen den Kasten einer Art sind die Unterschiede teilweise extrem. So kann speziell aufgrund der stark verlängerten und aufgetriebenen Gaster die Größe der Königin ein Vielfaches der Größe der Arbeiterin betragen. Aber auch Arbeiterinnen können auf eine beeindruckende Weise »zunehmen«. Die Honigtopfameisen z.B. haben eine verblüffende Art der Vorratsspeicherung entwickelt. Zu den Honigtopfameisen gehören weltweit etwa zehn verschiedene Gattungen, die meist in trockenen Gebieten leben und zuckerhaltige Säfte als Nahrung sammeln. Bestimmte Arbeiterinnen der Kolonie speichern Nahrungsüberschüsse in ihrem Kropf. Sie schaufeln so viel Saft in sich hinein, dass sich ihre Gaster tonnenförmig aufblähen. Schließlich können diese »Vorratsameisen« nicht mehr laufen und hängen dann wie die Schinken in der Bauernküche wochenlang kopfüber von der Decke der Nestkammer. Diese Tiere fungieren so als lebende Vorratsspeicher für das Volk. Bei Bedarf werden sie herabgeholt und geben den Nahrungssaft auf dem Wege der Trophallaxis wieder ab.

Oben haben wir schon gehört, wie unfassbar stark Ameisen sind. Das zeigt sich ganz besonders, wenn man Waldameisen beobachtet. Die kleinen Wesen transportieren nicht nur Nahrung in Form von Gliedertieren, sondern schleppen auch allerlei Baumaterialien, etwa Nadeln, Holz- und Aststückchen, Knospen und Harzklümpchen, für ihren oftmals mächtigen Nesthügel heran. Dieses ausgeprägte Transportverhalten wurde in einem Experiment genauer untersucht. Arbeiterinnen der Kahlrückigen Waldameise vermochten dabei Lasten, die fast zehnmal so schwer waren wie sie selbst, frei in ihren Mandibeln zu tragen. Ziehend und schleppend konnten sie Gegenstände bis zum etwa 18-Fachen ihrer Körpermasse bewegen und sie waren in der Lage, Gewichte, die der Masse von zwölf Ameisen entsprachen, frei (ohne Bodenkontakt) hochzuziehen. Klebte man den Ameisen kleine Bleigewichte auf den Rücken, dann schafften es manche Tiere, mit Gewichten, die das 30- bis 40-Fache ihrer Körpermasse betrugen, eine festgelegte Strecke zu laufen. Würde man diese Leistungen auf uns Menschen hochrechnen, müssten wir in der Lage sein, 2,5 Tonnen schwere Gewichte zu stemmen.

Noch größere Kraftprotzinnen als die Waldameisen sind die Blattschneiderameisen (siehe Kapitel »Frauenpower!«).

Die Trägerinnen transportieren Blatt- und Blütenstückchen wie Segel über ihrem Kopf. Und oft sitzt zudem eine ihrer kleinen Schwestern auf dem Segel. Die Trägerinnen können mit ihren Mandibeln Lasten, die das Zehn- bis Zwölffache ihrer eigenen Körpermasse betragen, problemlos 100 Meter weit tragen.

Einen extremen Kraftakt konnte Thomas Endler von der Uni Würzburg fotografisch festhalten (und wurde dafür bei mehreren Fotowettbewerben ausgezeichnet): Eine Asiatische Weberameise (*Oecophylla smaragdina*) hängt kopfüber an einer Plexiglasfläche und hält in ihren Kieferzangen eine Last von 500 Milligramm – was ziemlich genau dem Gewicht von 100 Artgenossinnen entspricht! Und nicht nur im Hinblick auf das Bewegen von Lasten sind Ameisen zu Höchstleistungen fähig.

Strategien gegen den Kälte- und den Hitzetod

Als heterotherme, also wechselwarme Tiere sind Ameisen stark von den Außentemperaturen abhängig. Die meisten sind bei Temperaturen unter 20 Grad Celsius nur wenig und bei Temperaturen von unter zehn Grad Celsius gar nicht aktiv. Die Waldameisen unserer Breiten ziehen sich daher im Winter tief in ihr Bodennest zurück. Jedoch nicht alle Ameisenspezies genießen den Vorzug eines Erdnestes, das die Umgebungstemperatur abpuffert. Für sie wird es in der kalten Jahreszeit dann auch mal weniger kuschelig. Diese Arten müssen sich gegen Minusgrade oft ganz anders wappnen: Sie produzieren körpereigene Frostschutzmittel, die in ihrer Hämolymphe, dem Blut der Insekten, zirkulieren und so verhindern, dass sich Eiskristalle bilden, die das Gewebe der Tiere verletzen würden. Die Schwarze Rossameise (*Camponotus herculeanus*), die auch in ganz Deutschland vor allem in Nadel- und Mischwäldern der Mittelgebirge und Gebirge unterhalb der Baumgrenze zu Hause ist, scheint diese Form des Kälteschutzes ganz besonders gut ausgeprägt zu haben. Sie gilt als sehr frosthart. Bei eingewinterten Tieren liegt der Unterkühlungspunkt der Hämolymphe bei minus 38,5 Grad Celsius. Erst ab dieser Temperatur erleidet das Tier ernsthafte Schäden durch die Kälte. Von einer sibirischen Ameisenart ist sogar bekannt, dass sie bei Temperaturen von unter minus 40 Grad Celsius überwintert.

In Steppen- und Wüstengebieten dagegen haben Ameisen mit dem anderen Temperaturextrem zu kämpfen. Hier haben sie Hitze und nicht Frost auszuhalten. In solchen Gebieten leben häufig Wüstenameisen der Gattung *Cataglyphis*, die zahlreiche Arten umfasst. Die Tiere sind thermophil, d.h. wärmeliebend. Einige Spezies haben sich darauf spezialisiert, Hitzeleichen – Insekten also, die in der sengenden Sonne buchstäblich verbrutzelt sind – aufzuspüren und als knusprige Beute ins Nest zu tragen. Erreicht die Bodentemperatur jedoch mehr als 50 Grad Celsius, erliegen auch Ameisen gewöhnlich innerhalb kurzer Zeit dem Hitzetod. Man sollte darum annehmen, dass Ameisen, die in Wüsten wie der Sahara oder Gobi leben, erst nach Sonnenuntergang ihr relativ kühles Nest verlassen, um auf Nahrungssuche zu gehen. Das Gegenteil ist der jedoch Fall: *Cataglyphis* wartet so lange, bis die Mittagsglut am größten ist. Das ist clever, denn bei diesen Temperaturen wird es selbst ihren größten Fressfeindinnen, den Fransenfingereidechsen, zu heiß und sie ziehen sich an ein schattiges Plätzchen zurück. Wer mittags auf Jagd geht, wird also nicht so leicht zur Gejagten. Allerdings: Mittags kann die Temperatur auf dem Wüstenboden bis auf 70 Grad Celsius ansteigen. Das ist auch für eine *Cataglyphis* tödlich. Um dem Hitzetod zu entgehen, müssen sie ihre Körpertemperatur in einem Bereich von höchstens 48 bis 50 Grad Celsius halten. Sie haben darum eine Reihe von erstaunlichen Anpassungen entwickelt, wie besonders

Rüdiger Wehner in jahrzentelanger Forschungsarbeit aufdeckte. Im Vergleich zu Ameisen aus den gemäßigten Breiten haben Wüstenameisen z.B. extra lange Beine. Das hat gleich mehrere Vorteile: Der Ameisenkörper befindet sich so ein wenig weiter, nämlich vier Millimeter, vom Wüstenboden entfernt. Allein dieser etwas größere Abstand zum Boden reduziert die Temperatur gegenüber der, die unmittelbar auf dem Wüstensand herrscht, um bis zu zehn Grad Celsius. Manche Arten, etwa *Cataglyphis albicans* und *Cataglyphis bicolor*, heben zudem beim Laufen ihre Gaster senkrecht in die Höhe und mindern damit die Hitzebelastung wichtiger Organe noch weiter. Mit längeren Beinen läuft es sich auch viel schneller. Die Silberameise (*Cataphylis bombycina*) sowie *Cataphylis fortis* erreichen Laufgeschwindigkeiten von einem Meter in der Sekunde. Die Tiere können damit in einer Sekunde eine Strecke zurücklegen, die dem 100-Fachen ihrer eigenen Körperlänge entspricht. Könnte ein ein Meter langer Hund genauso schnell laufen, dann würde er eine Spitzengeschwindigkeit von 360 Stundenkilometern erreichen! Wer so schnell unterwegs ist, steigert zum einen die Effizienz bei der Nahrungssuche. Zum andern erfährt der Körper beim schnellen Laufen aufgrund des »Fahrtwinds« eine stärkere Kühlung. Außerdem hält der auffällig rasche Lauf die Zeit des Bodenkontakts möglichst kurz. Wenn man eine Silberameise dabei beobachtet, wie sie über den flimmernden Boden jagt, wirkt sie wie eine Strandbesucherin im heißen Sand, die ihre Flipflops zu Hause vergessen hat. Mal rennt sie, dann wieder hüpft sie, manchmal streckt sie dabei zwei ihrer sechs Beine in die Höhe. Während ihrer spektakulären Sprints halten die Ameisen zudem möglichst lang die Luft an, um ja nicht den kleinsten Tropfen wertvollen Körperwassers zu vergeuden.

Doch trotz der Flitzerei auf langen Beinen müssen die hitzegeplagten Tiere immer wieder an kühleren Orten pausieren, indem sie auf vertrocknete Pflanzenstängel, Steine oder sonstige kleine Erhöhungen klettern. Dort können sie abkühlen und einen Teil der Wärme ihres aufgeheizten Körpers an die Umwelt abgeben. Dabei recken sie oft ihre Vorderbeine gen Himmel, um noch etwas kühlere Luftschichten zu erreichen. An besonders heißen Tagen suchen Wüstenameisen sogar rund 75 Prozent ihrer Jagdzeit an solchen Erhebungen Zuflucht, weil sie sonst ihren Ausflug nicht überleben würden. Es bleibt also nur ein verhältnismäßig kurzer Zeitraum für die Suche nach Kadavern übrig.

Die Silberameise zeigt noch eine weitere faszinierende Anpassung. Elektronenmikroskopische Aufnahmen offenbarten, dass ihr silbriges Aussehen von einer Art Schutzanzug herrührt. Ihr Köper ist von feinen dreikantigen, nach außen spitz zulaufenden Haaren überzogen, die das Sonnenlicht stark reflektieren. Dieses Haarkleid wirkt so einerseits wie ein Hitzeschild, das das Aufheizen des Tieres verhindert. Zugleich hat es aber noch einen Kühlungseffekt: Im Infrarotbereich erhöhen die Haare die Strahlungstransmission der Körperoberfläche. So erleichtert der silbrige Pelz die Abgabe von Körperwärme in kühlerer Umgebung. *Cataglyphis*-Arten sind obendrein in der Lage, spezielle Gene zu aktivieren, die zu einer Produktion von sogenannten Hitzeschockproteinen führen. Hitzeschockproteine schützen ein Tier unter extremen Umweltbedingungen vor der Zerstörung der Körpereiweiße durch »Verbraten« und erhöhen somit seine Temperaturresistenz. Wissenschaftliche Untersuchungen an *Cataglyphis bicolor* and *Cataglyphis bombycina* zeigten, dass die Tiere mithilfe dieser Proteine bis zu 55 Grad Celsius Körpertemperatur aushalten konnten. Erst bei höheren Temperaturen zeigten sie Krämpfe und konnten sich nicht mehr bewegen. Die Kahlrückige Waldameise dagegen bildet zwar ebenfalls Hitzeschockproteine, doch erleidet sie bereits bei einer Körpertemperatur von knapp 47 Grad Celsius muskuläre Spasmen.

Um ihren Fressfeinden aus dem Weg gehen zu können, führen Wüstenameisen ein Leben am oberen Limit eines engen Temperaturfensters. Tatsächlich bewegen sie sich permanent am Rande des thermalen Abgrunds, wenn sie aufopferungsvoll den heißen Wüstenboden nach Nahrung für ihre Kolonie absuchen. Nicht wenige erliegen der Hitze und kehren nicht mehr ins Nest zurück. Und darum steht die Jagd nach Beute auch am Ende des Lebenszyklus einer Wüstenameise: Nach vier Wochen im Innendienst wechseln die Ameisen in den Außendienst, den sie im Schnitt noch etwa sechs Tage lang ausüben können. In dieser Zeit bringen sie Beute nach Hause, die dem 15- bis 20-Fachen ihres eigenen Körpergewichts entspricht.

Ein schneller Kiefer für viele Zwecke

Die Laufgeschwindigkeit von *Catglyphis* ist schon beeindruckend und im Tierreich unerreicht. Aber den Rekord für die schnellste Körperbewegung überhaupt hält aktuell ebenfalls eine Ameisenart. Bis vor Kurzem war es die südamerikanische *Odontomachus bauri*. Die Mandibeln dieser Ameisen schnappen mit 230 Kilometern pro Stunde zu. Schnappkiefer tauchen in mehreren Ameisengattungen auf. Dieses Werkzeug wurde im Lauf der Evolution der Ameisen mindestens viermal unabhängig voneinander »erfunden«. Ein Zeichen dafür, wie nützlich dieses Instrument ist. Allen Schnappkieferformen gemeinsam sind verlängerte gerade Mandibeln mit mehreren Zähnchen an der Spitze. Im Ruhezustand werden die Kiefer weit geöffnet gehalten, je nach Spezies um 180 bis 280 Grad Celsius aufgeklappt. Sie sind wie bei einer Armbrust vorgespannt und in dieser Stellung arretiert. Sobald die Ameise auf ein Beutetier trifft, löst ein Muskel diese Sperre und die Mandibeln schlagen wie bei einem Fangeisen blitzartig zu. So ist es den Jägerinnen möglich, selbst schnelle oder giftige Beutetiere wie Springschwänze oder Termiten zu erlegen, bevor diese entkommen oder sich zur Wehr setzen können. Die Beute wird im Moment des Zuschnappens getötet oder zumindest betäubt. Der Mechanismus kann auch mehrfach hintereinander ausgelöst werden. Die enorme Beschleunigung wird durch einen Muskelapparat am Kopf der Ameisen erzeugt, der die Kieferzangen in weniger als einer Millisekunde auf Rekordgeschwindigkeit bringt. Bei *Myrmoteras*, die in den Wäldern Südostasiens jagen, dauert der Beuteschlag eine halbe Millisekunde, das ist etwa 700-mal schneller als ein Wimpernschlag und erreicht eine Geschwindigkeit von 80 Kilometern pro Stunde. Das ist aber gar nichts im Vergleich zu *Odontomachus bauri*, die ihre Mandibeln innerhalb einer Zehntel Millisekunde bei 64 Metern pro Sekunde und einer Beschleunigung, die dem 100.000-Fachen der Erdbeschleunigung entspricht, zuschnappen lässt. Doch auch diese unfassbare Geschwindigkeit wird noch übertroffen, und zwar von der Dracula-Ameise (ihren Namen erhielt sie aufgrund ihrer bizarren Ernährungsweise: Die erwachsenen Tiere knabbern ihre Larven an und saugen Hämolymphe heraus, ohne ihnen dabei zu schaden) *Mystrium camillae* aus Malaysia, wie ein US-Forscherteam im Dezember 2018 berichtete. Der schnellste Schnappkiefer der Welt hält seine Kiefer nicht geöffnet, sondern presst seine Mandibeln gegeneinander und erzeugt eine Art Federspannung, die frei wird, wenn eine Mandibel über die andere gleitet, ganz ähnlich wie beim Fingerschnippen. Dieses Schnippen erreicht eine Geschwindigkeit von bis zu 90 Metern pro Sekunde, was 324 Stundenkilometern entspricht.

Diese einmalige Fähigkeit setzen die Ameisen aber nicht allein zur Jagd ein. Mit der Wucht des Schnappmechanismus wehren manche Spezies auch fremde Tiere (meist Ameisen) ab, die ihrem Nest zu nahe kommen. Die Wächterinnen packen zu und schleudern ihre Gegnerinnen mehrere Zentimeter weit durch die Luft. Oftmals fliegt durch den Rückstoß auch die Wächterin selbst ein Stück nach hinten. Die australische *Orectognathus versicolor* leistet sich sogar eine eigene Kaste von Soldatinnen mit vergrößerten Mandibeln zum Zweck des Nestschutzes und der Feindabwehr. Die Soldatinnen tragen wenig zur Nahrungsbeschaffung bei und verbringen die meiste Zeit damit, mit erhobenen Mandibeln am Nesteingang zu stehen. Wagt sich jedoch ein Eindringling in das Nest, wird er bei minimalem Verletzungsrisiko für die Wächterin effektiv aus dem Weg geschleudert.

Indem die Ameisen ihre bizarren Kiefer als Fluchtwerkzeuge nutzen, können sie sich auch aus schier ausweglosen Situationen befreien. Ameisen gehören zu den wichtigsten Beutetieren von Ameisenlöwen, den Larven der Ameisenjungfern. Ameisenlöwen bauen trichterförmige Gruben in feinem Sand und lauern darin ihrer Beute auf. Stürzt eine Ameise in den Trichter, kommt sie oftmals nicht mehr heraus. Denn beim Versuch, nach oben zu steigen, findet sie im krümeligen Sand an den steilen Wänden nur wenig Halt. Zudem bewirft der Ameisenlöwe sie vom Grunde seiner »Löwengrube« aus mit Sand, bis die Unglückliche abrutscht, vom Ameisenlöwen gepackt und genüsslich verspeist wird. Wohl der, die in so einer Situation gewaltige Mundwerkzeuge hat: Indem sie ihre Kiefer in Richtung Boden zuschnappen lässt, kann *Odontomachus brunneus* die hohe Antriebsgeschwindigkeit nutzen und sich aus der Falle des gefräßigen Löwen herauskatapultieren. Das gelingt zwar nicht in allen Fällen, dennoch steigt mit diesem Trick ihre Überlebenschance deutlich, wie Forscher der Universität Illinois in Experimenten zeigen konnten. Mit dem Hochgeschwindigkeitsbiss kann *Odontomachus bruni* bis zu sechs Zentimeter hoch oder bis zu 40 Zentimeter weit springen. Damit entkommt man nicht nur dem Ameisenlöwen. Der Flug dauert sogar lange genug, um der Zunge einer Echse zu entgehen, die immerhin auch in Bruchteilen von Sekunden hervorschnellt. Wahrscheinlich können Schnappkieferameisen mit solchen Sprüngen auch noch anderen Feinden wie Spinnen und Fröschen entgehen. Außerdem könnte das simultane Emporschnellen mehrerer Tiere unerwünschte Gäste am oberirdischen Ameisenbau verwirren. Schnappkieferameisen nutzen ihre Mandibeln also nicht nur für einen einzigen Zweck, sondern haben ein multifunktionales Werkzeug an der Hand. Und es dient nicht nur für Angriff und Abwehr: Ihre mächtigen Schnappkiefer setzen die Ameisen natürlich auch beim Nestbau und sogar ganz behutsam bei der Pflege von Eiern, Larven und der Königin ein.

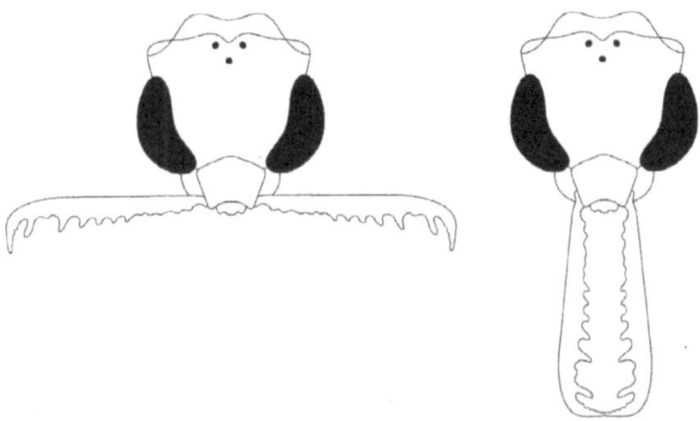

***Abb. 14:** Schnappkieferameise, Kopf von oben betrachtet. Die Mandibeln sind in weit geöffnetem Zustand arretiert, wie im Bild auf der linken Seite zu sehen ist. Wird die Sperre gelöst, schnappt der Kiefer mit hoher Geschwindigkeit zu.*

Tierische Rettungsteams

Ameisenlöwen, wir hörten es gerade, sind der Schrecken in der Welt der Ameisen. Die cleveren Fallensteller leben vorwiegend in trockenen und sandigen Gebieten, wo sie gut ihre perfekten kegelförmigen Gruben konstruieren können. Im mediterranen Südfrankreich kommt es öfter vor, dass eine Arbeiterin der Wüstenameisenart *Cataglyphis cursor* in diese Falle tappt. Schafft die Ameise es nicht alleine zu entkommen, ja, wird sie gar vom gefräßigen Räuber festgehalten, sendet sie einen Notruf aus. Und tatsächlich: In vielen Fällen eilen in der Nähe befindliche Nestgenossinnen herbei und versuchen, ihre Kameradin zu befreien. Dabei gehen sie äußerst zielgerichtet vor, wie ein Team um Elise Nowbahari von der Universität Paris-Nord herausfand. Die Forschungsgruppe imitierte eine Grube des Ameisenlöwen, indem sie in mehreren Versuchsanordnungen einzelne *Cataglyphis*-Ameisen mittels Nylonfaden an einem Stück Filterpapier festbanden und die Schlinge mit Sand bedeckten. Da half alles Zappeln nichts, die Tiere schafften es nicht, sich selbstständig aus dieser Misere zu befreien. Es dauerte nicht lange, bis die ersten Nestgenossinnen näher kamen, vermutlich angelockt von einem Pheromon, einem Duftstoff also, den die gefangene Ameise als SOS-Signal abgesetzt hatte. Die so Angelockten nahmen die Lage in Augenschein und begannen kurze Zeit darauf mit den Rettungsarbeiten: Sie trugen kleine Steinchen weg und scharrten Sandkörner zur Seite, um ihre Nestgenossin auszugraben. Danach fassten sie diese an den Gliedmaßen und versuchten sie aus dem Sand zu ziehen. Als auch das nichts half, legten sie die Nylonschlinge frei und setzten ganz gezielt mehrere Bisse, bis das gefangene Tier endlich loskam. Die Helferinnen unterschieden dabei ganz genau, wem sie ihre Hilfe zuteilwerden ließen: Einem Mitglied einer fremden Kolonie oder einer fremden Ameisenart begegneten sie stets mit aggressivem Verhalten, einem Mitglied der eigenen Kolonie aber leisteten sie Hilfestellung. Ein solch versiertes Vorgehen, nämlich den Nylonfaden als Ursache des Problems zu erkennen und mit präzisen Bissen zu zerstören, war bis dahin bei Ameisen noch nicht beobachtet worden.

Inzwischen ist die Rettung gefangener Nestgenossinnen, einschließlich des Traktierens der Fessel, bei einigen wenigen weiteren Spezies beschrieben worden. Die Blutrote Raubameise dringt, wie wir schon gehört haben, immer einmal wieder in Kolonien fremder Arten ein und raubt deren Brut, um sie zu versklaven. Sie trägt hauptsächlich Puppen in das eigene Nest und lässt die fertig entwickelten Tiere für sich arbeiten. In Raubameisenkolonien leben dann zumindest eine Zeit lang Tiere aus zwei verschiedenen Arten. In einer Studie wurde beobachtet, was passiert, wenn Arbeiterinnen aus Nestern der Blutroten Raubameise, in denen Sklavinnen der Hilfsameisen *Formica cinerea* bzw. *Formica fusca* lebten, in die Fänge eines Ameisenlöwen geraten. Beide Hilfsameisen kamen der Raubameise zu Hilfe – obwohl sie ja deren Sklavenhalterin war, versuchten sie, sie freizugraben und aus dem Sand herauszuziehen. Außerdem attackierten sie den Ameisenlöwen. Wenn eine Arbeiterin der *Formica cinerea* in der Löwengrube gelandet war, stand ihr ebenfalls eine Nestgefährtin bei. Erstaunlicherweise erhielt dagegen eine *Formica fusca* keinerlei Unterstützung von ihren Gefährtinnen. Die Vermutung der Biologinnen und Biologen ist, dass *Formica fusca* zwar die Hilfesignale anderer verstehen kann und dann in helfender Weise reagiert, sie allerdings nicht in der Lage ist, selbst ein solches SOS-Signal auszusenden.

Eine andere spektakuläre Entdeckung machten erst kürzlich Würzburger Forscher um Erik Frank, der mittlerweile an der Universität Lausanne tätig ist: Ameisen der Gattung *Megaponera analis* haben echte Sanitäterinnen. Die Matabele-Ameisen leben in Afrika südlich der Sahara und haben sich in ihrer Ernährung auf Termiten spezialisiert, deren Kolonien sie mit wiederkehrenden Raubzügen überziehen. Die Arbeiterinnen sind recht groß, sehr agil und äußerst kampfeslustig. Sie können auch Menschen schmerzhaft beißen und stechen. Zwei- bis fünfmal am Tag entsendet ein Volk zunächst Späherinnen, die nach Termiten Ausschau halten. Haben sie eine geeignete »Nahrungsquelle« gefunden, laufen sie auf dem schnellsten Weg zu ihrem Nest und mobilisieren ein Überfallkommando, das aus 200 bis 600 Arbeiterinnen besteht. Die Kolonne geht dann geschlossen zum Angriff auf die Termiten über und tötet möglichst viele. Nach fünf bis zehn Minuten marschiert die Truppe mit der Beute im Gepäck zurück in ihr Nest, wo die toten Termiten dann gemeinschaftlich verspeist werden. Die Ameisen treffen bei den Raubzügen allerdings immer auf Gegenwehr, denn die Termiten sind den Angreiferinnen nicht wehrlos ausgeliefert. Auch sie schicken Soldaten ins Kampfgetümmel, die mit einem gepanzerten Kopf und gefährlichen Mandibeln ausgestattet sind. Der Angriff auf die wehrhafte Beute beschert den Ameisen also auch Verluste. Die Termiten durchtrennen Beine oder Antennen der Angreiferinnen. Manchmal verbeißen sie sich auch in die Ameisen und bleiben dort hängen, sodass sich die verwundete Ameise nur noch sehr eingeschränkt bewegen kann. Auf dem Rückweg zum Nest kann eine so verletzte Ameise mit der Geschwindigkeit der Marschkolonne nicht mehr mithalten. Allein und auf sich gestellt aber, stirbt ein Drittel der Lädierten an Erschöpfung oder fällt Angriffen von Räubern wie Spinnen oder anderen Ameisenspezies zum Opfer.

Deshalb treten nun Sanitäterinnen auf den Plan. Sie suchen das Schlachtfeld nach verwundeten Gefährtinnen ab. Erkennen können sie diese anhand der Hilferufe, die die Verletzten in Form zweier Pheromone aus der Mandibeldrüse abgeben. Die Sanitäterin untersucht zunächst das verletzte Tier mit ihren Antennen. Die Verwundete legt daraufhin alle (verbliebenen) Gliedmaßen eng an den Körper, nimmt eine puppenähnliche Tragehaltung ein und lässt sich so ins Nest bringen. Allerdings erfahren nicht alle Lädierten diese Behandlung: Es sind primär die nur leicht verletzten, kooperativen Insekten, die ins Nest getragen werden, also jene, denen nur ein oder zwei Beine fehlen oder die noch eine in sie verbissene Termite mit sich herumschleppen. Schwer verletzte Tiere verhindern durch unkoordiniertes Zappeln, dass die Sanitäterinnen zupacken können. Nach ein paar vergeblichen Versuchen, sie hochzuheben, lässt die Helferin die Verwundete dann auf dem Schlachtfeld zurück.

Im Nest treten Chirurginnen und Krankenpflegerinnen in Aktion. Festgebissene Termiten werden entfernt. Ist das nicht möglich, werden zumindest deren Köpfe vom Körper abgetrennt. Die Wunden der Patientinnen werden ausgiebig beleckt. Auf diese Weise werden sie gereinigt, vermutlich aber auch mit antibakteriellen Sekreten eingestrichen, um die Gefahr von Infektionen zu verringern. Diese Wundversorgung steigert die Überlebenschancen der Lädierten erheblich: Nur zehn Prozent der verstümmelten Tiere sterben, während die Sterblichkeit ohne medizinische Versorgung bei etwa 80 Prozent liegt. Die Patientinnen genesen erstaunlich schnell, sie können den Verlust von ein oder zwei Beinen offenbar gut kompensieren und gewinnen nahezu ihre alte Laufgeschwindigkeit zurück. Fast alle geretteten Metabele-Ameisen beteiligten sich in den Experimenten bereits am nächsten Tag erneut an einem Raubzug. Pro Tag wurden neun bis 15 Verletzte geborgen. Dass ein solches Verhalten sinnvoll ist, konnten die Biologen errechnen: Würden diese kriegerischen Ameisen ihre Verwundeten nicht versorgen, wären die Kolonien um etwa 30 Prozent kleiner!

Giftige Rekorde

Medizinische Hilfe braucht in vielen Fällen auch ein Mensch nach einer Begegnung mit dem Stachel bestimmter Ameisen. Als schmerzhaftester Insektenstich gilt der Stich der

24-Stunden-Ameise (*Paraponera clavata*), die auch Tropische Riesenameise oder Gewehrkugelameise (engl. Bullet Ant) genannt wird. Ihr Zuhause ist im tropischen Regenwald Süd- und Mittelamerikas.

In der Rangliste der Insektenstichschmerzen erhält der Stich der 24-Stunden-Ameise eine 4+, die höchste Note, die der Entomologe Justin Schmidt von der Universität von Arizona in Tucson in seinem »Schmidt Sting Pain Index« zu vergeben hat. Zum Vergleich: Ein Bienenstich bekommt auf dem Index eine 2,0. Schmidt beschreibt den Stich der Gewehrkugelameise als reinen, intensiven, hellen Schmerz, als ob man über glühende Kohlen laufe und dabei einen sieben Zentimeter langen Nagel in der Ferse stecken habe. Und wie der Name der Ameise schon andeutet, dauern die Schmerzen sehr lange an. Verantwortlich dafür ist Poneratoxin, das Gift der Ameise. Es handelt sich um ein Neurotoxin, das extreme Schmerzen, Schweißausbrüche, Übelkeit, Erbrechen und Herzrhythmusstörungen hervorruft.

Auch in der Rangliste der giftigsten Insektengifte kann eine Ameise den ersten Platz für sich beanspruchen: die Ernteameise *Pogonomyrmex maricopa*. Ihr Gift hat die niedrigste an Mäusen gemessene letale Dosis (LD50) von 0,12 Milligramm pro Kilogramm Körpergewicht. Bei einem zwei Kilogramm schweren Säugetier würden zwölf Stiche genügen, um die letale Dosis zu erreichen. Die Hauptnahrungsquelle der Ernteameisen sind Gräsersamen, die sie in ihren unterirdischen Nestern als Vorratslager anlegen. Womöglich dient das Gift dazu, die Vorräte vor eindringenden Wüstenmäusen zu schützen.

Türsteherinnen und wandelnde Sprengkörper

Ameisen haben viele weitere Strategien entwickelt, um sich gegen Feinde zu wehren. Manche Tiere opfern sich dabei selbst, wenn sie ihre Kolonie verteidigen, und das nicht nur, indem sie sich ohne Rücksicht auf das eigene Leben auf den Feind werfen. Manche setzen ihr Leben sogar sehr zielgerichtet ein, um den Angreifer zu töten, indem sie sich der sogenannten Autothyse bedienen: Das Tier sprengt sich dabei wie bei einem Selbstmordattentat selbst in die Luft und reißt den Gegner mit in den Tod. Erst 2018 hat ein internationales Forscherteam um Irina Druzhinina von der Universität Wien im Kleinstaat Brunei auf der Insel Borneo eine neue Art der explodierenden Ameisen entdeckt. Sie tauften sie – Nomen est Omen – auf den Namen *Colobopsis explodens*. Diese neu beschriebene Art ist nicht die erste mit solch bizarren Fähigkeiten, sie reiht sich ein in gut eine Handvoll naher Verwandter in Südostasien, die alle ganz ähnliche Eigenschaften besitzen: Ihre Kieferdrüsen sind übermäßig groß und ziehen sich fast über die gesamte Körperlänge. Sie dienen als Vorratsbehälter für den explosiven Giftcocktail der Tiere und stehen unter großer Spannung. Indem die Ameise ihre Gastermuskulatur ruckartig zusammenzieht, kann sie diese Behälter zum Platzen bringen. Dadurch wird ein ganzer Schwall an gelblichem Giftsekret freigesetzt, das dann an Körper, Mandibeln und Beinen des feindlichen Tieres haften bleibt, oft mit tödlichem Ausgang. Die Ameise selbst überlebt die Explosion nicht. Bevor sie sich allerdings für das Wohl der Kolonie opfert, richtet sie ihre Gaster auf und zeigt damit eine typisches Drohgebärde, die wohl bedeuten soll: Verschwinde, oder es knallt!

Interessanterweise verfügen bei *Colobopsis explodens* nur die kleinen Arbeiterinnen über diesen Explosionsmechanismus, nicht aber die Soldatinnen der Kolonie. Die großen Schwestern wiederum besitzen typische Stöpselköpfe (siehe auch Kapitel »Nur die Spitze des Eisbergs«). Ihre Aufgabe besteht darin, als lebende Eingangstore den Zugang zum Nest zu kontrollieren und gegebenenfalls zu blockieren. Wenn also die explosiven Arbeiterinnen nicht schon ganze Arbeit geleistet haben, hindern die Türsteherinnen mit ihren unförmigen Schädeln etwaige Feinde am Eindringen in das Nest.

Keine Angst vorm nassen Element

Solche Stöpselkopfameisen können nicht nur ungebetene Gäste draußen halten, sondern auch dafür sorgen, dass das Nest bei Hochwasser trocken bleibt (siehe Kapitel »Nur die Spitze des Eisbergs«). Eine andere Strategie, um mit Überschwemmungen des Lebensraums umzugehen, verfolgt z.B. die Rote Feuerameise (*Solenopsis invicta*): Die Arbeiterinnen verhaken sich mit ihren Beinen (teilweise auch mit ihren Mandibeln) und schließen sich so zu lebenden Flößen zusammen. Ein Teil des Volkes bildet die Plattform und befindet sich dabei auch unter Wasser, die anderen Tiere klettern auf ihre Nestgenossinnen und werden von diesen getragen. Kleine Luftblasen, die die Ameisen in dem dichten Gewebe, das sie mit ihren Körpern bilden, sowie auf ihrer Bauchseite ansammeln, ermöglichen das Atmen unter Wasser und sorgen für Auftrieb. Diese pfannkuchenförmigen Gebilde können Tausende bis Millionen Passagierinnen umfassen und mehrere Tage, vielleicht sogar Wochen, auf dem Wasser driften, ohne dass ein nennenswerter Teil der Kolonie dabei ertrinkt.

Auch einige europäische Ameisenspezies beherrschen die Konstruktion von Flößen, etwa die Hilfsameise *Formica selysi*. Auf dem Floß hat jedes Mitglied der Ameisenkolonie einen festen Platz. Eine wichtige Rolle spielt dabei die Brut: Sie wird von den Arbeiterinnen an der Basis platziert und stabilisiert aufgrund ihres höheren Auftriebs das Rettungsboot. Darauf versammeln sich meist drei weitere Lagen von Tieren. Die Königin befindet sich stets in der Mitte, sodass sie gut vor dem Wasser und etwaigen Feinden geschützt ist.

Man kann tief in das Innere eines Menschen und auch einer ganzen Gesellschaft blicken, wenn man aufmerksam beobachtet, wie sich Menschen der Natur gegenüber verhalten. Mir haben besonders zwei Menschen ihre innere Schönheit offenbart, indem sie mich an ihrem Umgang mit den von mir so geliebten Ameisen teilhaben ließen.

Im Herbst 2017 erhielt ich einen Anruf von Laurenz aus Österreich. Seine Stimme klang am Telefon freundlich und aufgeschlossen. Laurenz hatte mich im Fernsehen gesehen und war ganz begeistert von unserer Arbeit. Auch an seinem Haus lebe ein Ameisenvolk, meinte er. Die Tiere hätten sich aber ausgerechnet die Eingangstreppe als Neststandort ausgewählt, was ihn ziemlich störe. Ich versuchte ihn erst einmal davon zu überzeugen, dass so ein Ameisennest ja sehr beeindruckend und nützlich ist. Ob denn das Nest wirklich so störe, dass es wegmüsse, fragte ich ihn. Für den Fall, dass er die Umsiedlung wolle, verwies ich ihn an die Ameisenschutzwarte in Österreich. Ich wusste es zwar nicht genau, vermutete aber, dass sich auch in Österreich Ameisenumsiedler finden lassen würden.

Berührende Erfahrungen

Am 17. April 2018 erhielt ich dann eine Nachricht von einer mir unbekannten Handynummer. Die Nachricht enthielt vier Fotos eines Ameisennestes an einer Treppe und die Mitteilung des Absenders, dass er jetzt das Ameisennest im Alleingang umsetzen möchte: »... Das tut mir jetzt wirklich sehr leid, aber das nimmt mittlerweile wirklich überhand. Nicht nur, dass die vor allen Hauseingängen rumkrabbeln und dadurch dauernd totgetreten werden, die sind jetzt auch schon im Haus drinnen und es werden immer mehr ...«. Der Absender schrieb weiter, dass er sich gern mit mir unterhalten würde, damit ich ihm erklärte, wie er genau vorgehen müsse.

Bei mir schrillten die Alarmglocken. Hatte ich jemanden vergessen, dem ich versprochen hatte, ehrenamtlich ein Nest umzusetzen? Das war mir schon einmal passiert. Zu meiner großen Erleichterung waren der Eigentümer des Grundstückes, auf dem die beiden Ameisennester lebten, und die zuständige Untere Naturschutzbehörde damals verständnisvoll gewesen und hatten zugestimmt, dass die beiden Nester erst im nächsten Frühling umgesiedelt werden konnten. Ich fürchtete, mich schon wieder bei derselben UNB für eine Panne entschuldigen zu müssen.

Mit klopfendem Herzen rief ich die Nummer zurück. Drei Pieptöne später meldete sich ein Mann mit einem eindeutig österreichischen Akzent. Aber es war spät, ich hatte einen langen Tag hinter mir und war etwas durcheinander. Ich erkannte meinen Gesprächspartner nicht, fragte, wer er denn sei und dass ich jetzt gerade nicht wisse, um welches Nest es denn gehe. »Na, wir haben doch letztes Jahr telefoniert wegen dem Ameisennest an meiner Treppe ...«. Ah ja, dämmerte es mir, da war doch was gewesen! Laurenz erklärte mir dann, dass er einen Umsiedler aus Österreich konsultiert hatte. Der habe gesagt, dass das Umsiedeln mehrere Tausend Euro kosten würde. Dieses Geld hatte Laurenz nicht, er wollte die Tiere aber auch nicht ständig tottrampeln, und das Nest einfach zu zerstören, kam für ihn ganz selbstverständlich auch nicht infrage.

Ich begann ihm also ganz genau zu erklären, wie man ein Ameisennest am besten umsetzt. »Zuerst müssen Sie das ganze lockere Streumaterial sehr vorsichtig zusammenpacken und die Strukturen, die von den Ameisen besiedelt sind, auch mit rausnehmen (die Treppenstufen z.B.). Dann müssen Sie jeden Gang in der Erde nachgraben. Den lockeren Sand aus den tiefen Nestschichten können Sie nicht zum Nestbau nehmen, da die Tiere darin verschüttet werden. Sie müssen diesen später breit um das neue Nest verteilen. Das Nest bauen Sie aus den Treppenstufen und der Neststreu.« Ich erklärte ihm auch, dass er nicht noch zwei Wochen warten solle. Jetzt seien die Königinnen und die meisten Tiere noch im oberen Nestteil, bald aber würden sie sich wieder in die Tiefe zurückziehen.

Abends konnte ich nicht gut einschlafen. Hatte ich da tatsächlich einer mir wildfremden Person in Österreich erklärt, wie ein Ameisennest fachgerecht umgesiedelt wird und damit meine Zustimmung für eine solche Aktion gegeben? Waldameisen sind geschützt, zumindest bei uns in Deutschland. Hier darf ein Ameisennest nur mit der Genehmigung der Naturschutzbehörde von geschulten Ameisenhegern umgesetzt werden. Ich schickte ein Gebet gen Himmel, dass doch bitte alles gut gehen möge!

Am 19. April erhielt ich dann um halb elf am Vormittag eine weitere Nachricht: »Habe von um vier Uhr früh bis jetzt das Hauptnest versetzt mit Königin und es ist ganz gut gelaufen. Ich denke, ich werde in den kommenden Tagen noch weitergraben. Es gibt wahrscheinlich noch Außennester. Danke für die guten Tipps.«

Am 20. April kam dann die Mitteilung: »Die sind wieder da! Jetzt sind die zwar nicht mehr so zahlreich, aber ich muss wohl doch noch einmal graben. Wahrscheinlich hat sich noch irgendwo eine Königin versteckt … Hätte nicht gedacht, dass das Nest so tief geht.« Drei Fotos waren der Nachricht beigefügt. Zwei von der Nestgrube und eines vom neuen Nest. Aber was war denn das da auf dem einen Foto? Eine Vogelscheuche neben dem Nest!? Die Erklärung stand in der Textnachricht: »Da ist der neue Haufen, den ich angelegt habe, mit Vogelscheuche, weil die Vögel sich ganz schön bedient haben. ... P.S.: Nach der gestrigen Aktion habe ich wirklich Respekt vor Ihrer Tätigkeit und was Sie da diesen Tieren zuliebe machen.«

Am 21. April dann: »Eine Frage bitte noch: Wenn da solche Nester mit kleinen gelben Ameisen sind, sind das dann die Kinderstuben oder handelt es sich um eine andere Art?« »Aha«, dachte ich, »Gastameisen also auch noch. Vielleicht eine *Formica truncorum*?« Auf den Bildern konnte ich das nicht genau erkennen und in Österreich können ja auch die Gebirgsameisen vorkommen, die ich selbst noch nie umgesiedelt habe.

In den nächsten Tagen erhielt ich weitere Nachrichten und Bilder, die mich über den Stand der Umsiedlung auf dem Laufenden hielten. Laurenz kümmerte sich um die Restbevölkerung, und musste dabei schließlich sogar noch Betonplatten vom Weg wegstemmen. Er baute den Ameisen ein wunderschönes Dach für ihr Nest, komplett mit eigener Schnitzerei im Querbalken, »weil die doch vorher auch unter einem Vordach und somit trocken lebten.« Sein Engagement haute mich total um. Ich war ergriffen, dass sich jemand für meine kleinen Freundinnen solch eine Arbeit machte. Laurenz hatte an jedes Detail gedacht. Als er dann noch kleine Bäumchen mit Rindenlausbefall umsetzen wollte, die dem Volk am ursprünglichen Standort als Nahrungsquelle gedient hatten, war ich vollständig begeistert von diesem Menschen, der die Natur so genau wahrnahm und ihr Achtung und Ehrfurcht entgegenbrachte. Er meinte am Ende der Aktion: »... Ich möchte mich jetzt noch mal für die tatkräftige Unterstützung bedanken und vor allem für den moralischen Rückhalt, den ich daraus bezogen habe! Das finde ich wirklich schön! Ohne Sie hätte ich mich das weder getraut noch geschafft.« Er dankte mir und wusste gar nicht, wie sehr er mich beschenkt hatte. Ich antwortete: »Kein Problem, ich finde es so schön, dass Sie den Ameisen so viel Respekt entgegengebracht haben und sie nicht, wie viele andere Leute, einfach vertrieben oder schlimmer noch, getötet haben ...«

Auch ein alter Bekannter hat mich tief berührt, als er uns bei der Umsiedlungsaktion an der Leitungstrasse, von der ich schon berichtet habe, begleitete. Ich kenne Ralf aus meiner Zeit in Lakoma, das dem Braunkohletagebau zum Opfer fiel und das es heute nicht mehr gibt. Über all die Jahre sind wir locker in Kontakt geblieben, auch als er in Norwegen eine Familie gründete. Den Sommer 2018 verbrachte Ralf zusammen mit seinem Sohn in Deutschland, um bei seiner kranken Mutter zu sein. Zwei Wochen seiner Zeit opferte er aber auch, um uns bei der Umsiedlung der vielen Nester zu unterstützen. Ralf ist ein sehr aufmerksamer und einfühlsamer Mensch. Natürlich war klar, dass er mit mir gemeinsam in einem Team arbeiten würde. Ich war froh, auch mal einen Freund an meiner Seite zu haben und nicht immer nur Chefin zu sein. Schon nach zwei Tagen führte Ralf eine Neuerung ein und verblüffte mich damit völlig. Wenn wir die Neststreu entnehmen, legen wir ja nach und nach den Stubben frei, der sich vor allem bei den Kahlrückigen und den Roten Waldameisen meist im Nestinneren befindet. Ich habe schon erzählt, dass die Tierchen dann in heller Aufregung sind, weil ihre Bastion, ihre Festung, schutzlos ist und dass uns deshalb Hunderte Tiere mit ihrer Säure bespritzen und attackieren. Ralf nahm das nicht einfach hin. Er versetzte sich in die Tiere hinein und fand eine überraschend einfache Lösung, um deren Panik zu lindern: Er sammelte Moos und packte dieses auf den

Stubben, sodass er fast komplett abgedeckt war. Das Ergebnis war erstaunlich. Die Tiere beruhigten sich sofort, sammelten sich friedlich im Moos und bespritzten mich nicht mehr, wenn ich neben dem Stubben in die Tiefe grub. Ab und an wechselte Ralf den »Moosverband« und packte das von Ameisen besetzte Moos in den jeweiligen Sack. In der zweiten Woche entwickelte Ralf dann eine völlig andere Methode der Bergung. Er näherte sich dem Nest von außen. Er grub also erst einmal einen Graben um das gesamte Nest und barg das Nest vom Rand nach innen. Es war sehr schön, ihm beim Arbeiten zuzusehen, und mir wurde einmal mehr gezeigt, dass ich nie auslerne und mein Tun immer wieder auch hinterfragen sollte.

Die dunklen Seiten in uns Menschen

Leider aber kenne ich nicht nur Menschen, die mir wegen ihres achtsamen Umgangs mit der Natur sehr ans Herz gewachsen sind. Ich begegne auch ganz anderen. Einmal besuchte ich einige von mir angesiedelte Ameisenvölker. Die Nester stammten ursprünglich aus Lakoma und waren schon deshalb etwas ganz Besonderes für mich. Das neue Zuhause der Ameisen erzählte mir auch ein wenig von dem Ort, an dem ich eine Zeit lang gelebt und gegen den Braunkohlentagebau gekämpft hatte und den es heute nicht mehr gibt. Ich war darum sehr versunken in der Beobachtung der Tiere. Ich freute mich darüber, wie schön die Nestkuppel inzwischen ausgebaut war und bemerkte die vielen kleinen Harzpartikel, die überall zwischen der üblichen Neststreu lagen. Kurz zuvor erst hatte ich gelesen, dass es verschiedene Theorien gibt, warum man in und auf Ameisennestern oftmals Harzpartikel findet. Einige Experten meinen, dass die Ameisen genau wissen, dass Harz antibakteriell wirkt. Deshalb sollen sie vor dem Betreten des Nestes ihre winzigen Füßchen »desinfizieren«, indem sie über die kleinen Harzklümpchen laufen. Auch als Klebemittel für die trockene Neststreu könnten die Harzbröckchen nützlich sein. Vielleicht werden sie aber auch nur einfach als normales Baumaterial für das Nest genutzt. Aufmerksam beobachtete ich jetzt die Tiere und schaute, ob die ankommenden Sammlerinnen über die Harzbröckchen liefen, um sich die Füße zu putzen bevor sie die Wohnung betraten.

Ich war so in meine Beobachtungen vertieft, dass ich die Frau, die sich zusammen mit einem Hund auf dem Waldweg näherte, nicht bemerkte und aufschreckte, als der Hund zu bellen begann. »Was machen Sie denn da?«, fragte die Frau etwas gereizt. Ich erklärte freundlich, dass ich das Ameisennest hierher angesiedelt hatte und dass ich nur mal gucken wollte, wie es den Tieren denn so gehe. Da fing die Frau an zu wettern, dass sie hier doch wohl schon genug Waldameisennester hätten. Sie habe selbst auch mal eines unter der Thuja-Hecke auf ihrem Grundstück gehabt. Da habe sie dann irgendwann kochendes Wasser draufgeschüttet. Einige Tiere hätten das zuerst überlebt, aber »nach dem zweiten Mal war endlich Ruhe«. Ich war wie vor den Kopf gestoßen. »Wissen Sie eigentlich, wie bewundernswert, inspirierend und nützlich diese Tiere sind?«, fragte ich die Frau. »Außerdem sind Waldameisen geschützt! Und was Sie da getan haben, ist nicht nur unerhört, sondern nicht legal!« Ich erntete nur ein höhnisches Lachen und wurde im Weggehen noch zur »Ökospinnerin« erklärt.

Menschen können sehr einfallsreich sein, wenn es darum geht, Waldameisen zu vernichten. Ein Volk zu vergiften, ist da noch eine der »gnädigeren« Varianten. Besonders schlimm fand ich einen Mann, der sehr lebhaft und voller Begeisterung erzählte, wie schön so ein Ameisennest brennt, wenn man es anzündet. Denn die Tiere halten das Nest ja immer schön warm und trocken. Ich kann solche Geschichten kaum ertragen.

Wie muss so ein Mensch fühlen, der ein Ameisennest abbrennt oder kochendes Wasser hineinschüttet? Wie abgestumpft sind diese Menschen, die etwas dermaßen Entsetzliches tun können und dann noch offen damit prahlen? Wie weit entfernt von Empathie und Liebe? Ja, wie weit entfernt von einem Teil ihrer Selbst: Denn die Natur, mit all ihren Schätzen und Wundern, ist eins mit uns. Sie ist auch unsere Lebensgrundlage, unser Lebensraum und unsere Heimat. Zerstören wir sie, zerstören wir uns selbst.

Wenn Sie aber glauben, dass nur einzelne Menschen so etwas tun, muss ich Sie enttäuschen. Gerade, wenn es um politische und wirtschaftliche Interessen geht, ist Natur oft nicht viel wert. Da mögen wir uns in Deutschland noch so rühmen für unsere fortschrittliche Naturschutzgesetzgebung. Kommen große wirtschaftliche Interessen ins Spiel, wird der Auslegungsspielraum für die Anwendung der Gesetze mit einem Mal sehr groß. Ich habe Ihnen ja im Kapitel »Ameisenjahr« von der strapaziösen Umsiedlungsaktion im Sommer 2018 erzählt. Wir standen unter enormem Druck, die Ameisennester im Baufeld in einem sehr kleinen Zeitfenster noch vor Baubeginn umzusetzen. Uns wurde unmissverständlich und ganz ohne Emotionen klargemacht, dass es aber nicht so schlimm sei, wenn wir nicht alle Nester schafften. Es gebe ja die Ausnahmegenehmigung. »Die Nester, die Sie nicht schaffen, werden dann eben weggemacht.«

Die meisten Menschen bedenken gar nicht, wie viele Lebensräume bei so einem großen Bauprojekt zerstört und wie viele Lebewesen kurzerhand getötet werden. Wir setzen ja nur die Waldameisen um, aber die Holzameisen, Wegameisen, Käfer, Würmer, Spinnen, Eidechsen, Wildbienen, Vögel, das Wild und all die anderen Tiere verlieren ihren Lebensraum und oft sogar ihr Leben. Auch viele – teilweise sogar sehr seltene – Pflanzen werden ohne weiteres vernichtet. Das ist jedes Mal ein herber Schlag für das Ökosystem, vergleichbar mit dem körperlichen und seelischen Trauma, das ein menschlicher Körper bei einem Unfall erleidet.

Das alles erschüttert mich immer wieder sehr und ich bin auch desillusioniert. Hat ein Projekt eine bestimmte wirtschaftliche Größe, dann treten die deutschen Artenschutzgesetze scheinbar außer Kraft. Ich fühle mich dann hilflos, und gegen diese Hilflosigkeit schreibe ich auch dieses Buch. Hier und in diesem Augenblick habe ich die Möglichkeit, auf diese Missstände hinzuweisen und auf die Interessen und Nöte der Natur aufmerksam zu machen.

In der Dunkelheit ist immer auch Licht

Und ich kann Hoffnungsgeschichten erzählen, die ich auch immer wieder zu erleben das Glück habe. Mit Jasmin siedelte ich ein Nest der Wiesen-Waldameise in Lübben um. Es sollte eine neue Kirche errichtet werden. Ein Mitarbeiter der Neuapostolischen Gemeinde begleitete uns sogar bei der Umsiedlung, zusammen mit seiner Tochter und deren Freundin. Die Bewahrung der Schöpfung ist der Gemeinde ein besonderes Anliegen. Ebenfalls dabei war die Planerin des Projekts, eine sehr freundliche und offene Frau.

Die Umsetzung des Nestes war anstrengend. Das Grundstück liegt nahe am Bahnhof Lübben in der Nähe der Gleisanlagen. Wahrscheinlich befand sich genau an der Stelle, wo jetzt das Ameisennest lag, früher der Lagerplatz für Gleisschotter. Entsprechend schwierig war es, das Nest zu bergen. Es blieben viele Tiere zurück und die Restbevölkerung baute sich zweimal am Rand der Nestgrube ein neues Nest. Und selbst als wir das zweite Mal die Restbevölkerung geborgen haben, war ich nicht sicher, ob wir nun alle mitgenommen hatten. Deshalb fuhr ich einige Tage später noch ein zusätzliches Mal zu den Tieren und holte auch noch die letzten Nachzügler. Dem Bauherren schrieb ich: »... Am Originalstandort sind noch immer wenige Tiere. Aber aufgrund des Gleisschotters bekommen wir die einfach nicht ganz weg. Deshalb haben wir auch einen dritten Gang zur Bergung der Restbevölkerung durchgeführt. Es entstehen dadurch jedoch keine zusätzlichen Kosten, da wir ja beim Umsiedeln tatkräftige Hilfe hatten und dadurch schneller als kalkuliert fertig waren.«

Daraufhin erhielt ich von der Planerin eine sehr schöne Antwort: »... Anbei ein Spiegel-Beitrag über Ameisenforschung, nach meinem Empfinden wieder einmal von der schrecklichsten Sorte. Aber vielleicht sehen Sie das ja anders, und es ist irgendetwas darin enthalten, was für Sie informativ ist. Ich fände es schön, wenn man Tiere nicht wie Material behandeln würde. Vielleicht fänden sich, bei Einschaltung des Empfindens, auch Forschungswege, ohne Tieren (und Menschen) Sonden ins Hirn zu pflanzen. Die Menschheit müsste trotzdem nicht dumm sterben. Herr XXX würde sicher nicht dreimal zum alten Nest fahren, um die versprengten Nachzügler einzusammeln. Sie zeigen, dass es anders geht, und das freut mich immer wieder.«

Was einen Menschen auszeichnet, ist die Weise, wie er mit Schwächeren umgeht. Wenn also jemand ein Ameisennest vernichtet und dabei Hunderttausende Leben beendet, nur weil er oder sie es kann, sagt das viel über die moralische Gestalt dieses Individuums aus. Wer dagegen selbst unseren kleinsten Mitlebewesen Liebe und Achtung schenkt, zeigt damit auch, dass er ein gutes Herz hat.

Einfach überall

Auch wenn Ameisen auf den ersten Blick schwach und unbedeutend erscheinen, täuscht dieser Eindruck. Ameisen sind die heimlichen Herrscherinnen auf unserem Planeten und wir entgehen ihnen nicht. Ein Leben abseits von Ameisen zu führen, ist praktisch unmöglich: Im tropischen Regenwald sind sie genauso erfolgreich wie am Nordpolarkreis oder in unseren Städten. Sie wandern durch die Versorgungsrohre in den Hauswänden, sie nisten im Inneren von Computern und krabbeln sogar unter Wundverbände. Niemand und nichts ist vor ihnen sicher. In einer amerikanischen Studie zählten Biologen und Biologinnen alle Gliederfüßer, deren sie in 50 Häusern mit zusammen über 500 Zimmern in North Carolina habhaft werden konnten: Sie fanden eine unglaubliche Vielfalt, nämlich zwischen 32 und 211 verschiedene Arten pro Haus, Ameisen waren in jedem Haus und auch in den meisten Zimmern vertreten.
Ameisen sind nicht nur überall, sie sind oftmals auch viele. Zu Zeiten des Hochzeitsflugs können sich gigantische Schwärme paarungsbereiter Ameisen bilden – die zuweilen sogar den Wetterradar »täuschen« können. So meldete beispielsweise der britische Wetterdienst Met Office am 17. Juli 2020, der Wetterradar zeige zwar ein Regengebiet über dem Südwesten Englands an, aber es regne nicht. In Wirklichkeit seien es massenhaft auftretende Schwärme fliegender Ameisen am sogenannten »Flying Ant Day« (»Tag der fliegenden Ameisen«).

Lästig und schädlich

Menschen haben dabei eine ambivalente Beziehung zu Ameisen, sehen sie als lästig an oder fürchten sich sogar vor ihnen. Gründe für das Negativ-Image der Ameisen gibt es natürlich einige. Niemand ist besonders angetan, wenn die eifrigen Tiere auf einer Ameisenstraße über den Küchenboden marschieren. Manche Ameisenarten wie die Glänzendschwarze Holzameise oder die Zweifarbige Wegameise nagen ihre Kammern gerne in Balken oder Zwischenböden, was die Statik des Eigenheims bestimmt nicht verbessert. Auch im Garten sind Ameisen nicht immer gern gesehen, z.B. wenn sie Gehwegplatten unterminieren. Kümmern sie sich geflissentlich um ihre Lausherden, dann wurmt das den Gärtner oder die Gärtnerin.

Und sie können noch ganz andere Geschütze auffahren, was ihre ökologische Vorrangstellung auf unserem Planeten nur unterstreicht. Die Pharaoameise (*Monomorium pharaonis*) z.B. ist eine nur zwei Millimeter große, im 19. Jahrhundert aus dem tropischen Asien nach Europa eingeschleppte Ameisenart. Sie ist wärmeliebend und kann in unseren Breiten den Winter nur in ganzjährig warmen Gebäuden überstehen, etwa in Krankenhäusern, Gewächshäusern, Großküchen oder Bäckereien. Ihre Nester legt die polygyne Ameise an gut versteckten Stellen im Mauerwerk an, beispielsweise entlang von Warmwasserleitungen, Heizungsrohren, aber auch in Steckdosen oder elektrischen Geräten. Sie hat ein großes Vermehrungspotenzial, ein Volk kann 2.000 Königinnen haben. Da kommen selbst einem Kammerjäger die Tränen der Verzweiflung. Pharaoameisen sind zudem Allesfresserinnen, sie bevorzugen vor allem zuckerhaltige und proteinreiche Kost. Deshalb fühlen sie sich auch von Blut und Wundsekreten angezogen. In Krankenhäusern kann das zum Problem werden. Aufgrund ihrer geringen Größe gelangen sie in Kanülen, unter Verbände oder in Infusionsgeräte und können diese verunreinigen und mit Keimen belasten.

Die Blattschneiderameisen sind die Hauptkonsumentinnen lebenden Pflanzenmaterials in den amerikanischen Tropen und daher die dominierende Kraft in ihrem Verbreitungsgebiet. Eine durchschnittliche Ameisenkolonie kann pro Jahr mehr als 30 Tonnen Laub ernten. Zur Deckung ihres ungeheuren Blattbedarfs dringen die Tiere auch in Plantagen ein und können beträchtliche Schäden anrichten. Sogar Graslandschaften sind vor ihnen nicht sicher. Es hat sich gezeigt, dass Rinder die Weideplätze meiden, auf denen Blattschneiderameisen aktiv sind.

Ernteameisen können Dutzende Kilogramm Samen pro Jahr in ihrem Speicher verschwinden lassen und somit zu Ertragsminderungen im Getreideanbau führen. So trägt beispielsweise ein Volk der im Mittelmeerraum beheimateten Ernteameise *Messor* pro Tag bis zu 27.000 Getreidekörner ein.

Aber auch Freundin und Helferin

Andererseits werden Ameisen aber auch als Nützlinge wahrgenommen und die Beziehungen zwischen Ameise und Mensch sind längst nicht immer feindlich. Vor allem die Verwendung von Ameisen als Arzneimittel hat eine lange Tradition. Eine erste schriftliche Erwähnung findet sich bereits im 1. Jahrhundert bei Plinius dem Älteren in seiner »Naturalis historia«. Ameisen und ihre Produkte waren durch mehrere Jahrhunderte wichtige Heilmittel in der Therapie verschiedener Krankheiten. Laut arabischen Handschriften um das Jahr 1000 wurden sie gegen Aussatz und als Aphrodisiakum eingesetzt, Hildegard von Bingen empfahl einen Ameisensud für Dampfbäder gegen Gicht und Lepra sowie zur Inhalation gegen Verschleimungen in Kopf und Brust. Auch bei Augen- und Ohrenleiden sollte die Ameisentherapie Abhilfe schaffen. Ferner wurden die kleinen Krabbler zur Förderung der Durchblutung und zur Wundheilung angewendet. Besonders gegen rheumatische Erkrankungen wurde Ameisensekret bis zum Anfang des 20. Jahrhunderts noch vielerorts eingesetzt.

Ameisen bzw. deren Puppen wurden aber nicht nur für medizinische Zwecke gesammelt, sondern auch als Futter für Singvögel, deren Käfighaltung früher in der Bevölkerung sehr beliebt war, und die Forellenzucht. Vor allem in Teilen Österreichs, Bayerns und Böhmens waren dafür die sogenannten Ameisler und Ameislerinnen zuständig, die sogar ein eigenes Gewerbe bildeten. Es gab verschiedene Methoden, die Ameisenpuppen aus den Nestern zu entnehmen, alle erforderten einiges Geschick. Die Puppen wurden gesiebt und getrocknet und dann auf dem Markt verkauft. Dieser (Neben-)Beruf starb erst in den 70er-Jahren des letzten Jahrhunderts endgültig aus, als keine Genehmigungen mehr zur Sammlung von Ameisenpuppen erteilt wurden.

Blattlaushaltende Ameisen werden zwar in Gärten nicht gerne gesehen. Allerdings steigern sie durch ihre innige Beziehung zu Pflanzensaugern die Honigtaugewinnung ungemein, was besonders die Imker und Imkerinnen freut (siehe Kapitel »Traumjob Ameisenumsiedlerin«).

Die Raubzüge von Treiber- oder Wanderameisen in tropischen und subtropischen Gebieten haben auch eine positive Seite. Das Ameisenheer macht quasi Tabula rasa und beseitigt alles, was sich nicht schnell genug vom Acker macht. Also auch lästige Parasiten. Daher sind Treiberameisen bei den Einheimischen nicht immer unwillkommen, denn ist das Volk dann weitergezogen, sind alle Häuser ungezieferfrei.

Vor dem Zeitalter industriell hergestellter Pestizide war es in Afrika und Asien nicht ungewöhnlich, gegen Insektenplagen auf dem Feld Weberameisen (*Oecophylla*) einzusetzen. Mehrere wissenschaftliche Auswertungen zeigten tatsächlich, dass diese aggressiven Ameisen effektiv sogenannte Pflanzenschädlinge in Schach halten können, und das in Kokosnuss-, Kakao-, Citrus-, Cashew-, Mango- sowie in Nutzholzplantagen. Wo zu diesem Zweck mit Weberameisen gearbeitet wurde, sanken bei gleichem Ertrag die Ausgaben für Pestizide. Eine Studie, die in Kakaoplantagen in Indonesien durchgeführt worden ist, machte außerdem deutlich, dass eine artenreiche und ausgewogene Zusammensetzung der Ameisenvölker in den Plantagen ein Drittel des Kakaoertrags sichert. Und mittlerweile kommen die beiden Ameisenarten auch wieder vermehrt bei der ökologischen Schädlingsbekämpfung zum Einsatz.

Und nicht nur im Landbau sind Ameisen nützlich. Das Hirtenvolk der Massai in Ostafrika z.B. macht sich die starken Kiefer der Treiberameisen zunutze: Um Wunden zu heilen, setzen sie Ameisen mit den Kiefern voran an die Wundränder. Dann drehen sie den festgebissenen Tieren den Leib ab, zurück bleibt der Kopf mit den Mandibeln als Wundklammer. Gleichzeitig sorgt die Ameisensäure dafür, dass die Wunde keimarm »verarztet« werden kann.

Ameisen sind auch verlässliche Helferinnen, wenn es um die Beseitigung von Essensresten geht. Allein auf dem Mittelstreifen von Broadway und West Street in New York schaffen die Krabbler davon jedes Jahr im Umfang von etwa 60.000 Hotdogs weg, was fast einer Tonne Müll entspricht. Je mehr Essensreste die Tierchen aber vertilgen, desto weniger bleibt für Ratten und Tauben, was die Stadtverwaltung sehr zu schätzen weiß.

Ameisen verspeisen aber nicht nur Essensreste, sie können auch dem Menschen als Nahrung dienen. Die Erkenntnis, dass Insekten wertvolle Nährstoffe liefern und dabei auch gut schmecken können, setzt sich in unseren Breiten zwar nur sehr langsam durch. In Nordperu dagegen gelten die Königinnen der Blattschneiderameisenart *Atta laevigata* als Leckerbissen. Sie sind sehr dick und werden geröstet gegessen. Neben einem beträchtlichen Proteingehalt weisen sie auch ungesättigte Fettsäuren und einen hohen Nährwert auf. Die vollen Speichertiere der Honigtopfameisen (*Camponotus inflatus*) sind bei den Ureinwohnern Australiens als natürliche Süßigkeit beliebt und eine ähnliche Art gilt auch in Mexiko als Delikatesse. Die Asiatische Weberameise (*Oecophylla smaragdina*) stellt eine wichtige Nahrungsquelle für die ländliche Bevölkerung in Nordostthailand dar. Auch in Australien ist diese – dort tatsächlich smaragdgrün gefärbte – Art beliebt. Sie schmeckt nicht nur säuerlich, sondern sehr erfrischend nach Zitrusfrüchten. Diesen kleinen Energiekick schätzen australische Ureinwohner schon seit Jahrtausenden. Und mittlerweile serviert sie sogar René Redzepi, ein bekannter Sternekoch, mit viel Erfolg in seinem angesagten Restaurant »Noma« in Kopenhagen. Nicht nur er ist der Meinung, dass Insekten nahrhaft, köstlich und eine großartige Ressource sind, auch die Ernährungs- und Landwirtschaftsorganisation der Vereinten Nationen empfiehlt sie als Nahrungs- und Futtermittel der Zukunft.

Auch die Bionik, also die Entwicklung technischer Lösungen nach Vorbildern aus der Natur, bekommt Anregungen aus der Welt der Ameisen. Der raffinierte silbrige Pelz der Silberameise (siehe Kapitel »Olympiaverdächtig«) inspiriert Ingenieure und Ingenieurinnen, neuartige, kühlende Hüllen für Fahrzeuge, Gebäude und Maschinen zu entwickeln. Die Fähigkeit von Ameisen, optimale Wege zu finden, um von A nach B zu kommen, und sich auf den Ameisenstraßen so zu bewegen, dass keine Staus entstehen, dient Fachleuten in der Logistik und der Verkehrsplanung, um mit Computermodellen, sogenannten Ant-Algorithmen, mathematisch komplexe Probleme in dynamischen Systemen zu lösen. Die Algorithmen werden auch verwendet, um im Internet Datenpakete über verschiedenste Server schneller zu verschicken. Die Navigationskünste der Wüstenameisen fungieren als Modell für die Navigation von Laufrobotern in schwierigem Gelände. In einem anderen Projekt werden die Bewegungen schwer beladener Ameisen am Computer simuliert, mit dem Ziel eine technische Lösung für einen effizienten Lastentransport zu finden. Die Fertigkeit mancher Ameisenarten, in nahezu jedem Untergrund stabile Tunnel zu bauen, ist die Grundlage für die Entwicklung von

»Rettungsrobotern«, die beispielsweise in eingestürzten Gebäuden nach Überlebenden suchen sollen.

Mit dem übergeordneten Ziel, solche Roboter weniger anfällig für Störungen zu machen, unternahmen einige Ameisen sogar eine Reise in den Weltraum. Im Jahr 2014 schickte Deborah Gordon von der Stanford University 600 Arbeiterinnen der Gemeinen Rasenameise (*Tetramorium caespitum*) auf die Internationale Raumstation ISS, um zu erforschen, wie die kleinen Krabbeltiere mit dem Problem der Schwerelosigkeit umgehen. Die Erkenntnisse sollen zu einer Verbesserung der Ant-Algorithmen beitragen.

Schließlich können Ameisen auch auf ganz unerwartete Weise nützlich sein. So hat eine einzelne Ameise schon zur Aufklärung eines Verbrechens beigetragen: 1997 machte in Deutschland der sogenannte »Pastorenmord« Schlagzeilen. Die Frau eines evangelischen Pfarrers wurde tot in einem Wald aufgefunden. Die Verwesung der Leiche war schon weit fortgeschritten. Man konnte den Täter überführen, weil an einem Gummistiefel des Beschuldigten eine einzige Arbeiterin der Glänzendschwarzen Holzameise klebte. Auch auf dem Mordopfer krabbelten etliche Ameisen dieser Art, die es nur in dem Waldstück gab, in dem die Leiche abgelegt worden war und nirgendwo in der weiteren Umgebung. Der Beschuldigte musste also dort im Wald gewesen sein.

In den ersten Jahren meiner Arbeit als Umsiedlerin schüttelten die Menschen oft nur den Kopf, wenn ich ihnen erzählte, dass neben der Botanik die Ameisenumsiedelei meine Profession und Leidenschaft ist. Sie fanden das seltsam. Meist staunten diese Menschen zwar nicht schlecht, sobald sie erfuhren, wie interessant und faszinierend diese Tiere sind, aber das allgemeine Interesse hielt sich in Grenzen. Im Jahr 2017 veränderte sich das vollkommen. Von da an erlebte ich ein mir bis dahin unbekanntes Maß an Interesse und Hilfsbereitschaft.

Plötzlich berühmt

Alles fing mit einem Fotografen der Deutschen Presseagentur (dpa) an, der mich fragte, ob ich nur von toll renaturierten Tagebauflächen berichten könne oder nicht noch ein anderes spannendes Thema hätte. »Sie erzählen immer alles mit so viel Leidenschaft und Liebe zu Ihrer Arbeit, da macht es richtig Spaß zuzuhören.« »Klar«, antwortete ich, »Ameisenumsiedeln mach ich auch noch und das ist absolut faszinierend und sicher auch bildgewaltig.« Es war also eher ein Zufall, dass uns Patrick und eine Journalistin zum Berliner Ring begleiteten, um an einem Umsiedlungstag dabei zu sein. Ein »Gründonnerstagsnest« war es, das am 4. Juli 2017 umgesetzt werden musste. Damals konnte ich noch nicht ahnen, welche immensen Auswirkungen dieser Besuch auf mich und meine Firma haben würde. Ich hoffte nur, dass der Beitrag ein paar Menschen erreichen und für den Schutz der Natur begeistern könnte. Auch die Chefin der Ameisenschutzwarte Brandenburg, Katrin Möller, wurde interviewt. Und natürlich nutzte Katrin diese Gelegenheit, um Nachwuchs anzuwerben. Daher erzählte der aus dem Besuch und dem Interview entstandene Beitrag am Ende nicht nur vom Ameisenumsetzen, sondern auch vom schweren Fachkräftemangel in unserer Branche. Vielleicht lag es am Sommerloch, dass die Medien ihn so voller Eifer aufgriffen. Jedenfalls konnten wir uns nach der ersten dpa-Meldung vor medialer Aufmerksamkeit kaum noch retten. Immer, wenn wir in den folgenden Wochen von einem zum anderen Einsatzort fuhren und im Auto die Freisprechanlage klingelte, scherzte Benny: »ARD, Pro7, RTL oder doch Hollywood ...« Und es war wirklich irre: Alle bekannten Radio- und Fernsehsender wollten uns begleiten und fortan gab es fast keine Woche mehr, in der nicht ein oder zwei Pressetermine anstanden. Besonders die Drehtermine waren am Anfang noch spannend und neu für uns alle. Nach einer Weile aber hatten meine Mitstreiter doch die Nase voll: »Was, heute schon wieder Presse? Ich habe keinen Bock mehr drauf«, maulte Noah an einem Morgen Anfang August. Denn eine Umsiedlung, bei der uns ein Kamerateam begleitet, bedeutet immer zusätzlichen Aufwand. Manchmal müssen wir die Anfahrt mehrfach wiederholen, bis die Bilder stimmen, oder Gespräche mehrmals filmen oder den gleichen schweren Sack fünf Mal zum Hänger und wieder zurück tragen. Das ist schon nervig und frisst enorm Zeit. Und erklären Sie dann mal Ihren komplett ausgelaugten Leuten, dass wir am Drehtag nicht so viel geschafft haben und darum am Tag danach mehr ranklotzen und die liegengebliebene Arbeit nachholen müssen.

Aber trotzdem waren für mich diese Termine tolle Gelegenheiten, größere Aufmerksamkeit auf unsere Sache zu lenken. Und nebenbei bemerkt: Die Presseleute waren in der Regel auch sehr interessante Gesprächspartner (und für uns Frauen oftmals eine Augenweide). Außerdem gibt es dieses Buch nicht zuletzt deshalb, weil eine Literaturagentin im Radio einen Beitrag über unsere Arbeit gehört hat und sofort von den Umsiedlungsgeschichten begeistert war.

Öffentlichkeit für Ameisen

Die mediale Aufmerksamkeit hatte auch noch einen anderen Effekt. Ich erhielt zahlreiche schöne und interessante, manchmal auch skurrile Anrufe und Nachrichten. Einige Menschen bedankten sich nur für die Arbeit, die wir machen. Das waren ganz besondere Momente, so voller Aufmerksamkeit und Anerkennung. Da taten einem die zerschundenen Hände und die schmerzenden Glieder gleich nicht mehr ganz so weh und ich fuhr zwar mit immer noch schlechtem Gewissen wegen meiner vielen Abwesenheiten, aber doch etwas beseelter zu meiner kleinen Tochter Flora zurück nach Hause. Andere Menschen wollten einfach mit mir über Ameisen plaudern, mir Hinweise geben oder ihre Beobachtungen zum Thema mit mir teilen. Sehr viele Menschen fragten aber auch nach, wie sie selbst Ameisenumsiedler oder Ameisenumsiedlerin werden könnten. Einige dieser Menschen wollten einfach nur unbedingt helfen. Für andere Anrufer schien sich hier eine neue berufliche Perspektive zu eröffnen.

Ich freue mich gerade sehr über dieses Interesse! Was für eine Chance auf neue helfende Hände in den Ameisenschutzwarten dieses Landes! Aber ganz ehrlich: Ameisenumsiedlerin sollte man nur werden, wenn man für die Natur brennt. Und man kann auch nicht allein vom Ameisenumsiedeln leben. Es gab Jahre, in denen wir nicht mehr als 15 Nester umgesiedelt haben. Großprojekte wie der Ausbau des Berliner Rings oder der Bau einer ganz neuen Gasleitungstrasse durch ganz Brandenburg sind selten. Zum Glück! Denn bei solchen Großvorhaben müssen Hunderte Nester auf einmal umgesiedelt werden. Solche Aufträge wickle ich dann auch im Rahmen meiner Firma ab, d.h., hier gibt es ein Angebot und einen Auftrag der entsprechenden Auftraggeber an mein Unternehmen. Aber daneben stehen die unzähligen Fälle, in denen sich Menschen belästigt fühlen, weil die Tiere ihre Nester an den Häusern der Menschen bauen, die Ameisenstraßen über den Spielplatz der Kinder verlaufen oder einfach mal ein ganzes Bienenhaus von einem Ameisenvolk übernommen wurde. In diesen Fällen rücken wir Umsiedler ehrenamtlich aus und erhalten, wenn überhaupt, eine kleine Spende für die Ameisenschutzwarte des jeweiligen Bundeslandes. Es ist für mich nicht immer einfach, meiner Familie zu erklären, warum ich auch noch am Wochenende nach Nordsachsen oder nach Berlin fahren muss, um ein einzelnes Ameisennest in einem Gemüsegarten umzusiedeln. Und genau darum benötigen wir Umsiedler in ganz Deutschland Hilfe und Unterstützung, damit die Arbeit auf viele Schultern verteilt wird.

Eine Mühe, die Freude macht

Doch trotz der vielen Mühseligkeiten finde ich, dass das Umsiedeln von Ameisen ein Traumjob ist, der das Leben mit vielen Erfahrungen bereichert! Es fängt schon frühmorgens an, wenn ich noch müde und verschlafen ins Auto steige und aufbreche. Meist geht dann irgendwann, kurz bevor ich das Ziel erreiche, die Sonne auf. Im Sommer erlebt man einen Sonnenaufgang nur, wenn man ganz, ganz zeitig aufsteht. Ich weiß erst durch meine unzähligen Ameisenumsiedlungen, wie wundervoll Sommersonnenaufgänge sein können. Die stille Morgenstimmung mit leichtem Nebel über feuchten Wiesen und Tau auf den Grashalmen und den noch geschlossenen Blüten der Wiesenblumen – das ist für mich vollendete Schönheit. Sobald ich diese wahrnehme, bin ich nicht mehr müde oder angenervt, weil ich jetzt auch noch am Sonntag durch die Gegend kurve. Nein, in diesen kostbaren Momenten bin ich voller Dankbarkeit für das Wunderbare, das uns unsere Erde zu bieten hat.

Und dann die wunderbaren Begegnungen. Oft warten schon Menschen auf mich, ganz aufgeregt und gespannt darauf, was passieren wird. Meist werde ich mit einem Kaffee begrüßt (Hier ein Tipp für die, denen ich noch begegnen werde: Grünen Tee mag ich lieber), und es ist schön zu sehen, wie interessiert diese Menschen sind. Das tröstet mich, denn manchmal zieht es mich sehr runter, wenn ich immer wieder mit ansehen muss, wie die Natur mit Füßen getreten und immer mehr zugrunde gerichtet wird. Es kommt mir dann vor, als würde ich gegen Windmühlen kämpfen. Das ehrliche Interesse dieser wartenden Menschen, die sonst oft mit Naturschutz wenig zu tun haben, gibt mir dann wieder neuen Antrieb, der oft lange anhält. Denn ganz oft erreichen mich auch noch Monate nach den Umsiedlungen Mails oder Textnachrichten mit Bildern, die die stolzen Ameiseneltern vom neuen Nest gemacht haben. So gewinne ich durch eine Ameisenumsiedlung immer wieder auch neue Bekannte, aus denen manchmal sogar Freunde werden.

Das Ergreifendste für mich sind aber die Momente, in denen ich nach mehreren Jahren eines meiner umgesiedelten Ameisennester wiedersehe. Wenn ich dann beobachten kann, wie emsig die kleinen Krabbler ihrem Tageswerk nachgehen und wie riesig das Nest schon geworden ist (oder gar noch der Hals einer Landskronflasche an der Seite herausguckt), dann kommen mir vor Glück manchmal die Tränen. Besonders stolz bin ich, wenn dort, wo ich eines oder wenige Nester einer Kahlrückigen Waldameise angesiedelt habe, plötzlich eine ganze Kolonie entstanden ist. Zu wissen, dass man einen kleinen Beitrag leisten konnte, um unsere Biodiversität zu erhalten, ist einfach beglückend. Denn Ameisen sind extrem nützliche Tiere. Sie sind fleißig und ein wichtiger Bestandteil des Ökosystems.

Fleißige Völker im Forst

Ameisen sind (fast) überall – egal, ob man nach ihnen im Dschungel sucht, in der Halbwüste oder in der Taiga Sibiriens. In vielen Ökosystemen haben sie eine wesentliche, in manchen sogar eine herausragende Bedeutung. Das gilt speziell auch für unsere heimischen Waldameisen. Sie stehen in vielfältigen Beziehungen mit anderen Tieren, Pflanzen und Pilzen und stabilisieren so das ökologische Gleichgewicht des Waldes. Dabei übernehmen sie zahlreiche Funktionen: Da sie sehr geschickt und erfolgreich jagen, regulieren Ameisen wirkungsvoll den Bestand anderer Insektenarten. Sie können z.B. die Population verschiedener Forstschädlinge in Schach halten und deren Massenvermehrung, eine sogenannte Kalamität, verhindern. Ein starkes Volk der Kahlrückigen Waldameise etwa ist in der Lage, über 100.000 Beutetiere an einem Tag zu erlegen. Deshalb gelten Ameisen als Polizei des Waldes. Und was viele Menschen, die gerne im Wald spazieren gehen, freuen dürfte: Forscherinnen und Forscher in der Schweiz stellten nun auch fest, dass bei Anwesenheit größerer Kolonien der Kahlrückigen Waldameise in einem Gebiet weniger Individuen des Gemeinen Holzbocks zu finden sind. Damit einhergehend fand man eine geringere Zahl an Zecken, die mit Erregern infiziert waren und Krankheiten wie Lyme-Borreliose oder FSME (Frühsommer-Meningoenzephalitis) übertragen konnten.

Zudem nehmen sie die Aufgabe der Müllabfuhr im Wald wahr. Denn Ameisen vertilgen auch tote Tiere und tragen Kadaver, Pilze, faules Holz und anderen organischen Abfall in ihr Nest ein, wo sie das Material weiter zersetzen und so erneut für den Nährstoffkreislauf verfügbar machen.

Indem sie Rindenläuse hegen (siehe Kapitel »Das Ameisenjahr«), fördern Ameisen die Honigtaubildung, was nicht zuletzt den Honigbienen sehr zugute kommt. Unter dem Schutz der Ameisen können sich die Läuse schnell und sicher vermehren. Die Folge ist, dass mehr Honigtau produziert wird, als die Ameisen überhaupt »ernten« können. Das Überangebot der Ausscheidungen der Pflanzensaftsauger lockt auch die Bienen an, die die süße Kost begierig aufnehmen und verarbeiten. In der Umgebung von Ameisenvölkern tragen Bienen deutlich mehr Waldhonig ein. Eine reiche Waldhonigernte verdanken die Imkerinnen und Imker also nicht nur ihren fleißigen Bienen, sondern vor allem der Aktivität der Waldameisen.

Und nicht nur Bienen sowie Imkerinnen und Imker haben Nutzen vom Honigtau. Alles in allem profitieren etwa 200 Insektenarten von der gesteigerten Waldtracht, beispielsweise Schlupfwespen und Raupenfliegen, die ihrerseits forstrelevante Pflanzenfresser dezimieren, sowie Wespen, Hummeln und andere Wildbienen. Die Läuse und ihre Wintereier wiederum sind eine wichtige Nahrungsquelle für verschiedene kleine Singvogelarten.

Aber Waldameisen schaffen nicht nur Nahrung, sie stehen selbst bei nicht wenigen Waldbewohnern auf dem Speiseplan. Andere Raubinsekten, Spinnen – es gibt z.B. Kugelspinnen, die ganz auf Waldameisen spezialisiert sind –, Amphibien, Reptilien, Spitzmäuse und Vögel, darunter auch geschützte Arten wie verschiedene Spechte, und Raufußhühner tun sich an Ameisen und an deren Brut gütlich. Die Küken von Auerhuhn und Haselhuhn sind während der ersten vier Lebenswochen sogar auf Ameisen und deren Puppen angewiesen. Ein Grünspecht verzehrt gut und gerne 3.000 bis 5.000 Waldameisen an einem Tag und deckt so die Hälfte seines Nahrungsbedarfs. Und auch Braunbären mögen Ameisen.

Ameisen, die nicht gefressen werden, sind vor allem im Nestbereich fortwährend am Ackern. Beim Bau des Hügels bewegen sie enorme Erdmassen (siehe Kapitel »Nur die Spitze des Eisbergs«). Sie lockern und durchlüften den Boden in bis zu zwei Metern Tiefe, durchmischen ihn mit Humus und befördern mineralhaltige Bodenschichten an die Oberfläche – bis zu 100 Kilogramm können das bei einem Volk jährlich sein. Auf diese Weise tragen sie dazu bei, die Wasserbindung zu erhöhen, die Bodenfauna zu aktivieren sowie Struktur, Humusgehalt und Säuregrad des Bodens zu verbessern. Damit stehen die kleinen Krabbler den viel gerühmten Regenwürmern in puncto Bodenverbesserung in keinster Weise nach.

Und Ameisen sorgen für die Verbreitung und Vermehrung von Pflanzen. Etwa 150 heimische Pflanzenarten setzen auf die sogenannte Myrmekochorie, also auf die Verbreitung ihrer Samen durch Ameisen. (Fachleute schätzen, dass es weltweit mindestens 11.000 myrmekochore Pflanzenspezies gibt). Dabei soll der Samen zwar verschleppt, darf aber nicht zerstört, also etwa vertilgt werden. Um den Tieren den Transportdienst im Wortsinne schmackhaft zu machen, entwickelten diese Ameisenpflanzen eine spezielle Anpassung ihrer Samen: Sie statten das Samenkorn mit einem nahrhaften Anhängsel aus, dem Elaiosom. Elaiosome locken Ameisen mit einem Nährstoffcocktail aus insbesondere Fetten und Kohlenhydraten, vor allem Zucker sowie Proteinen und Vitaminen an. Dabei sind interessanterweise die Elaiosome mancher Pflanzen bei den Ameisen beliebter als die anderer. Die Ameisen tragen den Samen mitsamt Anhängsel zu ihrem Nest, wo sie das abgetrennte Elaiosom an ihre Brut verfüttern und den Samen meist aus dem Nest entfernen. Gelegentlich wird das Elaiosom auch bereits auf dem Weg zum Nest verzehrt und der Samen liegen gelassen. In allen Fällen bleibt der Samen keimfähig und die Pflanze kann sich mithilfe der kleinen »Trageesel« verbreiten, teilweise über Strecken von bis zu 70 Metern und weiter.

In einigen europäischen Laubwäldern greifen 30 bis 40 Prozent der krautigen Pflanzen auf solcher Art Dienstleistung zurück: Schneeglöckchen, Veilchen, Lerchensporne, Erdrauch, Nabelmieren, Taubnesseln, Ehrenpreis, Leberblümchen, Buschwindröschen, Frühlings-Adonisröschen, Schöllkraut, Wachtelweizen und verschiedene Wolfsmilchgewächse – sie alle nutzen Ameisen für die Verbreitung ihrer Samen. Bei der Bestäubung von Blüten spielen Ameisen im Vergleich zu anderen Insekten dagegen nur eine untergeordnete Rolle.

Wichtig sind die kleinen Immobilienbesitzerinnen aber für obdachlose Waldmitbewohner. Ameisen bieten Hunderten anderer Tierarten eine Herberge in ihren Nesthügeln. Dazu gehören Rosenkäfer – die auch meist der Grund dafür sind, dass Wildschwein, Fuchs und Dachs die Nester durchwühlen – sowie die durchwegs gefährdeten und in ihrer Entwicklung auf die Krabbeltiere angewiesenen Bläulinge (siehe Kapitel »Untermieter im Frauenstaat«).

Einige Singvögel – von mindestens 20 einheimischen Arten wie Drosseln, Lerchen und Eichelhäher gibt es Beschreibungen dazu – wissen die Abwehrreaktion der Waldameisen für ihre Gefiederpflege zu nutzen: Sie nehmen ein Bad in der Ameisenmenge. Dazu setzen sie sich entweder mit ausgebreiteten Flügeln auf bzw. in die Nähe eines Ameisenhaufens und lassen sich freiwillig von der mobilen Abwehr mit Ameisensäure bespritzen. Oder sie picken aktiv Ameisen auf, streichen sie durch ihr Gefieder und verteilen so das Ameisengift. Diese Verhaltensweisen werden als Einemsen bezeichnet. Neben ihrer bakteriziden und fungiziden Wirkung ist Ameisensäure vermutlich auch gegen lästige Plagegeister wirksam, etwa Federlinge und Milben, die der Vogel durch das »Ameisenbad« loswerden will. Einemsende Vögel waren es sicherlich auch, die findige Menschen auf die Idee brachten, mit Ameisensäure gegen die Varroa-Milbe bei der Honigbiene vorzugehen. Eine Idee, die zu einer Behandlungsmethode führte, mit der Imker und Imkerinnen heute ihre Bienenvölker sehr wirksam vor einem zu großen Befall mit der Varroa-Milbe schützen können. Und das ist nicht das erste Mal, dass Menschen aus der Beobachtung von Ameisen Nutzen ziehen.

Was schon die Herren Grafen wussten

Bereits vor mehr als 200 Jahren erkannte man, wie nützlich Waldameisen sind. Man beobachtete nämlich, dass oftmals nach einer Massenvermehrung von Forstschädlingen sogenannte grüne Inseln übrig blieben. Wo Wälder ansonsten flächendeckend kahl gefressen wurden, blieben einzelne Baumgruppen von den Fraßinsekten verschont. Und immer befanden sich diese grün gebliebenen Bäume in der Umgebung eines Ameisenhügels. Ameisen mussten also eine Schutzfunktion haben und aufgrund dieser waldhygienischen Bedeutung wurden Waldameisen dann bereits Ende des 18. Jahrhunderts zumindest regional unter Schutz gestellt. So ließ etwa Seine Exzellenz der Minister, Herr Graf von Arnim, im Jahr 1792 einen Befehl an die Kurmärkischen, Neumärkischen und Pommerschen Forstmeister ergehen, dass das Sammeln der Ameiseneier und das Zerstören der Ameisenhaufen in den Forsten bis auf weitere Verfügung unterbleiben sollte. Gleiches Verbot enthielt 1798 der Erlass des Vicepräsidenten der Churfürstlichen Oberpfälzischen Hofkammer zu Amberg, Herrn Sigmund Graf von Kreith, in dem »Mittel zur Minderung und Vertilgung der Kiefernspannraupe« genannt und begründet wurden: »Weil auch die Ameisen sich viel von Insekten zu ernähren pflegen, und dem Uebel in seinem Entstehen etwas zu steuern vermögen; so wird allgemein verbothen, in den Wäldern Ameiseneyer zu sammeln, oder Ameisenhaufen zu zerstören.« (Bei den »Ameiseneiern« in den beiden Erlassen handelte es sich um Ameisenpuppen, nicht um Eier, siehe auch Kapitel »Von Ameisen und Menschen«.) Mit diesen Verboten gehörten die Waldameisen – neben verschiedenen Singvögeln – wohl zu den ersten Tieren überhaupt, für die hierzulande Vorschriften zum Artenschutz existierten.

Die kleinen Krabbler erhalten Hilfe

Trotz des jahrhundertealten Wissens über die Bedeutung der Waldameisen für das Ökosystem Wald ist es allerdings im Wesentlichen dem renommierten Würzburger Zoologen Karl Gößwald zu verdanken, dass die geschäftigen Tiere später generell unter Schutz gestellt wurden. Neben wegweisenden wissenschaftlichen Arbeiten zur Gattung *Formica* verfasste er auch populärwissenschaftliche Schriften und brachte damit die interessanten Insekten breiten Kreisen der Bevölkerung näher. Die Begeisterung für Ameisen verbreitete sich so auch bei Laien. Mit der Gründung der Ameisenschutzwarte Würzburg, 1975 dann als eingetragener Verein, sollten Maßnahmen zum Schutz, zur Vermehrung und zur Neuansiedlung von Waldameisen erarbeitet werden. In der Folge wurden in weiteren Bundesländern Ameisenschutzwarte und schließlich die Deutsche Ameisenschutzwarte (DASW, www.ameisenschutzwarte.de) als Dachverband gegründet. Die DASW umfasst heute zehn Landesverbände, die zum Teil bundeslandübergreifend organisiert sind.

Die Arbeit der Ameisenschutzwarte hat zum Ziel, den weiteren Rückgang der hügelbauenden Waldameisen aufzuhalten, vorhandene Bestände zu schützen, zu fördern und ihre natürliche Verbreitung zu unterstützen. Erreicht werden soll dies durch Bestandsaufnahme und -überwachung, Durchführung von Not- und Rettungsumsiedlungen, Schutz- und Hegemaßnahmen sowie Lebensraumgestaltung, Zusammenarbeit mit Behörden und Verbänden, Fort- und Weiterbildung, Führungen, Vorträge und sonstige Öffentlichkeitsarbeit.

Ein wichtiger Bestandteil der Arbeit der DASW ist die »Gefahrenabwendung« bei Baumaßnahmen aller Art, beispielsweise Straßen, Siedlungen, Bahntrassen, Bergbau, sonstige Waldrodungen. Liegt ein Waldameisennest auf der Fläche eines Bauprojekts oder in der unmittelbaren Nähe, versuchen Ameisenhegerinnen und -heger das Volk durch Umsetzen des Nestes und seiner Bewohnerinnen zu erhalten. Im Normalfall werden diese Maßnahmen bereits bei der Planung der Baumaßnahmen berücksichtigt, sodass die Helfer und Helferinnen ihre Schützlinge in der ersten Jahreshälfte (von Mitte März bis Mitte Juli) und mit ausreichend Vorlauf umsiedeln können. Dann handelt es sich um eine Rettungsumsiedlung. Es kommt aber auch immer wieder vor, dass die Umsiedlung erst später im Jahr erfolgen kann bzw. muss, etwa weil die Nester bei den Planungen schlicht übersehen worden waren. Im Grunde bleibt den Ameisen dann zu wenig Zeit, um das neue Nest vor Anbruch des Winters auszubauen und sich genug Fettreserven für die kalte Jahreszeit anzufuttern. Bevor man aber sehenden Auges eine Kolonie von der Planierraupe platt machen lässt, versucht man es auch noch zwischen August und Oktober umzusiedeln, wobei die Überlebenschancen für das Volk dann in der Regel geringer sind. In solchen Fällen spricht man von einer Notumsiedlung. In der Winterruhephase (von etwa November bis Februar) ist eine Umsiedlung unter keinen Umständen möglich.

Die Bilanz der Not- und Rettungsumsiedlungen der DASW sieht heute folgendermaßen aus: Von 1985 bis 2019 wurden 8.485 Ameisenvölker umgesiedelt, allein im Jahr 2018 waren es 710. Mehr als 34 Prozent der Meldungen stammen aus Bayern, gut 27 Prozent aus Brandenburg und fast elf Prozent aus Niedersachsen, die anderen Bundesländer spielen bei Umsiedlungen nur eine untergeordnete Rolle. Die weitaus häufigsten Umsetzungen betrafen die Kahlrückige Waldameise, nämlich 5.444 Völker (64,1 Prozent), mit weitem Abstand gefolgt von der Wiesen-Waldameise mit 1.537 (18,1 Prozent) und der Roten Waldameise mit 1.000 Völkern (11,8 Prozent). Die Reihe setzt sich fort mit der Großen Kerbameise, der Blutroten Raubameise (obgleich nicht geschützt), der Schwachbeborsteten Gebirgswaldameise, *Formica foreli*, dem Hybrid aus Kahlrückiger und Roter Waldameise, der Strunkameise und endet mit der Starkbeborsteten Gebirgswaldameise, von der in den 35 Jahren nur drei Völker umgesetzt worden sind. Umsiedlungen von Völkern der Uralameise, der Moor-Kerbameise, der Furchenlippigen Kerbameise sowie der Kerbameisenart *Formica bruni* sind bislang nicht verzeichnet (vielleicht auch deshalb, weil die einzelnen Kerbameisenarten nur schwer zu unterscheiden sind). Hauptgründe für die Umsiedlungen waren Straßenbau (23,3 Prozent), Belästigung durch Anwohner (21,1 Prozent), Wohnhausbau (13,9 Prozent), Tagebau/Bergbau (7,8 Prozent) und Industrie (5,7 Prozent).

Azubis gesucht

Allein mit den Umsiedlungen haben die Ameisenschutzwarte also alle Hände voll zu tun. Und sie können dringend Hilfe gebrauchen. Aber nicht jeder darf Ameisennester versetzen. Bevor man in der Umzugshilfe aktiv wird, muss man eine spezielle Ausbildung zum Ameisenheger bzw. zur Ameisenhegerin machen. Die Schulung erfolgt in den Landesverbänden und besteht aus Theorie- und Praxismodulen, in denen die »Azubis« lernen, welche Waldameisenarten es gibt und wie man sie unterscheidet, wie man Nester schützt und pflegt und wie man Völker richtig umsiedelt und betreut. Wie in anderen Bereichen auch ist eine gute Ausbildung die Voraussetzung für erfolgreiches Arbeiten. Daher flossen Erfahrungen und Erkenntnisse aus einer Vielzahl an Umsiedlungen ein in den »Leitfaden zur Ausbildung von Ameisenheger/innen«. Allein der Landesverband Bayern hat inzwischen mehr als 1.400 Personen ausgebildet, manche Ameisenfreunde und Ameisenfreundinnen kamen gar aus Norwegen, Österreich oder den Niederlanden.

Dennoch liegt die Gesamtzahl der aktiven Ameisenhegerinnen und -heger bundesweit nur bei etwa 300, die Hälfte davon gehört der Ameisenschutzwarte Bayern an. Zum Teil werden die Umsiedlungen ehrenamtlich durchgeführt, bei größeren Aufträgen werden allerdings auch häufig Firmen angefragt. Vielerorts gibt es zu wenige Fachleute. Allein in der Hauptstadtregion besteht wegen großer Straßenbauvorhaben und der Erweiterung des Siedlungsraums ein großer Bedarf. Deshalb suchen die Ameisenschutzwarte händeringend nach neuen Mitgliedern, die sich ausbilden lassen und sodann Umsiedlungen begleiten oder selber durchführen. Die DASW veranschlagt für das Umsetzen eines Ameisenvolks durchschnittlich 30 Arbeitsstunden. Dazu gehören Vorbereitung, Umsiedlung und Nachsorge. Solch ein Umzug ist also nicht einfach mal schnell erledigt.

Das Insektensterben

Obwohl Waldameisen unter gesetzlichem Schutz stehen und Ameisenhegerinnen und -heger die Völker mit hohem (ehrenamtlichen) Einsatz schützen, hegen und pflegen, teilen sie das gleiche Schicksal wie die meisten anderen Insektenarten heute auch: Von wenigen Ausnahmen abgesehen, ist ihr Bestand seit Jahrzehnten rückläufig. Einige Spezies stehen in Deutschland sogar auf der Roten Liste. Die seltene Furchenlippige Kerbameise gilt als vom Aussterben bedroht, *Formica foreli* ist stark gefährdet, als gefährdet sind die Große Kerbameise und die Strunkameise eingestuft und auf der Vorwarnliste steht die Wiesen-Waldameise. Betrachtet man alle in Deutschland heimischen Ameisenarten, zeigt sich eine dramatische Entwicklung: In den vergangenen 25 Jahren wiesen fast 92 Prozent einen negativen Trend in der Populationsdichte auf, 73 Prozent finden sich auf der Roten Liste, wenn man diejenigen der Vorwarnliste mit einrechnet.

Die Ursachen für den Rückgang der Waldameisenkolonien sind vielfältig. Der Hauptgrund liegt in der Zerstörung der spezifischen Lebensräume und der Nester durch die Erschließung neuer Flächen für bauliche Maßnahmen verschiedenster Art, die strukturreiche Waldränder vernichten oder sich manchmal förmlich in den Wald hineinfressen. Auch die intensive Forstwirtschaft, besonders der flächige Holzeinschlag und der Technikeinsatz beim Fällen und Rücken sowie der Wegebau können Nester gefährden oder zerstören. Werden Insektizide zur Bekämpfung von Forstschädlingen eingesetzt, wirken diese Mittel natürlich gegen sämtliche Insekten, also auch gegen die nützlichen Arten. Ameisen können dabei sowohl direkt als auch indirekt betroffen sein, z.B. wenn sie vergiftete Kadaver fressen. Eine Staubkalkung des Waldes, eine Methode, um übersäuerte Böden (aufgrund des sauren Regens) zu neutralisieren, wirkt besonders während der Vegetationszeit stark ätzend auf die kleinen Tiere und kann deren Tod bedeuten. Einen wesentlichen Einfluss auf den Rückgang der Ameisenpopulationen haben die Intensivierung der Grünlandnutzung und vor allem die Umwandlung von Dauergrünland (das Refugium einiger Waldameisen) in Ackerland. Naturkatastrophen wie Stürme oder Waldbrände können Auswirkungen auf Ameisenvölker haben, indem sie Nester zerstören oder deren unmittelbare Umgebung stark verändern. Bei zu hohen Schwarzwilddichten können Wildschweine einen größeren Schaden anrichten, in stabilen Ökosystemen stellen die natürlichen Feinde aber keine große Bedrohung dar. Außerdem gehört die mutwillige Beschädigung und Zerstörung der Nester durch den Menschen zu den Gefährdungsursachen. Vor allem während ihrer Winterstarre sind Ameisen ja jeglicher Manipulation an der Nestkuppel hilflos ausgeliefert.

Hierzulande sind die meisten Insekten, das gilt generell auch für Ameisen, besonders von den Auswirkungen der intensivierten Landwirtschaft betroffen. Monokulturen, fehlende Hecken und Säume, Überdüngung, Herbizide und Pestizide werden vielen Kerbtieren zum Verhängnis. Für die Überfrachtung unserer Landschaft mit Stickstoff ist nicht nur die Landwirtschaft verantwortlich, sondern auch der Straßenverkehr und Verbrennungsanlagen. Die erhöhten Stickstoffmengen lassen die Pflanzen schneller, dichter und oft auch höher wachsen, sodass es am Boden zu schattig und zu kühl für wärme- und trockenheitsliebende Insekten ist, die in der Folge stark abnehmen. Auch die Luftschadstoffe haben einen allgemein schädigenden Einfluss auf die Insektenwelt. Relevant für das Schrumpfen der Populationen sind ebenso Urbanisierung und Bodenversiegelung, die die natürlichen Ökosysteme zunehmend verkleinern und verinseln. Der starke Rückgang der Insekten hat bereits großen Einfluss auf die folgenden Glieder im Nahrungsnetz: Auch die Zahl der Vögel geht zurück, wie neue wissenschaftliche Auswertungen belegen. Grundsätzlich befürchten Biologen und Biologinnen bei einem massenhaften Ausfall der Insekten einen großräumigen ökologischen Kollaps.

Vielfältige Lebensräume

Das Problem ist also äußerst vielschichtig. Es zu lösen heißt, Lebensräume und die Artenvielfalt zu erhalten bzw. neu zu schaffen, wo sie verloren gegangen sind. Das geht uns alle an. Denn wir gehören mit den Ameisen zur Gemeinschaft der Lebewesen, die ein dichtes, funktionelles Netzwerk bilden, in dem alle Organismen zusammenwirken, direkt oder indirekt voneinander abhängig und aufeinander angewiesen sind. Ameisen sind in diesem System ein Erfolgsmodell der Evolution und grundsätzlich sehr resistent gegenüber widrigen Bedingungen. Doch ihre Vielfalt ist heute gefährdet. Wir können ihnen helfen in Wald, Feld, Moor und Wiese – aber auch im öffentlichen Raum und nicht zuletzt in unseren Privatgärten.

- Ameisen gab es schon während der Kreidezeit, Genanalysen zufolge krabbelten sie bereits vor etwa 150 Millionen Jahren auf der Erde herum. Die ältesten Fossilien zeigen in Bernstein eingeschlossene Tiere und sind rund 110 Millionen Jahre alt.

- Ameisen gibt es praktisch überall. So findet man sie etwa am Polarkreis, im Hochgebirge und in der Wüste, aber auch in vielen Häusern. Häufig leben sie im Verborgenen.

- Bis heute wurden rund 13.500 Ameisenarten beschrieben, geschätzt noch einmal so viele sind noch unentdeckt. Die größte Artenvielfalt gibt es in den Tropen, in Deutschland leben etwa 110 Spezies, allgemein bekannt sind vor allem Wegameisen, Rossameisen und Waldameisen.

- Eine Ameise kommt niemals allein, denn Ameisen sind staatenbildende Insekten. Ein Ameisenvolk besteht artabhängig aus wenigen Dutzend oder bis zu mehreren Millionen Tieren.

- Ameisenstaaten sind Frauenstaaten. Ein Volk setzt sich aus einer Vielzahl unfruchtbarer Arbeiterinnen und einer oder mehreren (bis Tausenden) Königinnen zusammen. Auch äußerlich unterscheiden sich Arbeiterinnen und Königinnen, sie gehören verschiedenen Kasten an. Bei manchen Arten besteht die Arbeiterinnenkaste aus mehreren Unterkasten mit bestimmten körperlichen Merkmalen. Soldatinnen z.B. sind meist sehr groß und besitzen sehr starke Kiefer. Bei Blattschneiderameisen lassen sich sogar bis zu sieben Unterkasten unterscheiden.

⇨ Alle Ameisen sind eusozial, d.h., im Ameisenstaat herrscht strikte Arbeitsteilung und jedes Tier übernimmt Aufgaben zum Wohle der Gesamtheit, dem sogenannten Superorganismus. Die Königinnen sind vor allem für die Produktion des Nachwuchses zuständig. Im Grunde besteht ihr Alltag nur aus Eierlegen. Die Arbeiterinnen übernehmen alle anderen Aufgaben wie Bau, Erhalt und Verteidigung des Nestes, Nahrungsbeschaffung, Pflege der Brut und der Königin. Die geflügelten Männchen sind nur für kurze Zeit anzutreffen. Ihre einzige Aufgabe besteht darin, eine Königin zu begatten. Haben sie ihre »Pflicht« auf dem Hochzeitsflug erfüllt, segnen sie das Zeitliche. Manche Königinnen können 20 bis 30 Jahre alt werden, Arbeiterinnen höchstens sechs Jahre.

⇨ Bei den Arbeiterinnen gibt es zudem eine altersabhängige Aufgabenverteilung: Jüngere Ameisen werden bevorzugt im Innendienst eingesetzt, ältere sind für den gefährlicheren Außendienst zuständig.

⇨ Ameisen errichten ihre Wohnungen (Nester) an ganz unterschiedlichen Orten und mithilfe verschiedenster Baumaterialien. Es gibt Erdnester, Hügelnester, Holznester, Kartonnester, Seidennester und sogenannte Ameisengärten, die in der Kronenregion tropischer Bäume angelegt werden. Manche Arten richten sich aber auch in hohlen Pflanzenteilen (Dornen, Stängel, Nüsse) ein oder bauen Biwaks, indem sie ihre Körper miteinander verketten.

⇨ Weberameisen konstruieren ihre Nester aus lebenden Laubblättern, die sie mit Seidenfäden verweben. Erwachsene Tiere können keine Seide mehr produzieren, daher benutzen sie für diesen Zweck ihre Larven quasi als Webschiffchen.

⇨ Die Nester unserer Waldameisen bestehen aus einer sichtbaren Nestkuppel und einem unterirdischen Bereich. Dazu graben sie unzählige Gänge und Kammern bis zwei Meter tief in die Erde. Für die Nestkuppel häufen die Tiere eine Unmenge trockener Pflanzenteile an. Harzklümpchen dienen als Desinfektionsmittel. Den Nestkern bildet oft ein abgestorbener Baumstumpf. Aufgrund dieser Konstruktion sowie durch verschiedene Verhaltensweisen sind Waldameisen in der Lage, das Nestklima perfekt zu regulieren.

⇨ Blattschneiderameisen errichten ihre unterirdischen Nestburgen bis in eine Tiefe von acht Metern und mit einer Gesamtfläche von 50 Quadratmetern. Ein Volk legte innerhalb von sechs Jahren mehr als 1.900 Kammern an und schachtete dafür rund 40 Tonnen Erde aus.

⇨ Manche Ameisenvölker leben in einem einzigen Nest (monodom), andere in einer Kolonie aus mehreren verbundenen Nestern (polydom). Die größte Ameisenkolonie einer einheimischen Art liegt in Japan und besteht aus 45.000 Nestern. Die größte Kolonie der invasiven Argentinischen Ameise erstreckt sich über eine Länge von über 6.000 Kilometern zwischen Italien und Spanien. Sie besteht aus Millionen von Nestern mit mehreren Milliarden Tieren.

- In ihren Nestkammern kultivieren Blattschneiderameisen einen bestimmten Pilz, von dem sie sich ernähren. Für die Pilzzucht schneiden und verarbeiten die Arbeiterinnen frisches Pflanzenmaterial, das sie in das Nest eintragen. Ein einziges Volk kann dabei täglich einen ganzen Tropenbaum entlauben. Ameisen sind also mit Abstand die ältesten Landwirtinnen auf unserem Planeten.

- Manche Ameisen betreiben professionelle Viehzucht. Bei den Nutztieren handelt es sich um verschiedene Läuse oder Zikaden. Die Ameisen haben es auf den Honigtau, den die Pflanzensauger produzieren, abgesehen. Sie melken die Läuse wie wir unsere Milchkühe.

- Ernteameisen legen in ihren Nestern riesige Samenvorräte für »schlechte Zeiten« an.

- Treiberameisen leben räuberisch. Auf ihren Raubzügen machen sie sich über jedes Tier her, das nicht schnell genug das Weite sucht.

- Waldameisen sind nicht auf eine bestimmte Futterquelle spezialisiert. Hauptsächlich ernähren sie sich von Honigtau. Mit ihren Läuseherden leben sie in einer engen Symbiose und schützen sie vor Feinden. Ameisen und Läuse können sich sogar untereinander verständigen. Eine weitere wichtige Nahrungsquelle sind Gliederfüßer, die zum einen erbeutet, zum anderen tot aufgelesen werden. Ein starkes Waldameisenvolk kann an einem Tag bis zu 100.000 Insekten nach Hause schaffen und so einer Massenvermehrung von Forstschädlingen entgegenwirken.

- Manche Ameisen dringen in die Nester anderer Ameisenarten ein und rauben deren Puppen. Die aus diesen Puppen geschlüpften Tiere halten sie als Sklavinnen und lassen sie für sich arbeiten.

- Die Mandibeln setzen die Ameisen äußerst vielfältig ein. Sie werden zum Graben, Tragen, Schneiden, Beißen, Festhalten und als Waffe benutzt. Manche Soldatin vermag sogar, mit ihren Mandibeln durch Leder zu schneiden.

- Für die Ameisen sind ihre Antennen von herausragender Bedeutung. Sie tragen die extrem feinen Tast-, Geruchs- und Geschmackssinne – die wichtigsten Sinnesorgane der Tiere. Die Augen spielen bei Ameisen nur eine untergeordnete Rolle.

- Ameisen leben in einer Geruchswelt. Sie erkennen sich und kommunizieren mithilfe von Duftstoffen, sog. Pheromonen, und nehmen ihre Umwelt vor allem über chemische Signale wahr. Jede Ameise ist eine wandelnde Chemiefabrik, in zahlreichen Drüsen produziert sie eine Vielzahl an Botenstoffen und Sekreten. Jede Kolonie hat einen Nestgeruch und jedes Tier ein individuelles »Parfum«.

- Ameisen markieren ihre Wege mit einer Duftspur. So finden sie wieder nach Hause oder können anderen mitteilen, wo sich eine rentable Futterquelle befindet. Alarmsubstanzen und Geschlechtspheromone sind weitere Komponenten der Kommunikation über Düfte.

- Mit einem chemischen SOS-Signal rufen manche Ameisen ihre Nestgenossinnen zur Hilfe, wenn sie feststecken oder festgehalten werden.

- Metabele-Ameisen haben Sanitäterinnen, die verletzte Genossinnen vom Schlachtfeld nach Hause transportieren und sodann verarzten.

- Mithilfe des Tandemlaufs kann eine Kundschafterin ihre Nestgenossin – in stetem körperlichen Kontakt – zum Ziel, einem neuen Neststandort oder einer Futterquelle, führen.

- Ameisen besitzen einen Kropf, in dem sie Nahrung speichern. Wird eine Futterholerin von einer Nestgenossin mit den Antennen betrillert, würgt die so Angebettelte etwas Nahrung aus ihrem Kropf hervor. Diese Art des Futteraustausches heißt Trophallaxis.

- In Ameisenstaaten geht es nicht nur harmonisch zu. Es gibt gegenseitige Überwachung, Hierarchien und sogar bestimmte Formen von Bestrafung.

- Ein Ameisenhaufen beherbergt oft eine sehr heterogene Wohngemeinschaft, denn Ameisen bieten Tausenden anderer Tiere eine Unterkunft. Solche Myrmekophilen findet man vor allem bei Käfern und Bläulingen. Da die Gäste sich aber manchmal an der Ameisenbrut vergreifen, sind sie nicht unbedingt willkommen. Sie wenden dann meist chemische Tricks an, um in das Nest zu gelangen.

- Die kleinsten Ameisen wie *Carebara atoma* sind gerade einmal gut einen Millimeter lang. Arbeiterinnen aus der Gattung *Dinoponera* können jedoch über drei, Treiberameisenköniginnen sogar fast acht Zentimeter erreichen. Die Biomasse aller Ameisen auf der Erde entspricht in etwa jener des Menschen, obwohl ein einzelnes Tier artabhängig nur ein bis zehn Milligramm wiegt.

- In Sibirien überwintern Ameisen bei unter minus 40 Grad Celsius. Dafür produzieren sie körpereigene Frostschutzmittel.

- Wüstenameisen sind noch auf 70 Grad Celsius heißem Boden aktiv. Diese Fähigkeit verdanken sie z.B. ihren extra langen Beinen, mit denen sie bis zu einem Meter pro Sekunde schnell laufen können. Sie produzieren Hitzeschockproteine, die verhindern, dass die Körpereiweiße zerstört werden. Das Haarkleid der Silberameise wirkt zudem wie ein Asbestanzug.

- Die schnellste Körperbewegung zeigen Schnappkieferameisen. Ihre Mandibeln schnappen mit einer Geschwindigkeit von bis zu 320 Stundenkilometern zu.

- Mit ihren Schnappkiefern können sich manche Arten auch selbst durch die Luft katapultieren und auf diese Weise Feinden entkommen.

- Das Insekt mit dem schmerzhaftesten Biss ist die 24-Stunden-Ameise. Das stärkste Insektengift produziert eine Ernteameise.

- Stöpselkopfameisen fungieren als lebende Tore. Mit ihren speziell geformten Köpfen verschließen sie den Nesteingang.

- Manche Ameisen sprengen sich selbst in die Luft und reißen so feindliche Tiere mit in den Tod.

- Bei Überschwemmungen können manche Ameisen Rettungsflöße aus ihren Körpern bilden, indem sie sich mit ihren Beinen ineinander verhaken.

- Ameisen und ihre Brut wurden über Jahrhunderte als Arznei- und Futtermittel eingesetzt. Ameisler und Ameislerinnen bildeten sogar ein eigenes Gewerbe.

- In verschiedenen Regionen gelten Ameisen als Delikatesse. Sie werden inzwischen als Nahrungsmittel der Zukunft gehandelt.

- Ameisen und ihre Leistungen inspirieren vielfach zu Entwicklungen in Bionik, Robotik, Logistik und Computerwissenschaften.

- Eine einzelne Ameise hat sogar einmal zur Aufklärung eines Mordes beigetragen.

- Waldameisen stabilisieren das ökologische Gleichgewicht im Wald. Daher sind (bis auf eine Art) alle heimischen hügelbauenden Waldameisen gesetzlich geschützt. Kommt eine Baumaßnahme einer Kolonie in die Quere, muss das Volk samt Nest an einen geeigneten Ort umgesiedelt werden.

- Eine Umsiedlung erfordert eine amtliche Genehmigung und wird von zertifizierten Ameisenhegerinnen und -hegern durchgeführt. Die Deutsche Ameisenschutzwarte (DASW) führt solche Schulungen durch und freut sich über »Nachwuchs«.

- Die Umsiedlung eines Volkes, also Vorbereitung, Umsetzen und Nachsorge, erfordert durchschnittlich 30 Arbeitsstunden. Dabei muss nicht selten eine Tonne Material geschaufelt und geschleppt werden.

LITERATUR

Adams B. J., Hooper-Bùi L. M., Strecker R. M., O'Brien D. M. (2011): Raft Formation by the Red Imported Fire Ant, Solenopsis invicta. Journal of Insect Science 11: 171, doi: 10.1673/031.011.17101

Ambach J. (2009): Hügelbauende Waldameisen (Formica rufa-Gruppe). Ein aktueller Überblick. Denisia 25, zugleich Kataloge der oberösterreichischen Landesmuseen, Neue Serie 85: 93–106

Arnam Van E. B., Currie C. R., Clardy J. (2018): Defense contracts: molecular protection in insect-microbe symbioses Chem. Soc. Rev. 47: 1638–1651, doi: 10.1039/C7CS00340D

Baer B., Boer den S. P. A., Kronauer D. J. C., Nash D. R., Boomsma J. J. (2009): Fungus gardens of the leafcutter ant Atta colombica function as egg nurseries for the snake Leptodeira annulate. Insect. Soc. 56: 289–291, doi: 10.1007/s00040-009-0026-0

Barbero F., Thomas J. A., Bonelli S., Balletto E., Schönrogge K. (2009): Queen Ants Make Distinctive Sounds That Are Mimicked by a Butterfly Social Parasite. Science 323, (5915): 782–785, doi: 10.1126/science.1163583

Barden P., Grimaldi, D. A. (2016): Adaptive Radiation in Socially Advanced Stem-Group Ants from the Cretaceous. Current Biology, doi: 10.1016/j.cub.2015.12.060

Beeren von C., Tishechkin A. K. (2017): Nymphister kronaueri von Beeren & Tishechkin sp. nov., an army ant-associated beetle species (Coleoptera: Histeridae: Haeteriinae) with an exceptional mechanism of phoresy. BMC Zoology 2 (3): 16 pp, doi: 10.1186/s40850-016-0010-x

Bertone M. A., Leong M., Bayless K. M., Malow T. L. F., Dunn R. R., Trautwein M. D. (2016): Arthropods of the great indoors: characterizing diversity inside urban and suburban homes. PeerJ 4: e1582, doi: 10.7717/peerj.1582

Bland-Sutton J. (1925): On Faith in Ligatures. British Medical Journal 2 (3384): 823–826

Blight O., Berville L., Vogel V., Hefetz A., Renucci M., Orgeas J., Provost E., Keller L. (2012): Variation in the level of aggression, chemical and genetic distance among three supercolonies of the Argentine ant in Europe. Molecular Ecology 21: 4106–4121, doi: 10.1111/j.1365-294X.2012.05668.x

Blüthgen N., Mezger D., Linsenmair K. E. (2006): Ant-hemipteran trophobioses in a Bornean rainforest – diversity, specificity and monopolization. Insect. Soc. 53: 194–203, doi: 10.1007/s00040-005-0858-1

Bollazzi M., Forti L. C., Roces F. (2012): Ventilation of the giant nests of Atta leaf-cutting ants: does underground circulating air enter the fungus chambers? Insect. Soc. 59: 487–498, doi: 10.1007/s00040-012-0243-9

Bollazzi M., Roces F. (2010): Control of nest water losses through building behavior in leaf-cutting ants (Acromyrmex heyeri). Insect. Soc. 57: 267–273, doi: 10.1007/s00040-010-0081-6

Boulay R., Aron S., Cerdá X., Doums C., Graham P., Hefetz A., Monnin T. (2017): Social Life in Arid Environments: The Case Study of Cataglyphis Ants. Annu. Rev. Entomol. 62: 305–321, doi: 10.1146/annu rev-ento-031616-034941

Brady S. G., Schultz T. R., Fisher B. L., Ward P. S. (2006): Evaluating alternative hypotheses for the early evolution and diversification of ants. Proc. Natl. Acad. Sci. USA 103 (48): 18172–18177, doi: 10.1073pnas.0605858103

Brütsch T., Chapuisat M. (2014): Wood ants protect their brood with tree resin. Animal Behaviour 93: 157–161, doi: 10.1016/j.anbe hav.2014.04.024

Caldera E. J., Poulsen M., Suen G., Currie C. R. (2009): Insect Symbioses: A Case Study of Past, Present, and Future Fungus-growing Ant Research. Environ. Entomol. 38 (1): 78–92, doi: 10.1603/022.038.0110

Carlin N. F., Gladstein D. S. (1989): The »Bounder« Defense of Odontomachus ruginodis and Other Odontomachine Ants (Hymenoptera, Formicidae). Psyche 96 (1–2): 1–19

Césard N. (2004): The harvesting and commercialization of kroto (Oecophylla smaragdina) in the Malingping area, West Java, Indonesia. In: Kusters K., Belcher B.: Forest Products, Livelihoods and Conservation: Case-Studies of Non-Timber Forest Product Systems. Asia, Center for International Forestry Research (CIFOR), Vol. 1, 61–77

Chomicki G., Renner S. S. (2016): Obligate plant farming by a specialized ant. Nature Plants 2: 16181, doi: 10.1038/NPLANTS.2016.181

Chomicki G., Ward P. S., Renner S. S. (2015): Macroevolutionary assembly of ant/plant symbioses: Pseudomyrmex ants and their ant-housing plants in the Neotropics. Proc. R. Soc. B 282: 20152200, doi: 10.1098/rspb.2015.2200

Chomicki G., Renner S. S. (2015): Phylogenetics and molecular clocks reveal the repeated evolution of ant-plants after the late Miocene in Africa and the early Miocene in Australasia and the Neotropics. New Phytologyst 207 (2): 411–424, doi: 10.1111/nph.13271

Currie C. R., Poulsen M., Mendenhall J., Boomsma J. J., Billen J. (2006): Coevolved Crypts and Exocrine Glands Support Mutualistic Bacteria in Fungus-Growing Ants. Science 311 (5757): 81–83, doi: 10.1126/science.1119744

Currie C. R., Stuart A. E. (2001): Weeding and grooming of pathogens in agriculture by ants. Proc. R. Soc. Lond. B 268: 1033–1039, doi: 10.1098/rspb.2001.1605

Czaczkes T. J., Heinze J., Ruther J. (2015): Nest Etiquette – Where Ants Go When Nature Calls. PLoS ONE 10 (2): e0118376, doi: 10.1371/journal.pone.0118376

Evison S. E. F., Ratnieks F. L. W. (2007): New role for majors in Atta leafcutter ants. Ecological Entomology 32 (5): 451–454, doi: 10.1111/j.1365-2311.2007.00877.x

Farji-Brener A. G., Elizalde L., Fernández-Marín H., Amador-Vargas S. (2016): Social life and sanitary risks: evolutionary and current ecological conditions determine waste management in leaf-cutting ants. Proc. R. Soc. B 283: 20160625, doi: 10.1098/rspb.2016.0625

Floren A., Schmidl J. (2003): Die Baumkronenbenebelung. Eine Methode zur Erfassung arborikoler Lebensgemeinschaften. Naturschutz und Landschaftsplanung 35 (3): 69–73

Frank E. T., Schmitt T., Hovestadt T., Mitesser O., Stiegler J., Linsenmair K. E. (2017): Saving the injured: Rescue behavior in the termite-hunting ant Megaponera analis. Science Advances 3: e1602187, doi: 10.1126/sciadv.1602187

Frank E. T., Wehrhahn M., Linsenmair K. E. (2018): Wound treatment and selective help in a termite-hunting ant. Proc. R. Soc. B 285 (1872): 20172457, doi: 10.1098/rspb.2017.2457

Franks N. R. (1989): Thermoregulation in army ant bivouacs. Physiological Entomology 14 (4): 397–404, doi: 10.1111/j.1365-3032.1989.tb01109.x

Garrett R. W., Carlson K. A., Goggans M. S., Nesson M. H., Shepard C. A., Schofield R. M. S. (2016): Leaf processing behavior in Atta leafcutter ants: 90% of leaf cutting takes place inside the nest, and ants select pieces that require less cutting. R. Soc. Open Sci. 3 (1): 150111, doi: 10.1098/rsos.150111

Gegenbauer C., Meyer V. E., Zotz G., Richter A. (2012): Uptake of ant-derived nitrogen in the myrmecophytic orchid Caularthron bilamellatum. Annals of Botany 110 (4): 757–766, doi: 10.1093/aob/mcs140

Gehring W. J., Wehner R. (1995): Heat shock protein synthesis and thermotolerance in Cataglyphis, an ant from the Sahara desert. Proc. Natl. Acad. Sci. USA 92: 2994–2998

Giraud T., Pedersen J. S., Keller L. (2002): Evolution of supercolonies: The Argentine ants of southern Europe. Proc. Natl. Acad. Sci. USA 99 (9): 6075–6079, doi: 10.1073/pnas.092694199

Gößwald K. (1982): Die Bedeutung der Waldameisenhege für das Ökosystem Wald. ÖKO•L 4/I: 18–24

Groiß F. (2009): Ameise und Volkskultur. Denisia 25, zugleich Kataloge der oberösterreichischen Landesmuseen Neue Serie 85: 165–188

Halloran A., Vantomme P. (2013): Der Beitrag von Insekten für Nahrungssicherung, Lebensunterhalt und Umwelt. Informations-Leitfaden der FAO, Food and Agriculture Organization of the United Nations I3264G/1/04.13

Härkönen S. K., Sorvari J. (2014): Species richness of associates of ants in the nests of red wood ant Formica polyctena (Hymenoptera, Formicidae). Insect Conservation and Diversity 7: 485–495, doi: 10.1111/icad.12072

Hojo M. K., Pierce N. E., Tsuji K. (2015): Lycaenid Caterpillar Secretions Manipulate Attendant Ant Behavior. Current Biology 25, 2260–2264, doi: 10.1016/j.cub.2015.07.016

Hölldobler B., Wilson E. O. (2010): Der Superorganismus. Berlin, Heidelberg

Hölldobler B., Wilson E. O. (2011): Blattschneiderameisen – der perfekte Superorganismus. Berlin, Heidelberg

Hölldobler B., Wilson E. O. (2016): Auf den Spuren der Ameisen. Die Entdeckung einer faszinierenden Welt. 3. Aufl., Berlin, Heidelberg

Hölldobler K. (1942): Über den Nutzen der roten Waldameise. Journal of Applied Entomology 29 (3): 518–528

Hollis K. L., Nowbahari E. (2013): A comparative analysis of precision rescue behaviour in sand-dwelling ants. Animal Behaviour 85 (3): 537–544, doi: 10.1016/j.anbehav.2012.12.005

Jongepier E., Foitzik S. (2016): Ant recognition cue diversity is higher in the presence of slavemaker ants. Behavioral Ecology 27(1): 304–311, doi:10.1093/beheco/arv153

Kadochová Š., Frouz J. (2014): Thermoregulation strategies in ants in comparison to other social insects, with a focus on red wood ants (Formica rufa group). F1000Research 2: 280, doi: 10.12688/f1000research.2-280.v2

Keller R. A., Peeters C., Beldade P. (2014): Evolution of thorax architecture in ant castes highlights trade-off between flight and ground behaviors. eLife 3 (0): e01539, doi: 10.7554/eLife.01539

Kirchner W. (2014): Die Ameisen. Biologie und Verhalten. 3. Aufl., München

Klacar J. (2008): Ameisen als Arzneimittel von der Antike bis zur Gegenwart. Diplomarbeit Universität Wien

Kucharski A. (2008): Bestimmung der Waldameisenpopulationen im Naturschutzgebiet »Moosheide« (Kreis Gütersloh und Paderborn) und Kartierung ihrer Nester entlang der A 33. Diplomarbeit Universität Bielefeld

Kück P., Garcia F. H., Misof B., Meusemann K. (2011): Improved Phylogenetic Analyses Corroborate a Plausible Position of Martialis heureka in the Ant Tree of Life. PLoS ONE 6 (6): e21031, doi: 10.1371/journal.pone.0021031

Laciny A., Zettel H., Kopchinskiy A., Pretzer C., Pal A., Salim K. A., Rahimi M. J., Hoenigsberger M., Lim L., Jaitrong W., Druzhinina I. S. (2018): Colobopsis explodens sp. n., model species for studies on »exploding ants« (Hymenoptera, Formicidae), with biological notes and first illustrations of males of the Colobopsis cylindrica group. ZooKeys 751: 1–40, doi: 10.3897/zookeys.751.22661

LaPolla, J. S., Dlussky G. M., Perrichot V. (2013): Ants and the Fossil Record. Annu. Rev. Entomol. 58: 609–30, doi: 10.1146/annurev-ento-120710-100600

Larabee F. J., Gronenberg W., Suarez A. V. (2017): Performance, morphology and control of power-amplified mandibles in the trap-jaw ant

Myrmoteras (Hymenoptera: Formicidae). Journal of Experimental Biology 220, 3062–3071, doi: 10.1242/jeb.156513

Larabee F. J., Smith A. A., Suarez A. V. (2018): Snap-jaw morphology is specialized for high-speed power amplification in the Dracula ant, Mystrium camillae. Royal Society Open Science 5: 181447, doi: 10.1098/rsos.181447

Larabee F. J., Suarez A. V. (2015): Mandible-Powered Escape Jumps in Trap-Jaw Ants Increase Survival Rates during Predator-Prey Encounters. PLoS ONE 10 (5): e0124871, doi: 10.1371/journal.pone.0124871

Lengyel S., Gove A. D., Latimer A. M., Majer J. D., Dunn R. R. (2009): Ants Sow the Seeds of Global Diversification in Flowering Plants. PLoS ONE 4(5): e5480, doi: 10.1371/journal.pone.0005480

Libbrecht R., Corona M., Wende F., Azevedo D. O., Serrão J. E., Keller L. (2013): Interplay between insulin signaling, juvenile hormone, and vitellogenin regulates maternal effects on polyphenism in ants. Proc. Natl. Acad. Sci. USA 110 (27): 11050–11055, doi: 10.1073/pnas.1221781110

Maschwitz U., Hänel H. (1985): The migrating herdsman Dolichoderus (Diabolus) cuspidatus: an ant with a novel mode of life. Behav. Ecol. Sociobiol. 17: 171–184, doi: 10.1007/BF00299249

Mattoso T. C., Moreira D. D. O., Samuels R. I. (2012): Symbiotic bacteria on the cuticle of the leafcutting ant Acromyrmex subterraneus subterraneus protect workers from attack by entomopathogenic fungi. Biol. Lett. 8: 461–464, doi:10.1098/rsbl.2011.0963

Maurizi E., Fattorini S., Moore W., Di Giulio A. (2012): Behavior of Paussus favieri (Coleoptera, Carabidae, Paussini): A Myrmecophilous Beetle Associated with Pheidole pallidula (Hymenoptera, Formicidae). Psyche 2012, Article ID 940315, 9 pages, doi: 10.1155/2012/940315

Mendes T. D., Rodrigues A., Dayo-Owoyemi I., Mason F. A. L., Pagnocca F.C. (2012): Generation of Nutrients and Detoxification: Possible Roles of Yeasts in Leaf-Cutting Ant Nests. Insects 3: 228–245, doi: 10.3390/insects3010228

Meyer W. L. (1996): Most Toxic Insect Venom. In: University of Florida Book of Insect Records, Florida, 54–57

Mlot N. J., Tovey C. A., Hu D. L. (2011): Fire ants self-assemble into waterproof rafts to survive floods. Proc. Natl. Acad. Sci. USA 108 (19): 7669–7673, doi: 10.1073/pnas.1016658108

Möglich M., Maschwitz U., Hölldobler B. (1974): Tandem Calling: A New Kind of Signal in Ant Communication. Science 186 (4168): 1046–1047

Moreau C. S., Bell C. D., Vila R., Archibald S. B., Pierce N. E. (2006): Phylogeny of the Ants: Diversification in the Age of Angiosperms. Science 312: 101–104, doi: 10.1126/science.1124891

Nielsen M. G. (2011): Ants (Hymenoptera: Formicidae) of mangrove and other regularly inundated habitats: life in physiological extreme. Myrmecol. News 14: 113–121

Nielsen M. G., Christian K. A. (2007): The mangrove ant, Camponotus anderseni, switches to anaerobic respiration in response to CO_2 elevated levels. Journal of Insect Physiology 53 (5): 505–508, doi: 10.1016/j.jinsphys.2007.02.002

Nielsen M. G., Christian K., Henriksen P. G., Birkmose D. (2005): Respiration by mangrove ants Camponotus anderseni during nest submersion associated with tidal inundation in Northern Australia. Physiological Entomology, doi: 10.1111/j.1365-3032.2005.00492.x

Nielsen M. G., Christian K., Henriksen P. G., Birkmose D. (2005): Respiration by mangrove ants Camponotus anderseni during nest submersion associated with tidal inundation in Northern Australia. Physiological Entomology 31 (2): 1–7, doi: 10.1111/j.1365-3032.2005.00492.x

Nielsen M. G., Christian K., Malte H. (2009): Hypoxic conditions and oxygen supply in nests of the mangrove ant, Camponotus anderseni, during and after inundation. Insect. Soc. 56: 35–39, doi: 10.1007/s00040-008-1029-y

Offenberg J., Wiwatwitaya D. (2010): Sustainable weaver ant (Oecophylla smaragdina) farming: harvest yields and effects on worker ant density. Asian Myrmecology 3: 55–62

Parker J., Grimaldi D. A. (2014): Specialized Myrmecophily at the Ecological Dawn of Modern Ants. Current Biology 24 (20): 2428–2434, doi: 10.1016/j.cub.2014.08.068

Parmentier T., Dekoninck W., Wenseleers T. (2014): A highly diverse microcosm in a hostile world: a review on the associates of red wood ants (Formica rufa group). Insect. Soc. 61 (3): 229–237, doi: 10.1007/s00040-014-0357-3

Passera L., Roncin E., Kaufmann B., Keller L. (1996): Increased soldier production in ant colonies exposed to intraspecific competition. Nature 379: 630–631

Patek S. N., Baio J. E., Fisher B. L., Suarez A. V. (2006): Multifunctionality and mechanical origins: Ballistic jaw propulsion in trap-jaw ants. Proc. Natl. Acad. Sci. USA 103 (34): 12787–12792, doi: 10.1073/pnas.0604290103

Peeters C., Lin C.-C., Quinet Y., Segundo G. M., Billen J. (2013): Evolution of a soldier caste specialized to lay unfertilized eggs in the ant genus Crematogaster (subgenus Orthocrema). Arthropod Structure & Development 42 (3): 257–264, doi: 10.1016/j.asd.2013.02.003

Perrichot V., Lacau S., Néraudeau D., Nel A. (2008): Fossil evidence for the early ant evolution. Naturwissenschaften 95: 85–90, doi: 10.1007/s00114-007-0301-8

Purcell J., Avril A., Jaffuel G., Bates S., Chapuisat M. (2014): Ant Brood Function as Life Preservers during Floods. PLoS ONE 9 (2): e89211, doi: 10.1371/journal.pone.0089211

Rabeling C., Brown J. M., Verhaagh M. (2008): Newly discovered sister lineage sheds light on early ant evolution. Proc. Natl. Acad. Sci. USA 105 (39): 14913–14917, doi: 10.1073/pnas.0806187105

Rabeling C., Schultz T. R., Bacci Jr. M., Bollazzi M. (2015): Acromyrmex charruanus: a new inquiline social parasite species of leaf-cutting ants. Insect. Soc. 62 (3): 335–349, doi: 10.1007/s00040-015-0406-6

Rabeling C., Sosa-Calvo J., O'Connel A. O., Coloma L.A., Fernández F. (2016): Lenomyrmex hoelldobleri: a new ant species discovered in the stomach of the dendrobatid poison frog, Oophaga sylvatica (Funkhouser). ZooKeys 618: 79–95, doi: 10.3897/zookeys.618.9692

Rödel M.-O., Brede C., Hirschfeld M., Schmitt T., Favreau P. et al. (2013): Chemical Camouflage – A Frog's Strategy to Co-Exist with Aggressive Ants. PLoS ONE 8 (12): e81950, doi: 10.1371/journal.pone.0081950

Sales T. A., Hastenreiter I. N., Almeida N. G., Lopes J. F. S. (2015): Fast Food Delivery: Is There a Way for Foraging Success in Leaf-Cutting Ants? Sociobiology 62 (4): 513–518, doi: 10.13102/sociobiology.v62i4.807

Schlögl B., Seidl T., Wöhrl T., Bruckmann T., Schramm D. (2018): Odometrie bei Laufrobotern nach Vorbild der Entfernungs- und Steigungsmessung von Wüstenameisen Cataglyphis spec. In: Tagungsband IFToMM D-A-CH Konferenz 2018: 77–84

Schmidl J., Corbara B. (2005): IBISCA – Artenvielfalt der Boden- und Baumkronen-Arthropoden in einem tropischen Regenwald (San Lorenzo NP, Panama). Entomologische Zeitschrift 115 (3): 104–108

Schofield R. M. S., Emmett K. D., Niedbala J. C. Nesson M. H. (2011): Leaf-cutter ants with worn mandibles cut half as fast, spend twice the energy, and tend to carry instead of cut. Behav Ecol Sociobiol 65: 969–982, doi: 10.1007/s00265-010-1098-6

Schultz T. R. (2000): In search of ant ancestors. Proc. Natl. Acad. Sci. USA 97 (26): 14028–14029, doi: 10.1073ypnas.011513798

Seifert B. (1993): Die freilebenden Ameisenarten Deutschlands (Hymenoptera: Formicidae) und Angaben zu deren Taxonomie und Verbreitung. Abh. Ber. Naturkundemus. Görlitz 67, 3: 1–44

Seifert B. (2007): Die Ameisen Mittel- und Nordeuropas. Görlitz/Tauer

Seifert B., Kulmuni J., Pamilo P. (2010): Independent hybrid populations of Formica polyctena X rufa wood ants (Hymenoptera: Formicidae) abound under conditions of forest fragmentation. Evol. Ecol. 24: 1219–1237, doi: 10.1007/s10682-010-9371-8

Sherwood V. (1996): Most Heat Tolerant. In: University of Florida Book of Insect Records, Florida, 49–51

Shi N. N., Tsai C. C., Bernard G. D., Yu N., Wehner R. (2015): Keeping cool: Enhanced optical reflection and radiative heat dissipation in Saharan silver ants. Science 349 (6245): 298–301, doi: 10.1126/science.aab3564

Simola D. F., Graham R. J., Brady C. M., Enzmann B. L., Desplan C., Ray A., Zwiebel L., Bonasio R., Reinberg D., Liebig J., Berger S. (2016): Epigenetic (re)programming of caste-specific behavior in the ant Camponotus floridanus. Science 351 (6268): aac6633, doi: 10.1126/science.aac6633

Sommer S., Wehner R. (2012): Leg allometry in ants: Extreme long-leggedness in thermophilic species. Arthropod Structure & Development 41 (1): 71–77, doi: 10.1016/j.asd.2011.08.002

Spagna J. C., Vakis A. I., Schmidt C. A., Patek S. N., Zhang X., Tsutsui N. D., Suarez A. V. (2008): Phylogeny, scaling, and the generation of extreme forces in trap-jaw ants. Journal of Experimental Biology 211 (14): 2358–2368, doi: 10.1242/jeb.015263

Taylor K., Visvader A., Nowbahari E., Hollis K. L. (2013): Precision Rescue Behavior in North American Ants. Evolutionary Psychology 11 (3): 147470491301100, doi: 10.1177/147470491301100312

Thomas J. A., Knapp J. J., Akino T., Gerty S., Wakamura S., Simcox D. J., Wardlaw J. C., Elmes G. W. (2002): Parasitoid secretions provoke ant warfare. Nature 417: 505–506, doi: 10.1038/417505a

Thomas J. A., Schönrogge K., Bonelli S., Barbero F., Balletto E. (2010): Corruption of ant acoustical signals by mimetic social parasites. Maculinea butterflies achieve elevated status in host societies by mimicking the acoustics of queen ants. Commun Integr Biol 3 (2): 169–171

Toledo de M. A., Ribeiro P. L., Carrossoni P. S. F., Tomotani J. V., Hoffman A. N., Klebaner D., Watel H. R., Iannini C. A., Helene A. F. (2016): Two castes sizes of leafcutter ants in task partitioning in foraging activity. Ciencia Rural 46 (11): 1902–1908, doi: 10.1590/0103 8478cr20151491

Tranter C., Fernández-Marín H., Hughes W. O. H. (2015): Quality and quantity: transitions in antimicrobial gland use for parasite defense. Ecology and Evolution 5 (24): 5857–5868, doi: 10.1002/ece3.1827

Trible W., Olivos-Cisneros L., McKenzie S. K., Saragosti J., Chang N.C., Matthews B. J., Oxley P. R., Kronauer D. J. C. (2017): orco Mutagenesis Causes Loss of Antennal Lobe Glomeruli and Impaired Social Behavior in Ants. Cell 170 (4): 727–735, doi: 10.1016/j.cell.2017.07.001

Van Mele P. (2008): A historical review of research on the weaver ant Oecophylla in biological control. Agricultural and Forest Entomology 10, 13–22, doi: 10.1111/j.1461-9563.2007.00350.x

Van Mele P., Cuc N. T. T. (2000): Evolution and status of Oecophylla smaragdina (Fabricius) as a pest control agent in citrus in the Mekong Delta, Vietnam. Int J Pest Manage 46 (4): 295–301

Ward P. S. (2014): The Phylogeny and Evolution of Ants. Annu. Rev. Ecol. Evol. Syst. 45: 23–43, doi: 10.1146/annurev-ecolsys-120213-091824

Ward P. S., Fisher B. L. (2016): Tales of dracula ants: the evolutionary history of the ant subfamily Amblyoponinae (Hymenoptera: Formicidae). Systematic Entomology 41: 683–693, doi: 10.1111/syen.12186

Weißflog A. (2001): Freinestbau von Ameisen (Hymenoptera: Formicidae) in der Kronenregion feuchttropischer Wälder Südostasiens. Bestandsaufnahme und Phänologie, Ethoökologie und funktionelle Analyse des Nestbaus. Dissertation Universität Frankfurt

Wills B. D., Powell S., Rivera M. D., Suarez A. V. (2018): Correlates and Consequences of Worker Polymorphism in Ants. Annu. Rev. Entomol. 63: 575–598, doi: 10.1146/annurev-ento-020117-043357

Wilson E. O., Hölldobler B. (2005): The rise of the ants: A phylogenetic and ecological explanation. Proc. Natl. Acad. Sci. USA 102 (21): 7411–7414, doi: 10.1073/pnas.0502264102

Yan H., Opachaloemphan C., Mancini G. et al. (2017): An Engineered orco Mutation Produces Aberrant Social Behavior and Defective Neural Development in Ants. Cell 170 (4): 736–747, doi: 10.1016/j.cell.2017.06.051

Yen A. L. (2009): Edible insects: Traditional knowledge or western phobia? Entomological Research 39: 289–298, doi: 10.1111/j.1748-5967.2009.00239.x

Youngsteadt E., Henderson R. C., Savage A. M., Ernst A. F., Dunn R. R., Frank S. D. (2014): Habitat and species identity, not diversity, predict the extent of refuse consumption by urban arthropods. Global Change Biology 21 (3): 1103–1115, doi: 10.1111/gcb.12791

Zhou X, Slone J. D., Rokas A., Berger S. L., Liebig J. et al. (2012): Phylogenetic and Transcriptomic Analysis of Chemosensory Receptors in a Pair of Divergent Ant Species Reveals Sex-Specific Signatures of Odor Coding. PLoS Genet 8 (8): e1002930, doi: 10.1371/journal.pgen.1002930

Zucchi H. (2017): Das leise Sterben der Insekten. Schwund der Vielfalt allüberall. Nationalpark 3/2017: 14–19